U0242968

高｜等｜学｜校｜教｜材

实验化学（Ⅰ）

第三版

徐志珍　王　燕　李梅君　主编

化 学 工 业 出 版 社

·北 京·

本书是面向 21 世纪工科化学系列课程改革新体系模式中的《实验化学》课程系列教材之一，本教材打破了传统的无机、分析、有机与物化等独立开设化学实验课的体系，将几门课的基础化学实验进行整体优化组合，以基本操作与技能为主线，内容包括五个部分：化合物的制备、物质性质、物性常数测定、物质组成分析以及综合设计实验。为使学生掌握必备的实验技能及方法，本次修订对实验内容进行了调整，更新了实验中涉及的常用仪器，引入了一些现代合成新方法，完善了实验指导部分，使教材内容更完整，使用面更广。

　　本书为高等院校理工类专业的实验教材，也可供从事化学实验或化学研究的工作人员参考。

图书在版编目（CIP）数据

实验化学（Ⅰ）/徐志珍，王燕，李梅君主编. —3 版. —北京：化学工业出版社，2016.7（2024.9重印）
高等学校教材
ISBN 978-7-122-27101-3

Ⅰ．①实⋯　Ⅱ．①徐⋯②王⋯③李⋯　Ⅲ．①化学实验-高等学校-教材　Ⅳ．①O6-3

中国版本图书馆 CIP 数据核字（2016）第 106031 号

责任编辑：宋林青　　　　　　　　　　　文字编辑：刘志茹
责任校对：吴　静　　　　　　　　　　　装帧设计：关　飞

出版发行：化学工业出版社（北京市东城区青年湖南街 13 号　邮政编码 100011）

印　　装：大厂聚鑫印刷有限责任公司

787mm×1092mm　1/16　印张 10¾　字数 253 千字　2024 年 9 月北京第 3 版第 6 次印刷

购书咨询：010-64518888　　　　　　　　售后服务：010-64518899
网　　址：http://www.cip.com.cn
凡购买本书，如有缺损质量问题，本社销售中心负责调换。

定　　价：32.00 元

前　言

　　《实验化学（Ⅰ）》第一版于 1999 年 3 月出版，第二版于 2006 年 3 月出版，该书是《实验化学》课程系列教材之一，经过一些高等院校多年来的使用，取得了一定的成效，深受广大师生欢迎。为进一步深化实验化学课程的教学与改革，根据编者多年的教学经验及用书单位的反馈意见，在保持教材原有的指导思想和特色的基础上，对第二版内容作了适当修改和更新，使学生能更好地掌握必备的化学实验技能和方法，具有良好的实验素养和严谨的科学态度，具备获取知识的能力和开拓创新的精神。第三版具体作了如下修改：

　　1. 进一步完善了第 1 章"化学实验基本知识"。随着科学技术的发展，更新了实验中涉及的常用仪器的使用说明，使教材使用起来更加方便。

　　2. 对第 2～5 章的内容进行了重新编排，更新了部分实验内容，引入了一些现代合成新方法，如微波合成法等，体现教材的先进性。

　　3. 细化了实验指导部分，使学生在预习时可以更好地掌握实验的基本理论、操作的关键步骤和需要注意的事项，提高实验教学效果。

　　第三版由徐志珍、王燕、李梅君修改，全书由徐志珍统稿。本次修订得到了华东理工大学教务处、化学工业出版社等的大力支持，在此表示感谢。我们也对为本书第一版、第二版做出过贡献的同仁及在使用本书过程中提出过中肯意见和建议的同行们表示衷心的感谢。

　　限于修订者水平，书中难免有疏漏和不妥之处，恳请同行和读者批评指正。

编者

2016 年 3 月

第一版前言

本书是华东理工大学工科化学系列基础实验课程改革教材。据教育部教育发展研究中心报道：跨世纪的中国教育人才培养的历史性转变是从以学科为中心向以学习者为中心的转变。因此，要打破学科中心主义的课程结构，实行学科综合、知识与能力的综合。一些学科的严格分界将被整体优化组合的课程所代替，同时摒弃把知识分得过细，强调加强综合性与整体性的素质教育。考虑到基础的无机、分析、有机、物化与生化等化学实验课都统一于普遍性的化学原理和常用的实验测试手段与方法，不过是处理问题的方面与层次不同；同时，我校总结了多年来实验教学改革实践，已成立了化学实验教学中心这一新体制，所以现在工科化学系列课程中开设一门广谱性的《实验化学》课程是顺理的，也是适时的。

《实验化学》课程整套教材包括《实验化学（Ⅰ）》、《实验化学（Ⅱ）》与《实验化学原理与方法》。这套教材力求以实验原理与方法为主线，把基础的无机、分析、有机、物化与生化等化学实验概括为物质性质、化合物制备、物质组成分析与结构分析、物性常数与过程参数测定和综合研究等五种题材的实验内容，据此形成了不同的版块，将几门基础化学实验整体优化组合，有重点地由浅入深从第一学期安排到第五学期。第五学期后，结合高年级的化学选修课再开设《高等实验化学》课。

为了进一步加强实验原理的教学，提高实验课的理论思维以及使学生能比较系统地掌握实验方法与技术的共性，编写了《实验化学原理与方法》教材。每学期讲授其中与实验内容配套的相关章节。

参加本书编写的还有方国女、萧繁花、高永煜、王燕等，化学实验中心的叶汝强、樊行雪、张济新、邹文樵等在多方面给予积极支持与鼓励，并提出许多宝贵意见，在此表示衷心感谢。

实验教学的改革是一个任重而道远的任务。我们期望在教学实践中经过教、学等多环节的努力，积极探索、不断总结，逐步臻于完善。

本教材由同济大学陈秉垵教授审阅，特致谢意。

编者

1998 年 6 月

第二版前言

《实验化学（Ⅰ）》第一版于 1999 年 3 月出版，是《实验化学》课程的系列教材之一。为遵循教育部有关"大力改革实验教学的形式和内容，开设综合性、创新性实验"的改革精神，根据使用院校的反馈意见，特对本书进行了修订。本版在保持第一版编写的指导思想和教材特色的基础上，本着提高学生独立分析与解决实际问题的能力和创新能力，对第一版作了如下修改：

1. 考虑到教材的完整性及使用的方便性，新增第 1 章"化学实验的基本知识"，融合了化学实验的基本技能及操作。

2. 为使教材能反映科学技术的发展，更新了实验中所涉及的仪器，为此，书末新增"附录"，对仪器使用的原理和方法作了详细的阐述。

3. 对原有的第 1～4 章的内容及编排做了调整，突出应用性和综合设计性实验。在编者开发新实验的基础上，精选了一些与材料科学、环境保护、生活实践等有关的新实验，以体现化学在其他学科及生活中的重要性。

第二版由李梅君、徐志珍、王燕、虞大红、张玉良、魏晓芳、吴海霞修订。全书由李梅君统稿。

本次修订得到了华东理工大学教务处、化学工业出版社等的大力支持，在此表示感谢。感谢为本书第一版做出过贡献的同仁及在使用本书过程中提出过中肯意见和建议的同行。

限于修订者水平，本书难免有疏漏和不妥之处。恳请同行和读者批评指正。

编者

2006 年 1 月

目 录

第1章 化学实验基本知识 ①

参考文献 162

第1章

化学实验基本知识

1.1 实验室安全知识

1.1.1 学生实验守则

（1）实验前应认真预习，明确实验目的、原理、方法和安全注意事项，写好预习报告并交指导教师检查，否则不得进入实验室。

（2）进入实验室必须遵守实验室的各项规章制度，不得迟到、早退和无故缺席。病假、事假应事先请假。实验室应保持安静，不得大声喧哗。

（3）在教师指导下，根据实验内容和操作规程独立完成实验。实验中应认真操作，仔细观察，积极思考，准确、如实地将实验现象和数据记录在实验记录本上。

（4）实验中应注意安全，如发生问题应立即向老师如实报告。进入实验室必须穿白大褂，戴防护眼镜和手套，严禁将食物带入实验室，手机等非实验用品不得带入实验室。

（5）爱护实验室仪器设备，严格遵守实验室水、电、燃气、易燃、易爆及有毒有害药品的安全使用规则，节约水、电、燃气和试剂药品，严禁将实验室的一切物品带出室外。

（6）实验中应注意实验桌面的干净整洁，注意"三废"处理，实验室的废液等应倒入废液缸内，严禁倒入水槽；废渣应回收到固定容器；废玻璃应放入废玻璃回收箱内；废橡胶手套等回收到固定容器；废纸等应倒入垃圾箱内。

（7）实验结束后，应请指导教师检查数据，签字认可。然后洗净玻璃仪器，放回原处。整理实验仪器设备，清理实验桌面，最后检查燃气、水、电是否关好，得到指导教师许可后才能离开实验室。

（8）每次做完实验后，应按时、认真完成实验报告，及时交给指导教师批阅。

1.1.2 实验室安全守则

进入化学类实验室，必须遵守实验室的安全规定，主要包括以下几个方面。

（1）着装规定：进入实验室必须穿工作服，戴防护眼镜和防护手套，不能穿短裤或裙子，不能穿拖鞋、凉鞋、高跟鞋，长发必须束起，不得披散长发，禁止佩戴隐形眼镜。离开实验室须换掉工作服、防护眼镜和防护手套。

（2）饮食规定：实验室中严禁饮食和吸烟，食物和水等不得带入实验室，食品不得存放在有化学药品的冰箱和储藏柜里。任何化学药品不得入口或接触伤口，实验完毕应洗净双手。

（3）环境卫生规定：实验过程中应注意环境卫生，保持实验桌面的整洁，垃圾、废液、废玻璃等分类处理，玻璃仪器保持干净，仪器设备整齐排列。

（4）用电规定：实验室内电器设备的使用必须按操作规程进行，电器设备功率不得超过电源负荷，使用电器时，外壳应接地，湿手切勿接触电器设备等。

（5）安全规定：进入实验室前必须进行实验室安全教育，应了解实验室安全用具的使用方法和存放地点等，如水、电、气的阀门，消防用品、喷淋装置、洗眼器、急救箱等。实验进行时，不得擅自离开实验室。实验结束时，必须关好水、燃气、电源开关和门窗。

使用挥发性、腐蚀性强或有毒物质时，必须穿戴防护工具，如防护面罩、防护手套、防护眼镜等，并在通风橱中进行。高温实验操作时必须戴高温手套。

（6）试剂取用规定：必须按操作规程取用化学试剂和药品，切记不能随意混合化学药品，以免发生事故。取用时需要注意以下几方面。

① 倾倒试剂和加热溶液时，不可俯视，以防溶液溅出伤人。

② 不要俯身直接嗅闻试剂药品的气味，应用手将试剂药品的气流慢慢扇向自己的鼻孔。

③ 使用浓酸、浓碱、溴等有强腐蚀性试剂时，要使用手套，注意切勿溅在皮肤和衣服上。严禁用嘴直接吸取强酸、强碱，应用洗耳球吸取。

④ 一切涉及有刺激性气体或有毒气体的实验必须在通风橱中进行；涉及易挥发和易燃物质的实验都必须在远离火源的地方进行，并尽可能在通风橱中进行。

⑤ 一切有毒药品必须妥善保管，按照实验规则取用。有毒废液不可倒入下水道中，应集中存放，并及时加以处理。

⑥ 实验室不允许存放大量易燃物品。某些容易爆炸的试剂，如浓高氯酸、有机过氧化物、芳香族、多硝基化合物和硝酸酯等要防止受热和敲击。

⑦ 在实验中，仪器装置和操作必须正确，以免引起爆炸。

1.1.3 实验室中发生意外事故的急救处理

（1）玻璃割伤：应先取出伤口中的碎片，洗净伤口，贴上"创可贴"或在伤口处擦上红汞或碘酒，用纱布包扎好伤口。如伤口较大，应立即就医。

（2）烫伤：伤势不重，搽些烫伤膏。伤势重时，应立即就医。

（3）酸灼伤：先用大量水冲洗，然后用饱和碳酸氢钠或稀氨水等冲洗，再用水冲洗，涂上凡士林。若酸溅入眼内，先用水冲洗后，再用 3% $NaHCO_3$ 溶液冲洗，并立即就医。

（4）碱溅伤：立即用水冲洗，然后用 1‰柠檬酸或硼酸饱和溶液冲洗，再用水冲洗，涂上凡士林，若碱溅在眼内，除冲洗外，应立即就医。

（5）吸入刺激性或有毒气体：吸入 Br_2 或 Cl_2 等刺激性气体时，可吸入少量乙醇和乙醚混合蒸气以解毒。吸入 H_2S 时，立即到室外呼吸新鲜空气。

（6）误食毒物：将 5～10mL 稀硫酸铜溶液（1%～5%）加入一杯温水中内服，并用手指插入喉部，以促使呕吐，然后立即就医。

（7）触电：立即切断电源，必要时对伤员进行人工呼吸。

（8）火灾：实验室发生火灾时，如果是乙醇、苯、醚等有机溶剂或与水发生剧烈作用的化学药品（如金属钠）着火，火势小时，立即用沙土覆盖，火势较大时，则可用 CO_2 灭火器，千万不可用水扑救。但如果是电器设备着火，则应用 CCl_4 灭火器，绝不可用水或泡沫灭火器。

以上仅举出几种预防事故的措施和急救方法，如需更详尽地了解，可查阅有关的化学手册和文献。

为了紧急处理实验室的意外事故，实验室须配备常用急救药品，如创可贴、红汞、碘酒、烫伤膏、消毒棉、消毒纱布等，配备灭火器、灭火毯等。

1.1.4　安全用电

化学实验与电的关系相当密切，对实验人员来说，掌握一定的电气安全知识是十分必要的。

电对人体的伤害可分为电击和电伤两类。电击是指电流通过人体内部，破坏人体心脏、肺及神经系统等的正常功能。电伤也叫电灼，是指由电流的热效应、化学效应或机械效应对人体造成的伤害。电伤常发生在人体的外部，例如电弧的灼伤、通电金属在大电流下熔化飞溅而使皮肤遭受伤害等。

为了安全用电，在实验中应注意如下几点。

（1）用电线路及电气设备绝缘必须良好，灯头、插座、开关等的带电部分绝对不能外露，以防触电。有金属外壳的电气设备应接地线。绝不允许用潮湿的手进行操作。

（2）不要乱拉乱接电线，以防触电或发生火灾。

（3）不许带电修理或安装设备！不许用电笔试高压电！

（4）防止设备超负荷工作或局部短路，要使用合格的保险丝。

（5）电器使用完毕后应拔掉电源插头；插拔电源插头时不要用力拉拽电线，以防止电线的绝缘层受损造成触电。

1.1.5　灭火常识

实验室发生起火的原因一般有以下几种情况：明火加热过程中，易燃物燃烧起火；能自燃的物品在长期存放过程中自燃起火；少数化学反应（如金属钠与水的反应）有时会引起爆炸或燃烧；电火花、电线老化等因电路引起的燃烧。

实验过程中万一不慎起火，切不可惊慌，首先判断起火的原因，立即采取灭火措施。

（1）**防止火势扩展**　立即切断火源和电源，停止通风，迅速地将周围易燃物品，特别是有机溶剂移开。

（2）**扑灭火焰**　在容器中发生的局部小火可用湿布、灭火毯或沙子覆盖燃烧物。火势较大时应立即使用灭火器灭火。灭火器性能是不同的，应根据起火原因使用相应的灭火器。表 1-1 给出实验室常用灭火器及其应用范围。

（3）**衣服起火**　切勿惊慌乱跑，引起火势扩展，应立即在地上打滚将火熄灭，或立即将衣服脱掉将火熄灭。

表 1-1　实验室常用灭火器及其应用范围

灭火器名称	应用范围
泡沫灭火器	用于一般灭火和油类灭火。灭火器内装有碳酸氢钠和硫酸铝,使用时,这两物质反应产生氢氧化铝和二氧化碳泡沫包住燃烧物,隔绝空气而灭火。因泡沫导电,因此不能用于扑灭电器着火
二氧化碳灭火器	用于扑灭电器设备着火和小范围油类及忌水化学品着火。灭火器内装有二氧化碳
干粉灭火器	用于扑灭电器设备、油类、可燃气体、精密仪器、图书资料及忌水化学品着火。灭火器内装有碳酸氢钠等盐类物质与适量的润滑剂和防腐剂
四氯化碳灭火器	用于扑灭电器设备、小范围汽油等有机溶剂着火。灭火器内装 CCl_4 液化气

（4）有机溶剂燃烧　有机溶剂引起的火焰,切勿用水灭火,可用灭火毯或沙子覆盖灭火,大火应使用泡沫灭火器灭火。

（5）活泼金属燃烧　活泼金属如钠、钾、镁、铝等引起的火焰,应用干燥沙子覆盖灭火,严禁用水或四氯化碳灭火器,也不能用二氧化碳灭火器。

1.1.6　实验室"三废"处理

化学实验室中常常会遇到各种有毒有害的废渣、废液和废气（简称"三废"）,若不妥善处理,会造成环境污染,对人体健康有害。根据实验室"三废"排放的特点,本着减少污染、适当处理、回收利用的原则,处理实验室的"三废"。

（1）废气的处理

每个实验室均需设有抽风排气系统,该系统可以将室内少量的有毒气体排到室外,利用室外大量的空气稀释废气。对有毒气产生的实验必须在通风橱中进行,对产生大量有害气体的实验,必须安装气体吸收装置吸收有害气体。对氮、硫、磷等酸性氧化物气体,可用导管通入碱液中,使其被吸收后排出。

（2）废液的处理

每个实验室须配备废液回收桶,酸碱废液、含重金属废液和有机溶剂废液必须分类回收处理。

酸碱废液的处理:经过中和处理,使其 pH 值在 6～8 范围,用大量水稀释后排放。若有沉淀,须加以过滤后再稀释排放。

含汞废液的处理:在少量含汞废液中加入硫化钠,使其生成硫化汞后再处理。

含铅、镉等废液的处理:可用碱或石灰乳将废液 pH 值调至 9,使废液中的 Pb^{2+}、Cd^{2+} 生成氢氧化物沉淀,加入硫酸亚铁作为共沉淀剂,沉淀物可与其他无机物混合进行烧结处理,清液可排放。

含铬废液的处理:采用还原剂（如铁粉、锌粉、亚硫酸钠、硫酸亚铁、二氧化硫或水合肼等）,在酸性条件下将 $Cr(Ⅵ)$ 还原为 Cr^{3+},然后加入碱（如氢氧化钠、氢氧化钙、碳酸钠、石灰等）,调节废液 pH 值,生成低毒的 $Cr(OH)_3$ 沉淀,分离沉淀,清液可排放。

有机溶剂废液的处理:对易氧化分解的废液,可加过氧化氢、高锰酸钾等氧化剂将其氧化分解。对易发生水解的废液,可加碱处理。对含有油脂、蛋白质等的废液,可采取生物化学处理法处理。

（3）废渣的处理

实验过程中产生的废渣应统一收集,按其毒性、危害性的情况采取相应的处理,尽可能减少其毒害性。

1.1.7　实验室常用的安全标志

为了提示实验室安全的重要性，在实验室的合适位置有必要张贴安全警示标志，了解这些标志，对提高安全意识，加强实验规范操作，防范事故的发生有一定的帮助作用。

实验室常见的安全警示标志分为四类，红色为禁止标志，黄色为警示标志，蓝色为指令标志，绿色为提示标志。常见如图 1-1 所示。

图 1-1　实验室常见的安全警示标志

1.2　化学实验的学习要求

化学是一门实践性很强的学科，化学实验教学在培养化学类及相关专业人才的实践能力和科学素养方面具有重要的作用。化学实验是以学生自主完成实验为主，因此必须注意以下几点学习要求。

1.2.1　实验预习

实验前必须做好实验预习，实验预习应做到下列要求。

（1）认真阅读实验教材及相关参考资料，明确实验目的、原理、步骤、注意事项和安全事项，写好实验预习报告。

（2）实验预习报告内容应包括实验目的、原理、步骤和注意事项，设计好记录实验现象或数据的形式或表格，写出定量分析实验的计算公式等。

（3）实验前任课教师要检查学生的预习报告，没有预习或预习不合格，不能进入实验室。

1.2.2　实验操作

在教师指导下，严格按照实验内容和操作规程完成相关实验，要做到以下几点。

（1）"做"：在预习的基础上，自己动手独立完成实验，掌握正确规范的操作，注意实验安全事项。

（2）"看"：仔细观察实验现象，包括物质的状态和颜色的变化，沉淀的生成和溶解，气体的产生等。

（3）"想"：手脑并用，对实验过程中产生的现象勤于思考、仔细分析，尽量自己解决问题。

（4）"记"：及时如实记录实验现象和数据，养成规范记录和正确表达实验数据的习惯。

（5）"论"：善于对实验中产生的现象进行理性讨论，提倡师生和同学间的讨论。

（6）"洁"：实验过程中台面整洁，仪器装置和试剂摆放整齐，实验结束时洗净玻璃仪器，整理台面，废液、废物分类处理。

1.2.3　实验报告

实验完毕后，要及时认真写出实验报告，在指定时间交给任课教师批改。实验报告一般包括以下内容。

（1）实验题目。

（2）实验目的：说明实验要达到的主要目的。

（3）方法原理：简要说明实验的基本原理，写出主要化学反应方程式和相关计算公式。

（4）实验步骤：简明扼要地写出可操作的实验步骤，用流程图、表格、框图、符号等形式表示，不要照抄教材。

（5）实验结果和数据处理：数据记录和数据处理要正确，要有计算式，并注意有效数字，实验结果可用文字、表格、图形等形式表达。绝对不允许伪造数据或抄袭他人数据。若发现上述行为者，报告成绩记为零分并通报批评。

（6）实验讨论：主要针对实验中遇到的问题（尤其是与理论有差异的现象或结果）和教材上的典型思考题进行分析，提出自己的见解，与老师进行讨论，提高发现问题和解决问题的能力。

1.2.4　实验报告格式

实验化学（Ⅰ）的实验报告大致可分为化合物制备、元素及化合物的性质、定量分析和物性参数测定等类型。各类实验的实验报告格式推荐如下。

（1）制备实验

CuSO₄·5H₂O 的制备

一、实验目的

1. 工业 CuO 制备 $CuSO_4 \cdot 5H_2O$ 的原理和方法。

2. 用氧化还原、水解反应等化学原理，掌握控制溶液的 pH 值除去杂质离子的方法。

3. 巩固无机制备基本操作。

二、实验原理

本实验以工业 CuO 为原料，制备过程分酸解、除杂、结晶和纯度检验四步。

酸解：

$$CuO + H_2SO_4 \longrightarrow CuSO_4 + H_2O$$

除杂：分除去不溶性杂质和可溶性杂质。不溶性杂质的去除是酸解将硫酸铜溶出后，不溶性物质通过过滤方法除去。可溶性杂质主要是 Fe^{2+}、Fe^{3+} 等，去除方法是氧化水解法。具体为用氧化剂 H_2O_2 将 Fe^{2+} 氧化成 Fe^{3+}，然后调节溶液的 pH 值至 $3.5 \sim 4.0$，使 Fe^{3+} 水解成为 $Fe(OH)_3$ 沉淀，过滤除去。反应如下：

$$2Fe^{2+} + H_2O_2 + 2H^+ \longrightarrow 2Fe^{3+} + 2H_2O$$

$$3Fe^{3+} + 3H_2O \longrightarrow Fe(OH)_3 + 3H^+$$

其他微量杂质可在硫酸铜结晶时留在母液中而除去。

结晶：$CuSO_4 \cdot 5H_2O$ 在室温时溶解度较小，因此蒸发硫酸铜溶液至晶膜出现，冷却结晶即可。

纯度检验：用目视比色法检验杂质 Fe^{3+} 的含量。具体为以 KSCN 为显色剂，对照标准色列测定 $CuSO_4 \cdot 5H_2O$ 中杂质 Fe^{3+} 的含量，以此说明 $CuSO_4 \cdot 5H_2O$ 的试剂级别。

三、实验步骤

以工业 CuO 为原料，制备 $CuSO_4 \cdot 5H_2O$ 分粗制和精制两步进行。

1. 粗制

称取 4g CuO 于 150mL 烧杯中 —$\xrightarrow[17mL]{+3mol \cdot L^{-1} H_2SO_4}$— $\xrightarrow[\text{搅拌}]{\text{小火加热 5min}}$ — $\xrightarrow[30mL]{+H_2O}$ — $\xrightarrow[\text{搅拌}]{\text{加热 15}\sim\text{20min}}$ 趁

热抽滤 $\begin{cases} \text{沉淀弃去} \\ \text{滤液于蒸发皿} \end{cases}$ $\xrightarrow[\text{搅拌}]{\text{小火蒸发浓缩}}$ 出现晶膜 $\xrightarrow{\text{冷却结晶}}$ 抽滤 $\longrightarrow \begin{cases} \text{母液（弃）} \\ CuSO_4 \cdot 5H_2O \text{（粗制品）} \end{cases}$

2. 精制

粗制品于烧杯中 $\xrightarrow[40mL]{+H_2O}$ $\xrightarrow[\text{搅拌}]{\text{加热溶解}}$ $\xrightarrow{\text{冷却}<40℃}$ $\xrightarrow[5mL]{+3\% H_2O_2}$ $\xrightarrow{\text{搅拌}}$ $\xrightarrow[3.5<pH<4]{+2mol \cdot L^{-1} NH_3 \cdot H_2O}$ $\xrightarrow[10min]{\text{加热煮沸}}$

$Fe(OH)_3 \downarrow \xrightarrow{\text{趁热抽滤}} \begin{cases} Fe(OH)_3 \downarrow \text{（弃）} \\ \text{滤液于蒸发皿} \end{cases}$ $\xrightarrow[pH=1\sim2]{+1mol \cdot L^{-1} H_2SO_4}$ $\xrightarrow[\text{搅拌}]{\text{小火蒸发浓缩}}$ 出现晶膜 $\xrightarrow{\text{冷却结晶}}$

$\longrightarrow \begin{cases} \text{母液（弃）} \\ CuSO_4 \cdot 5H_2O \text{（精制品），称取产量} \end{cases}$

3. 产品纯度的检验

精制品 1g 于烧杯中 $\xrightarrow[10mL]{+H_2O}$ $\xrightarrow[2mL]{+1mol \cdot L^{-1} H_2SO_4}$ 溶解 $\xrightarrow[2mL]{+3\% H_2O_2}$ $\xrightarrow{\text{加热煮沸}\text{赶 }H_2O_2}$ $\xrightarrow{\text{冷却}}$ $\xrightarrow[\text{搅拌}]{\text{滴加 1：1}NH_3 \cdot H_2O}$

溶液呈深蓝色 $\xrightarrow{\text{过滤}}$ $\xrightarrow[\text{洗涤}]{\text{滴加 }6mol \cdot L^{-1} NH_3 \cdot H_2O}$ 蓝色褪去 $\xrightarrow[\text{至中性}]{+H_2O \text{洗涤}}$ 滤纸上 $Fe(OH)_3 \downarrow$ $\xrightarrow[3mL]{\text{滴加 }2mol \cdot L^{-1} HCl}$

滤液于比色管中 $\xrightarrow[\text{2 滴}]{\text{1mol}\cdot\text{L}^{-1}\text{ KSCN}}$ $\xrightarrow[\text{摇匀}]{\text{H}_2\text{O 至刻度}}$ 目视比色，得出产品等级

四、实验结果与数据处理

1. 精制 $CuSO_4 \cdot 5H_2O$ 产品的外观＿＿＿＿＿＿。

2. 粗制 $CuSO_4 \cdot 5H_2O$ 质量＿＿＿＿＿＿；
   精制 $CuSO_4 \cdot 5H_2O$ 质量＿＿＿＿＿＿。

3. $CuSO_4 \cdot 5H_2O$ 的理论产量＿＿＿＿＿＿；
   $CuSO_4 \cdot 5H_2O$ 的产率＿＿＿＿＿＿。

4. $CuSO_4 \cdot 5H_2O$ 的级别＿＿＿＿＿＿。

五、实验讨论

联系本人实验结果讨论影响 $CuSO_4 \cdot 5H_2O$ 产量和质量的因素。

（2）元素及化合物性质实验

p区主要非金属元素及化合物的性质与应用

一、实验目的

二、实验内容和方法

1. 性质试验

实验方法	现象	反应方程式与结论
卤素单质及卤化物性质和应用		
①KI 0.5mL $\xrightarrow[\text{2 滴}]{\text{FeCl}_3}$ $\xrightarrow[\text{0.5mL}]{\text{CCl}_4}$ 振荡	CCl_4 层呈紫色	$2Fe^{3+}+2I^- \longrightarrow 2Fe^{2+}+I_2$ I_2 溶于 CCl_4 呈紫色
KBr 方法同①	CCl_4 层不显色	Fe^{3+} 氧化性小于 Br_2，$Fe^{3+}+Br^-$ ×
②KI 0.5mL $\xrightarrow[\text{滴加}]{\text{Cl}_2}$ $\xrightarrow[\text{0.5mL}]{\text{CCl}_4}$ 振荡	CCl_4 层呈紫色	$Cl_2+2I^- \longrightarrow 2Cl^-+I_2$ I_2 溶于 CCl_4 呈紫色
KBr 方法同②	CCl_4 层呈橙色	$Cl_2+2Br^- \longrightarrow 2Cl^-+Br_2$ Br_2 溶于 CCl_4 呈橙色

2. Cl^-、Br^-、I^- 混合液的分离与鉴定——流程图与结论

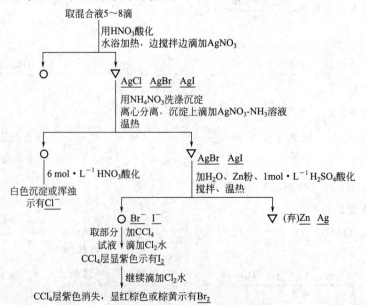

三、实验讨论

（3）定量分析实验

NaOH 标准溶液的标定

一、实验目的（略）

二、实验原理（略）

三、实验步骤

$$\underset{0.4\times\times\times\sim0.6\times\times\times g}{\overline{\text{邻苯二甲酸氢钾}}}\xrightarrow{\text{于锥形瓶中}}\underset{50mL}{\overset{\text{去离子水}}{\longrightarrow}}\text{溶解}\xrightarrow[1\sim2\text{滴}]{\text{酚酞}}\text{无色}\xrightarrow{\text{NaOH 滴定}}\text{恰好变为浅红}$$

色（30s 不褪），即为终点，记下读数。

四、实验结果及数据处理

NaOH 标准溶液的标定

（指示剂：酚酞）　　　　　　　　　　　　　　　年　月　日

项目		I	II	III
邻苯二甲酸氢钾质量 m/g		0.5330	0.5056	0.5192
NaOH	末读数	25.05	23.81	24.41
	初读数	0.04	0.03	0.02
	V_{NaOH}/mL	25.01	23.78	24.39
		$c_{\text{NaOH}}=\dfrac{1000m}{M_{\text{C}_6\text{H}_4\text{COOHCOOK}}V_{\text{NaOH}}}=\dfrac{1000m}{204.2V_{\text{NaOH}}}$		
c_{NaOH}/mol·L^{-1}		0.1044	0.1041	0.1042
平均值			0.1042	
相对偏差/%		0.2	−0.1	0

五、实验讨论（略）

（4）物性常数测定实验

醋酸的电位法滴定及其酸常数的测定

一、实验目的（略）

二、实验原理（略）

三、实验方法（略）

四、实验结果与数据处理

编号	HAc 溶液的体积/mL	H$_2$O 的体积/mL	配制 HAc 的浓度/mol·L^{-1}	pH	[H$^+$]	K_{HAc}
1	3.00	45.00				
2	6.00	42.00				
3	12.00	36.00				
4	24.00	24.00				

测定温度：_____℃，HAc 标准溶液浓度：_____ mol×L^{-1}，$K_{\text{HAc(平均)}}=$
_____

五、实验讨论（略）

（5）综合实验

三草酸合铁酸钾合成及组成测定综合实验

一、综述（略）

二、制备方法（步骤用箭头表示）（略）

三、分析方法（步骤用箭头表示）（略）

四、实验结果（略）

五、讨论（略）

六、参考文献（略）

1.3 化学实验基本知识和基本操作

1.3.1 实验室用水及制备

在化学实验室中，纯水是最常用的纯净溶剂和洗涤剂，根据实验任务和要求的不同，对水的纯度也有不同的要求。按照 GB 6682—92，实验室用水的技术指标、制备方法及检验方法如下。

（1）实验室用水的规格

实验室用水的级别及重要指标见表 1-2。

表 1-2　实验室用水的级别及重要指标

指标名称		一级水	二级水	三级水
外观		无色透明液体		
pH 值范围(25℃)		—	—	5.0～7.5
电导率(25℃)/mS·m^{-1}	≤	0.01	0.10	0.50
吸光度(254nm,1cm 光程)	<	0.001	0.01	—
可氧化物质[以(O)计]/mg·L^{-1}	≤		0.08	0.40
蒸发残渣(105℃±2℃)/mg·L^{-1}	≤		1.0	2.0
可溶性硅[以(SiO_2)计]/mg·L^{-1}	<		0.01	0.02

实验室用的纯水一般要保持纯净，防止污染。一般实验和定量分析时用三级水，有时需将三级水加热煮沸后使用，特殊情况可使用二级水。仪器分析实验一般用二级水，有些实验可用三级水，制备标准水样或痕量分析时则用一级水。

（2）实验室用水的制备

一般实验室使用三级水，三级水由自来水或无污染较纯净的天然水经过蒸馏、离子交换或电渗析等方法制备。

① 蒸馏法　让自来水或无污染较纯净的天然水在蒸馏装置中加热汽化，水蒸气冷凝即得蒸馏水。此法能除去水中非挥发性的杂质和微生物等，但不能除去易溶于水的气体，该法制得的水的纯度因蒸馏装置（玻璃或石英等）的不同而不同。

② 离子交换法　让自来水或无污染较纯净的天然水通过阴离子交换树脂和阳离子交换树脂，利用离子交换树脂上的活性基团和水中的杂质离子进行交换的作用，除去水中的

杂质，该法制得的水称为"去离子水"，纯度较高，但不能除去非离子杂质、微生物和某些有机物。

③ 电渗透法　让自来水或无污染较纯净的天然水通过由阴、阳离子交换膜组成的电渗透器，在外电场作用下，水中的离子有选择性地透过阴、阳离子交换膜，从而除去水中的杂质离子。该法也不能除去非离子性杂质。

二级水可含有微量的无机、有机或胶态杂质。可采用蒸馏或离子交换后的三级水再进行蒸馏制备。一级水基本上不含有溶解或胶态离子及有机物。可用二级水经过蒸馏、离子交换混合床和 $0.2\mu m$ 过滤膜的方法制得，或用石英装置进一步蒸馏制得。

1.3.2　玻璃器皿的洗涤与干燥

化学实验常用仪器中，大部分为玻璃制品和一些瓷质类器皿。玻璃仪器种类很多，按用途大体可分为容器类、量器类和其他器皿类。容器类包括试剂瓶、烧杯、烧瓶等。根据它们能否受热，又可区分为可加热的和不宜加热的器皿。量器类有量筒、移液管、滴定管、容量瓶等。量器类一律不能受热。其他器皿包括具有特殊用途的玻璃器皿，如冷凝管、分液漏斗、干燥器、分馏柱、砂芯漏斗等。瓷质类器皿包括蒸发皿、布氏漏斗、瓷坩埚、瓷研钵等。

(1) 玻璃器皿的洗涤

化学实验中使用的各种玻璃器皿和瓷质类器皿常沾附有化学药品，既有可溶性物质，也有灰尘和其他不溶性物质以及油污等有机物。为了使实验得到正确的结果，应根据仪器上污物的性质，采用适当的方法，将器皿洗涤干净。

① 一般污物的洗涤方法

a. 用水刷洗　用毛刷就水刷洗器皿（从外到里），可洗去可溶性物质、部分不溶性物质和尘土等，但不能除去油污等有机物。

b. 用去污粉、肥皂粉或洗涤剂刷洗　用蘸有肥皂粉或洗涤剂的毛刷刷洗，再用自来水冲洗干净，可除去油污等有机物质。

用上述方法不能洗涤的器皿或不便于用毛刷刷洗的仪器，如容量瓶、移液管等，若内壁粘有油污等物质，则可视其油污的程度，选择洗涤剂进行淌洗，即先把肥皂粉或洗涤剂配成溶液，倒少量洗涤液于容器内振荡几分钟或浸泡一段时间后，再用自来水冲洗干净。

c. 超声波清洗　将放有洗涤剂或水的器皿放入超声仪中，接通电源，利用声波的振动和能量进行清洗，清洗过的器皿再用自来水和去离子水冲洗干净。

② 特殊污物的洗涤方法　对于某些用通常的方法不能洗涤除去的污物，则可通过化学反应将黏附在器壁上的物质转化为水溶性物质。例如：铁盐引起的黄色污物可加入稀盐酸或稀硝酸浸泡片刻可除去；接触、盛放高锰酸钾后的容器可用草酸溶液淌洗（沾在手上的高锰酸钾也可同样清洗）；沾有碘时，可用碘化钾溶液浸泡片刻，或加入稀的氢氧化钠溶液温热之，或用硫代硫酸钠溶液也可除去；银镜反应后黏附的银或有铜附着时，可加入稀硝酸，必要时可稍微加热，以促进溶解。

用自来水洗净的器皿，应洁净透明，器壁上不能挂有水珠，还需要用蒸馏水或去离子水淋洗 2~3 次。

(2) 玻璃器皿的干燥

实验时所用的仪器，除必须洗净外，有时还要求干燥。干燥的方法有以下几种。

① 倒置晾干　将洗净的器皿倒置在干净的器皿架上或仪器柜内自然晾干。

② 热（或冷）风吹干　器皿如急需干燥，则可用吹风机或气流烘干机吹干，气流烘干器如图1-2所示。对一些不能受热的容量器皿，可用冷吹风干燥。如果吹风前用乙醇、乙醚、丙酮等易挥发的水溶性有机溶剂冲洗一下，则干得更快。

③ 加热烘干　洗净的器皿可放在电热恒温干燥箱或红外干燥箱内加热烘干。电热恒温干燥箱如图1-3所示，烘干温度一般控制在105～110℃，器皿放进电热恒温干燥箱前应尽量把水倒净，烘干后取出热的器皿时，应注意戴上布手套，以防烫伤。红外干燥箱如图1-4所示，采用红外线灯泡为热源进行干燥，红外线灯泡辐射高度可通过箱顶的2只蝶形螺母调节，当加热物件在红外线焦点时受热量为最大。

图1-2　气流烘干器

图1-3　电热恒温干燥箱

图1-4　红外干燥箱

能加热的器皿如烧杯、蒸发皿等则可放在石棉网上用小火烤干。试管也可直接用小火加热烘干。加热前，要把器皿外壁的水擦干，加热时，试管口要略向下倾斜。

应当注意的是一般带刻度的计量器皿如移液管、容量瓶、滴定管等不能用加热方法干燥，以免热胀冷缩影响器皿的精准度。磨口或带活塞的玻璃仪器洗净存放时，应该在磨口或活塞处垫上小纸条，以防粘上不易打开。

（3）干燥器的使用

干燥器是存放干燥物品防止吸潮的玻璃仪器。对已经干燥但又易吸潮的物品或需较长时间保持干燥的物品，应存放在干燥器内保存。如有些易吸潮的固体、灼烧后的坩埚等，应放在干燥器内保存。

干燥器由厚质玻璃制成，如图1-5所示。其上部是一个磨口的盖子，使用前，应在磨口处涂有一层薄而均匀的凡士林，使其盖口处密封，以防水汽进入。中部是一个有孔洞的活动瓷板，瓷板下放有干燥剂，瓷板上放置需干燥的存放样品的容器或物品，如称量瓶等。

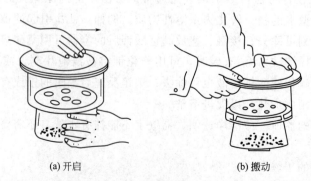
(a) 开启　　　　　　　　(b) 搬动

图1-5　干燥器

常用干燥剂有变色硅胶和氯化钙等，干燥剂一般放入至干燥器下室的一半左右，干燥剂不要放得太满，太多容易沾污存放的容器。变色硅胶可以循环使用，如果颜色由蓝色变成了浅红色，说明干燥剂失去了干燥作用，应把干燥剂放到恒温干燥箱中，在 $105\sim120℃$ 进行干燥，使其颜色由浅红色变为蓝色即可。

开启干燥器时，左手按住下部，右手按住盖子上的圆顶，沿水平方向向左前方推开器盖，如图 1-5(a) 所示。盖子取下后应放在桌上安全的地方（注意要磨口向上，圆顶朝下），用左手放入或取出物体，如坩埚或称量瓶，并及时盖好干燥器盖。加盖时，也应当拿住盖子圆顶，沿水平方向推移盖好。注意的是若将温度很高的物体放入干燥器时，切不能将盖子盖严，需留一条很小的缝隙，待冷后再盖严。否则易造成干燥器内形成负压而使盖子难以打开。

搬动干燥器时，应用两手的大拇指同时将盖子按住，以防盖子滑落而打碎，如图 1-5(b) 所示。

当坩埚或称量瓶等放入干燥器时，应放在瓷板圆孔内。但称量瓶若比圆孔小时则应放在瓷板上。温度很高的物体必须冷却至室温或略高于室温，方可放入干燥器内。

1.3.3 容量器皿及其使用

实验室中容量器皿是量度液体体积的仪器，有标有分刻度的吸量管、滴定管以及标有单刻度的移液管、容量瓶等。其规格是以最大容量为标志，常标有使用温度，不能加热，更不能用作反应容器。这些容量器皿在使用前应进行校正。

容量器皿分为量入式（标有"In"或"A"）和量出式（标有"Ex"或"E"）两种，量入式容量器皿表示在标定温度下，液体充满至标度刻线时，器皿内液体的体积和与器皿上所标的体积相同（如容量瓶）。量出式容量器皿表示在标定温度下，液体充满至标度刻线后，按一定方法放出的液体体积与器皿上所标的体积相同（如移液管、吸量管等）。

容量器皿按其容积的准确度分为 A、B 两个等级，A 级的准确度比 B 级的高一倍。

（1）移液管、吸量管

移液管和吸量管是用来准确移取一定体积液体的量器，如图 1-6 所示。移液管又称吸管，是一根细长而中间膨大的玻璃管，在管的上端有一环形标线。将溶液吸入管内，使溶液弯月面的下缘与标线相切，再让溶液自由流出，则流出的溶液体积等于其标示的数值。常用的移液管有 5mL、10mL、25mL 和 50mL 等规格。

移液管在使用前应洗至管壁不挂水珠。一般可用洗涤液浸泡一段时间，然后用自来水冲洗，再用去离子水淋洗三次。淋洗的水应从管尖放出。

已洗净的移液管在吸取溶液前，还要用待吸溶液润洗三次。其方法是先用滤纸吸干移液管管尖端内外的水，然后用移液管将待吸溶液吸至移液管球部 1/3 处，把管横过来，左手扶住管的下端，慢慢松开右手食指，转动移液管进行涮洗，使溶液流过管内标线下所有内壁，然后使管直立，让溶液由尖嘴口放出，重复洗 3 次。

在吸取溶液时，用右手拇指和中指拿住移液管上端，将移液管插入待吸溶液中，左手拿洗耳球，先将它捏瘪，排去球内空气，将洗耳球的嘴对准移液管的上口，按紧，勿使漏气，然后慢慢松开洗耳球，借助球内负压将溶液缓缓吸入移液管内，如图 1-7 所示，待液面上升至标线以上时，迅速移去洗耳球，随即用右手食指按紧移液管的上口。将移液管提离液面，使出口尖端紧靠着干净烧杯内壁，并稍稍转动移液管，使溶液缓缓流出，到溶液弯月面下缘与标线相切（注意：观察时，应使眼睛与移液管的标线处在同一水平面上），立即用食指按紧移液管上口，使溶液不再流出。

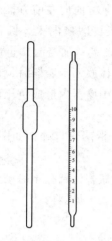
图 1-6　移液管和吸量管

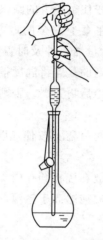
图 1-7　用洗耳球吸取溶液

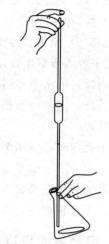
图 1-8　从移液管放溶液

将移液管放入接收溶液的容器中，使出口尖端靠着接收容器的内壁，容器稍倾斜，移液管应保持垂直。松开食指，使溶液自由地沿容器壁流下，如图 1-8 所示。待移液管内液面不再下降时，再等待 15s，然后取出移液管。这时尚可见管尖部位仍留有少量液体，对此，除特别注明"吹"字的移液管外，一般都不要吹出，因为移液管标示的容积不包括这部分体积。

吸量管是带有分度的移液管，用于吸取不同体积的液体。吸量管的用法基本上与移液管的操作相同。移取溶液时，使液面到零刻度，然后按所需放出的体积，从吸量管的零刻度降到所需的体积。注意在同一实验中，多次移取溶液时，尽可能使用同一吸量管的同一部位，而且尽可能地使用吸量管上段的部分。如果使用注有"吹"字的吸量管，则要把管末端留下的最后一滴溶液吹出。

移液管和吸量管使用完毕，应洗涤干净，然后放在指定位置上。

（2）容量瓶

容量瓶是用来配制准确浓度溶液的容量器皿。它是一种细颈梨形的平底玻璃瓶，带有磨口玻璃塞或塑料塞。在其颈上有一标线，表示在指定温度下，当溶液充满至标线时，所容纳的溶液体积等于瓶上所示的体积。

容量瓶使用前必须检查瓶塞是否漏水，标度线位置距离瓶口是否太近。如果漏水或标线离瓶口太近，则不宜使用。检查漏水的方法是在瓶中加自来水到标线附近，盖好瓶塞后，左手用食指按住瓶塞，其余手指拿住瓶颈，右手用指尖托住瓶底边缘，如图 1-9 所示。将瓶倒立 2min，观察瓶塞周围是否有水渗出，如不漏水，将瓶放正，把瓶塞转动 180°后，再倒立试一次，检查合格后，即可使用。用细绳将塞子系在瓶颈上，保证二者配套使用。

用容量瓶配制溶液有两种情况：

如果将一定量的固体物质配成一定浓度的溶液，通常是将物质称在小烧杯中，加水或其他溶剂将固体溶解后，将溶液定量地全部转移到容量瓶中。转移时，右手拿玻璃棒悬空插入容量瓶内，玻璃棒的下端靠在瓶颈内壁，但不要太接近瓶口，左手拿烧杯，烧杯嘴紧靠玻璃棒，使溶液沿玻璃棒慢慢流入。如图1-10所示。待溶液流完后，把烧杯嘴沿玻璃棒向上提起，并使烧杯直立，使附着在烧杯嘴上的少许溶液流入烧杯，再将玻璃棒放回烧杯中，然后用少量去离子水吹洗玻璃棒和烧杯内壁，洗涤液按上述方法转移到容量瓶中，重复洗涤三次。然后加去离子水稀释，当加至容量瓶容量的2/3时，将容量瓶沿水平方向摇动几下，使溶液混匀。再继续加水，至近标线时，改用滴管加水，直至溶液弯月面下缘与标线相切为止。盖上瓶塞，一手按住瓶塞，另一手指尖顶住瓶底边缘，如图1-9所示，然后将容量瓶倒转并摇荡，再直立。如此重复十多次，使溶液充分混匀。

 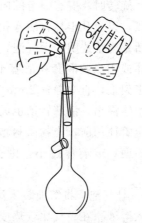

图 1-9　检查漏水和混匀溶液的操作　　　　　图 1-10　转移溶液的操作

如果用容量瓶稀释溶液，则用移液管移取一定体积的溶液于容量瓶中，然后按上述方法加水至标线，混匀溶液。

容量瓶使用完毕，应立即用水冲洗干净。如长期不用，磨口处应洗净擦干，并插入纸片将磨口隔开。

（3）滴定管

滴定管是滴定时用来准确测量流出溶液体积的量器。常量分析中最常用的是容积为50mL的滴定管，其最小刻度是0.1mL，但可估计到0.01mL，因此读数可读到小数点后第二位，一般读数误差为±0.01mL。另外还有容积为25mL的滴定管及10mL、5mL、2mL和1mL的微量滴定管。

滴定管可分为两种，如图1-11所示，一种是下端带有玻璃活塞的酸式滴定管，用于盛放酸类溶液或氧化性溶液，不能盛放碱液，因为碱性溶液会腐蚀玻璃，使活塞不能转动。另一种是碱式滴定管，用于盛放碱类溶液，其下端连接一段橡胶管或乳胶管，内放一颗玻璃珠，以控制溶液的流出。橡胶管下端接一尖嘴玻璃管。碱式滴定管不能盛放能与橡胶管起作用的溶液，如 I_2、$KMnO_4$ 和 $AgNO_3$ 等氧化性溶液。

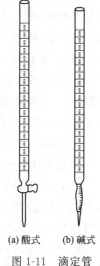

(a)酸式　(b)碱式
图 1-11　滴定管

由于用玻璃活塞控制滴定速度的酸式滴定管在使用时易堵易漏，而碱式滴定管的橡胶管易老化，因此，一种酸碱通用滴定管，即聚四氟乙烯活塞滴定管得到了广泛的应用。

① 滴定管使用前的准备

a. 洗涤和试漏 酸式滴定管洗涤前应检查玻璃活塞是否与活塞套配合紧密，如不紧密将会出现漏水现象，则不宜使用。洗涤可根据滴定管沾污的程度而采用前述的方法洗净。为了使玻璃活塞转动灵活并防止漏水，需在活塞上涂以凡士林。方法是取下活塞，将滴定管平放在实验台上，用干净滤纸将活塞和活塞套的水擦干。再用手指蘸少许凡士林，在活塞的两头，沿a、b圆柱周围各均匀地涂一薄层，如图1-12所示。然后把活塞插入活塞套内，向同一方向转动，直到从外面观察时呈均

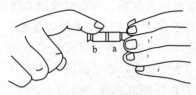

图1-12 活塞涂凡士林操作

匀透明为止。旋转时，应有一定的向活塞小头方向挤的力。凡士林不能涂得太多，也不能涂在活塞中段，以免凡士林将活塞孔堵住。若涂得太少，活塞转动不灵活，甚至会漏水。涂得恰当的活塞应呈透明，无气泡，转动灵活。为防止在使用过程中活塞脱出，可用橡皮筋将活塞扎住或用橡胶圈套在活塞末端的凹槽上。最后用水充满滴定管，擦干管壁外的水，置于滴定架上，直立静置2min，观察有无水滴渗出，然后将活塞旋转180°，再观察一次，若无水滴渗出，活塞转动也灵活，即可使用。否则应重新涂油，并试漏。

碱式滴定管使用前，应检查橡胶管是否老化，玻璃珠的大小是否适当。若玻璃珠过大，则操作不便；玻璃珠过小，则会漏水。碱式滴定管的洗涤和试漏，与酸式滴定管相同。

b. 装液、赶气泡 将溶液装入滴定管之前，应将容液瓶中的溶液摇匀，使凝结在瓶上的水珠混入溶液。在天气比较热或温度变化较大时，尤其要注意此项操作。在滴定管装入溶液时，先要用该溶液洗滴定管三次，以保证装入滴定管的溶液不被稀释。每次用溶液5～10mL。洗涤时，横持滴定管并缓慢转动，使溶液流遍全管内壁，然后将溶液自下放出。洗好后，即可装入溶液，加至"0.00"刻度以上。注意：装液时要直接从容量瓶倒入滴定管，不得借助于烧杯、漏斗等其他容器。

装好溶液后要注意检查出口管处是否有气泡，若有气泡则要排除，否则将影响溶液体积的准确测量。对于酸式滴定管，可迅速打开活塞，使溶液冲出，即可排除滴定管下端的气泡；对于碱式滴定管，可一手持滴定管成倾斜状态，另一手将橡胶管向上弯曲，并轻捏玻璃珠附近的橡胶管，当溶液从尖嘴口冲出时，气泡也随之溢出。如图1-13所示。

② 滴定管的读数

滴定管读数时应注意下面几点。

a. 读数时要将滴定管从滴定管架上取下，用右手的大拇指和食指捏住滴定管上端，使滴定管保持自然垂直状态。

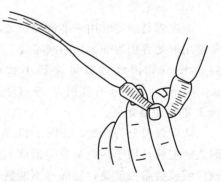

图1-13 碱式滴定管排气方法

b. 由于水的附着力和内聚力的作用，溶液在滴定管内的液面呈弯月形。对于无色或浅色溶液的弯月面比较清晰，读数时应读取弯月面下缘最低点，视线必须与弯月面下缘最低点处于同一水平，否则将引起误差，如图1-14所示。对于深色溶液如$KMnO_4$，应读取液面的最上缘。

c. 每次滴定前应将液面调节在刻度为"0.00"或稍下一些的位置上,因为这样可以使每次滴定前后的读数差不多都在滴定管的同一部位,可避免由于滴定管刻度的不准确而引起的误差。

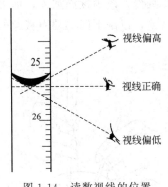 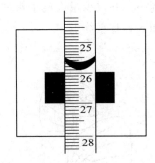

图 1-14 读数视线的位置   图 1-15 读数卡

d. 为了使读数准确,在装满或放出溶液后,必须等 $1\sim2\min$,待附着在内壁的溶液流下来后再读取读数。

e. 背景不同所得的读数有所差异,所以应注意保持每次读数的背景一致。为了便于读数,可用黑白纸做成读数卡,将其放在滴定管背后,使黑色部分在弯月面 0.1mL 处,此时弯月面的反射层全部成为黑色,这样的弯月面界面十分清晰,如图 1-15 所示。

f. 有些滴定管背后衬一白板蓝线,对无色或浅色溶液,读数时应读取两个弯月面相交于蓝线的一点,视线与此点应在同一水平面上,深色溶液则应读取液面两侧最高点对应的刻度。

③ 滴定操作

将酸式滴定管夹在滴定管架上,用左手控制活塞,拇指在管前,中指和食指在管后,轻轻捏住活塞柄,无名指和小指向手心弯曲,如图 1-16 所示。转动活塞时要注意勿使手心顶着活塞,以免顶出活塞,造成漏水。如用碱式滴定管,则用左手拇指和食指轻捏玻璃珠近旁的橡皮管,使形成一条缝隙,溶液即可流出,如图 1-17 所示。注意不要使玻璃珠上下移动,更不要捏玻璃珠下部的橡皮管,以免空气进入而形成气泡,影响准确读数。

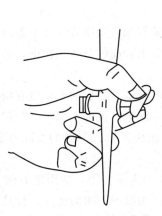 

图 1-16 酸式滴定管的操作   图 1-17 碱式滴定管的操作

滴定时，如图 1-18 所示。左手握住滴定管滴加溶液，右手的拇指、食指和中指拿住锥形瓶颈，其余两指辅助在下侧，向同一方向旋转，摇动锥形瓶。摇瓶时应微动腕关节，注意不要使瓶内溶液溅出。在允许的条件下，滴定刚开始时，速度可稍快些，但溶液不能呈流水状地从滴定管放出。近终点时，滴定速度要减慢，改为逐滴加入，即加一滴，摇几下，再加一滴……并以少量去离子水淋洗锥形瓶内壁，以洗下因摇动而溅起的溶液。最后应控制半滴加入，直至终点。

图 1-18　两手操作姿势　　　　图 1-19　在烧杯中的滴定操作

滴加半滴溶液的操作是：对于酸式滴定管，可轻轻转动活塞，使溶液悬挂在出口的尖嘴上，形成半滴，用锥形瓶内壁将其沾落，再用洗瓶吹洗。对于碱式滴定管，应先松开拇指和食指，将悬挂的半滴溶液沾在锥形瓶内壁上，这样可以避免尖嘴玻璃管内出现气泡。

滴定还可以在烧杯中进行，滴定方法与上述基本相同。滴定管下端伸入烧杯内 1cm，不要离壁过近，左手滴加溶液，右手持玻璃棒做圆周运动，如图 1-19 所示，不要碰到烧杯壁和底部。当加半滴时，可用玻璃棒下端承接悬挂的半滴溶液，放到烧杯中混匀。

滴定结束后，滴定管内剩余的溶液应弃去，不可倒回原瓶中，以免沾污溶液，随后洗净滴定管，注满去离子水或倒挂在滴定管架台上备用。

滴定操作中，还应注意整个滴定过程中，左手不能离开滴定管旋塞任溶液自流，眼睛注意观察液滴周围溶液的颜色变化，不要看着滴定管上的液面或刻度，摇动锥形瓶时，使溶液向同一方向做圆周运动，不可前后左右振动，锥形瓶口勿触碰滴定管嘴尖。平行测定时，每次都用滴定管中大致相同的体积段，如每次从零刻度附近开始。

（4）容量器皿的校正

滴定分析中所用的主要量器有滴定管、移液管和容量瓶等。容量器皿的容积与其所标示的体积往往并不完全符合。因此，在准确度要求较高的分析工作中，必须对容量器皿进行校正。

由于玻璃具有热胀冷缩的特性，在不同温度下容量器皿的容积也有所不同，因此校正玻璃容量器皿时，必须规定一个共同的温度值，即标准温度。国际上和我国规定的标准温度为 20℃，即在校正时都将玻璃容量器皿的容积校正到 20℃时的实际容积。

容量器皿常采用两种校正方法。

① 绝对校正法　绝对校正是测定容量器皿的实际容积。常用的方法为称量法，即准确称量容量器皿容纳或放出纯水的质量，并根据该温度下水的密度，计算出该容量器皿在标准温度 20℃时的实际容积。由质量换算成容积时要考虑以下三方面的因素：

a. 温度对水的密度的影响；

b. 温度对玻璃量器容积胀缩的影响；

c. 空气浮力对称量时的影响。

为计算方便，综合考虑上述三个因素，可得到一个总校正值。经总校正后的纯水的密度如表 1-3 所示。

表 1-3 不同温度下纯水的密度

（空气密度为 $0.0012g \cdot mL^{-1}$，钠钙玻璃体胀系数为 $2.6 \times 10^{-5}℃^{-1}$）

温度/℃	密度/$g \cdot mL^{-1}$	温度/℃	密度/$g \cdot mL^{-1}$	温度/℃	密度/$g \cdot mL^{-1}$
1	0.9983	11	0.9983	21	0.9970
2	0.9984	12	0.9982	22	0.9968
3	0.9984	13	0.9981	23	0.9966
4	0.9985	14	0.9980	24	0.9964
5	0.9985	15	0.9979	25	0.9961
6	0.9985	16	0.9978	26	0.9959
7	0.9985	17	0.9976	27	0.9956
8	0.9985	18	0.9975	28	0.9954
9	0.9984	19	0.9973	29	0.9951
10	0.9984	20	0.9972	30	0.9948

因此，只要称得被校正的容量器皿容纳或放出纯水的质量，再除以该温度时纯水的密度值，就是该器皿在 20℃时的实际容积。例如：在 15℃时，某一 100mL 容量瓶容纳纯水的质量为 99.78g，查得 15℃时水的密度为 $0.9979g \cdot mL^{-1}$，则可计算出该容量瓶在 20℃时的实际容积为：$V_{20} = \dfrac{99.78}{0.9979} = 99.99$（mL）

容量器皿是以 20℃为标准来校正的，但使用时不一定是 20℃，因此容量器皿的容积以及溶液的体积都会发生改变。由于玻璃的膨胀系数很小，在温度相差不大时，容量器皿的容积改变可以忽略。而溶液的体积与密度有关，所以可以通过溶液密度来校正温度对溶液体积的影响。稀溶液的密度一般可用相应纯水的密度来取代。

例如：在 10℃时，25.00mL 0.1mol·L^{-1}标准溶液，在 20℃时的体积是：

0.1mol·L^{-1}稀溶液的密度可用纯水的密度代替，查得水在 10℃、20℃时的密度分别为 $0.9984g \cdot mL^{-1}$ 和 $0.9972g \cdot mL^{-1}$，则 $V_{20} = 25.00 \times \dfrac{0.9984}{0.9972} = 25.03$（mL）

② 相对校正法 若两种容器体积之间有一定的比例关系时，常采用相对校正法。例如容量瓶和移液管，它们常常是配套使用的，因此重要的是确知它们的相对关系是否符合，而不是它们的准确体积，这时就可采用相对校正法。例如，25mL 移液管量取液体的体积是否等于 100mL 容量瓶量取体积的 1/4。

下面就滴定管、移液管和容量瓶的校正说明如下。

a. 滴定管的校正 准确称量洁净且外部干燥的 50mL 容量瓶（精确至 0.01g）。将去离子水装满待校正的滴定管中，调节液面至 0.00 刻度处，记录水温，然后按每分钟 10mL 的流速放出 10mL（要求在 10mL±0.1mL 范围内）水于已称过质量的容量瓶中，盖上瓶塞，再称量，两次质量之差为放出水的质量。用同样的方法称得滴定管从 10mL 到 20mL、20mL 到 30mL……等刻度间水的质量，除以实验温度时水的密度就可得到滴定管各部分的实际容积。表 1-4 列出了 25℃时校正滴定管的实验数据。

表 1-4　滴定管校正表

（水的温度 25℃，水的密度为 0.9961g·mL⁻¹）

滴定管读数	容积/mL	瓶和水的质量/g	水的质量/g	实际容积/mL	校正值	累计校正值
0.03		29.20(空瓶)				
10.13	10.10	39.28	10.08	10.12	+0.02	+0.02
20.10	9.97	49.19	9.91	9.95	−0.02	0.00
30.08	9.97	59.18	9.99	10.03	+0.06	+0.06
40.03	9.95	69.13	9.95	9.99	+0.04	+0.10
49.97	9.94	79.01	9.88	9.92	−0.02	+0.08

例如：在 25℃时由滴定管放出 10.10mL 水，其质量为 10.08g，算出这一段滴定管的实际体积为：$V_{20} = \dfrac{10.08}{0.9961} = 10.12$（mL），故滴定管这段容积的校正值为 $10.12 - 10.10 = +0.02$（mL）。

　　b. 移液管的校正　用洗净的待校正的 25mL 移液管吸取去离子水并调节至刻度，放入已称量的容量瓶中，再称量，根据水的质量计算该温度时的实际容积。每支移液管需校正两次，且两次称量差不得超过 20mg，否则要重新校正。

　　c. 容量瓶和移液管的相对校正　用 25mL 移液管准确移取去离子水放入洁净且干燥的 100mL 容量瓶中，重复 4 次，然后观察溶液弯月面下缘与标线是否相切，若不相切，则另作标记。经相互校正后的容量瓶和移液管可配套使用。

1.3.4　天平与称量

　　天平是化学实验室最常用的称量仪器，天平的种类很多，其中最常见的是电子天平，根据称量的精度要求，电子天平可分为最小分度值为 0.1g、0.01g 的电子天平，最小分度值为 0.1mg、0.01mg 的分析天平等。

　　（1）电子天平

　　电子天平是利用电磁力平衡原理制造的电子测量仪器，在称量过程中，可以自动调零、自动校正、自动去皮和自动显示称量结果，其操作简单，称量方便，既准确又快速。

　　① 测量原理

　　电子天平的测量原理如图 1-20 所示，将天平传感器的平衡结构简化为一杠杆，杠杆由支点 O 支撑，左边是秤盘，右边连接线圈及零位指示器。零位指示器置于一固定位置，天平空载时，杠杆始终趋于某一位置，即天平的零点。当天平加载物体时，杠杆偏离零点，零点指示器产生偏差信号，通过放大和 PID（比例、积分、微分调节）来控制流入线

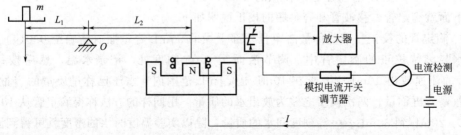

图 1-20　电子天平测量原理示意图

圈的电流 I，使之增大，位于磁场中的通电线圈将产生电磁力 F，由于通电线圈位于恒定磁场中，所以电磁力 F 也相应增大，直到电磁力 F 的大小与加载物体的重量相等，偏差消除，杠杆重新回到天平的零点。即恒定磁场中通过线圈的电流强度 I 与被测物体的质量成正比，只要测定流入线圈的电流强度 I，就可知被测物体的质量。

② 电子天平的使用方法

不同型号规格的电子天平，其使用方法大同小异，具体操作可以参照仪器的使用说明书。图 1-21 所示为 PL 型电子天平和 AL 型分析天平。以 AL 型分析天平为例说明使用方法。

a. 水平调节　观察水平仪的水泡是否居水平仪中间位置，必要时应通过调节天平水平调节脚进行调整。

b. 预热　单击"ON"键，接通电源，预热 20～30min。

c. 校准　第一次使用天平前，需要进行校准。连续使用的天平则需定期校准。校准的方法是：天平空载，按住"CAL"键不放，直到显示屏显示"CAL"后松开，所需的校准砝码值闪烁。放上校准砝码，天平自动进行校准。当"0.0000g"闪烁时，移去砝码。天平再次出现"CAL done"时，校准结束。

d. 称量　当天平回零，显示屏显示"0.0000g"时，即可进行称量。将称量物放在秤盘中央，待稳定探测符"0"消失后，即可读取称量结果。

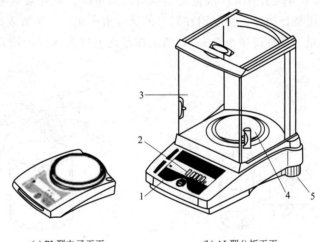

(a) PL型电子天平　　　　　　(b) AL型分析天平

图 1-21　电子天平

1—操作键；2—显示屏；3—防风罩；4—秤盘；5—水平调节脚

若需要去皮称量，先将容器置于秤盘上，在显示容器质量后，按"O/T"键，使显示为零，当采用固定质量称量法时，显示净重值；当采用减量法时，则显示负值。如果需要连续称量，则再按"O/T"键，使显示为零，重复操作即可。每一次称量先去皮，即可直接得到称量值。因而利用电子天平的去皮功能，可使称量变得更加快捷。

称量结束后，按"OFF"键不放，直到显示屏出现"OFF"后松开，即可关机。拔下电源插座，盖上防尘罩。

③ 使用电子天平的注意事项

a. 电子天平使用时必须注意动作要轻缓，不要移动天平。

b. 电子天平使用时应注意不能称量热的物体。称量物不能直接放在秤盘上，根据情况可放表面皿或其他容器内。称取有腐蚀性或有挥发性物体时，必须放在密闭容器内称量。分析天平上称量使用称量瓶。

  c. 称量物体的质量不得超过天平的最大负载，否则容易损坏天平。

  d. 如果天平长时间没用，或天平移动过位置，必须进行校正。

  （2）试样的称取方法

  ① 固定质量称量法 对于一些在空气中没有吸湿性的试样，如金属、合金等，可用本法称量。若使用电子天平，则将器皿置于天平盘上，去皮，用牛角匙将试样慢慢加入盛放试样的器皿中，当所加试样略少于欲称质量时，极其小心地将盛有试样的牛角匙伸向器皿中心上方约 2~3cm 处，匙的另一端顶在掌心上，用拇指、中指及掌心拿稳牛角匙，并用食指轻弹匙柄，让试样慢慢抖入器皿中，使之与所需称量值相符，即可得一定质量的试样。

  ② 减量法 此法常用于称取易吸水、易氧化或易与 CO_2 反应的物质。称取试样时，将纸片折成宽度适中的纸条，套住称量瓶（也可用指套），用左手的拇指和食指夹住纸条，如图 1-22 所示。将称量瓶置于天平盘上准确称量，设质量为 m_1，然后仍用纸条套住称量瓶，从天平盘上取下，置于准备盛放试样的容器上方，右手用小纸片夹住瓶盖柄，打开瓶盖，将称量瓶倾斜，并用瓶盖轻轻敲击瓶口，使试样慢慢落入容器内，注意不要撒在容器外，如图 1-23 所示。当倾出的试样接近所要称取的质量时，把称量瓶慢慢竖起，同时用称量瓶盖继续轻轻敲瓶口侧面，使黏附在瓶口的试样落入瓶内，然后盖好瓶盖，再将称量瓶放回天平盘上称量。设称得质量为 m_2，两次质量之差即为试样的质量。按上述方法可连续称取几份试样。

图 1-22 称量瓶拿法

图 1-23 试样敲击的方法

  若利用电子天平的去皮功能，可将称量瓶放在天平的秤盘上，显示稳定后，去皮，然后按上述方法向容器中敲出一定量的试样，再将称量瓶放在秤盘上称量，显示的负值达到称量要求，即可记录称量结果。如果要连续称量试样，则可再去皮，使显示为零，重复操作即可。

  必须注意，若敲出的试样超出所需的质量范围，不准将敲出的试样再倒回称量瓶中，此时只能弃去敲出的试样，洗净容器，重新称量。

1.3.5 加热装置和加热方法

  化学实验室常用的加热装置有燃气（天然气、煤气）灯、电炉、烘箱、马弗炉、管式炉等。

  （1）加热装置

① 燃气灯　燃气灯是实验室中最常用的加热器具。燃气由导管输送到实验台上，用橡胶管将燃气龙头和燃气灯相连。燃气灯的式样很多，但构造基本相同。燃气灯主要由灯管和灯座两部分组成，灯管和灯座通过灯管下部的螺旋相连，如图1-24所示。转下灯管1，可以看到灯座的燃气出口2和空气入口3。旋转灯管1，能够完全关闭或不同程度地开放空气入口，以调节空气的进入量。灯座底部（或侧面）有螺丝4，可控制燃气的进入量。

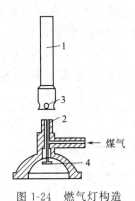

图1-24　燃气灯构造
1—灯管；2—燃气出口；3—空气入口；4—螺丝

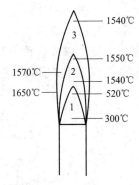

图1-25　火焰各区域的温度

点燃燃气灯时，先关上空气入口3，再擦燃火柴或开启打火枪，移近灯管口，打开燃气开关，将燃气点燃。调节燃气进入量，使火焰保持适当的高度，此时燃气燃烧不完全，便会析出碳质，生成光亮的黄色火焰，温度不高。旋转灯管，调节空气进入量，使燃气完全燃烧，火焰由黄色变为蓝色，此时的火焰称为正常火焰，如图1-26(a)所示。燃气的正常火焰可以分为三个锥形区域，如图1-25所示，内层1，空气和燃气进行混合，并未燃烧，温度较低，称为"焰心"；中层2，在这里燃气不完全燃烧，生成含碳的产物，这部分火焰具有还原性，称为"还原焰"；外层3，在这里燃气完全燃烧，但由于含有过量的空气，这部分火焰具有氧化性，称为"氧化焰"，温度高，火焰呈淡紫色。在燃气火焰中，各部分的温度如图1-25所示。

如果点燃燃气时，空气和燃气入口都开得太大，火焰就会凌空燃烧，称为"凌空火焰"见图1-26(b)，当燃气进口开得很小，而空气入口开得太大时，进入的空气太多就会产生"侵入火焰"，见图1-26(c)，此时燃气在灯管内燃烧，并发出"嘶嘶"的响声，火焰的颜色变为绿色，灯管被烧得很烫。发生这些现象时，应立即关闭燃气，待灯管冷却后，重新调节和点燃。

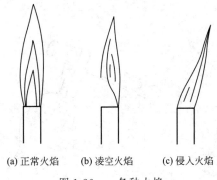

(a)正常火焰　　(b)凌空火焰　　(c)侵入火焰
图1-26　　各种火焰

② 电炉和箱形电炉（箱形电炉旧称马弗炉）

根据需要，实验室还常常用电炉或箱形电炉进行加热。它们都是靠电热丝产生热量。针对加热物的不同要求，可选用不同功率、不同形式的电热炉。

a. 电炉　电炉如图1-27所示，可以代替酒精灯或燃气灯用于一般加热。有开放式和封闭式两种，其温度高低可以通过调节电阻（外接可调变压器）来控制。开放式电炉加热

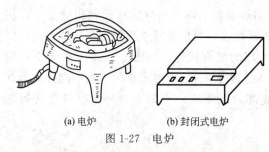

(a) 电炉　　　　　　(b) 封闭式电炉

图 1-27　电炉

时容器和电炉之间隔一块石棉网，保证受热均匀。

b. 高温炉　高温炉有马弗炉和管式炉，如图 1-28 所示，利用电热丝硅碳棒或硅钼棒来加热，最高温度可达 1100～1200℃、1600℃，常用于灼烧坩埚、沉淀及高温反应等。马弗炉的炉膛呈正方形或长方形，使用时将试样置于坩埚内放入炉膛中加热。管式炉呈管状炉壁，可插入瓷管或石英管，在瓷管内放入称有反应物的小舟（瓷舟或石英舟），通过瓷管或石英管控制反应物在空气或其他气体中进行的高温反应。高温炉的温度一般由温度控制器自动控制。

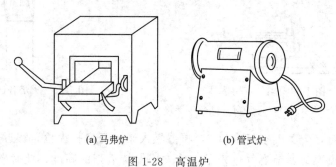

(a) 马弗炉　　　　　　(b) 管式炉

图 1-28　高温炉

（2）加热方法

① 直接加热试管中的液体和固体　直接加热试管中的液体时，应擦干试管外壁，用试管夹夹住试管的中上部，手持试管夹的长柄进行加热操作。试管口向上倾斜，如图 1-29 所示，加热时，先加热液体的中上部，然后慢慢向下移动，再不时地上下移动，使溶液各部分受热均匀。管口不能对着自己或他人，以免溶液在煮沸时迸溅烫伤。液体量不能超过试管高度的 1/3。

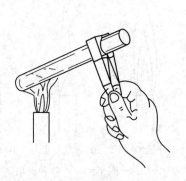

图 1-29　加热试管中的液体

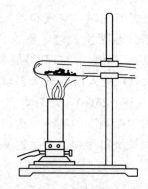

图 1-30　加热试管中的固体

直接加热试管中的固体时，可将试管固定在铁架台上，试管口要稍向下倾斜，略低于管底，如图 1-30 所示，防止冷凝的水珠倒流至灼热的试管底部炸裂试管。

② 直接加热烧杯、烧瓶等玻璃器皿中的液体　加热烧杯、烧瓶中的液体时，器皿必须放在石棉网上，以防受热不均而破裂。液体量不超过烧杯的 1/2、烧瓶的 1/3。加热含

较多沉淀的液体以及需要蒸干沉淀时，用蒸发皿比用烧杯好。

③ 水浴、油浴或砂浴 为了消除直接加热或在石棉网上加热容易发生局部过热等缺点，可使用各种加热浴。

a. 水浴 当被加热物质要求受热均匀而温度又不能超过100℃时，可用水浴加热。

水浴是在浴锅中加水（一般不超过容量的2/3），将要加热的容器如烧杯、锥形瓶浸入水中（不能触及锅底），水面应略高于容器内的被加热物质，就可在一定温度（或沸腾）下加热。加热时还需注意随时补充水浴锅中的水，保持水量，切勿烧干。

若盛放加热物的容器并不浸入水中，而是通过蒸发出的热蒸汽来加热，则称之为水蒸气浴。

通常使用的水浴如图1-31(a)所示，都附带一套具有大小不同的同心圆的环形铜（或铝）盖。可根据加热容器的大小选择，以尽可能增大器皿底部受热面积而又不落入水浴为原则。

实验室中的水浴加热装置常采用大烧杯代替水浴锅。

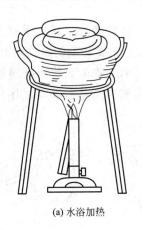 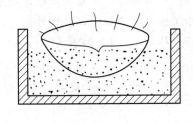

(a) 水浴加热　　　　　　　　(b) 砂浴加热

图 1-31　加热浴

b. 油浴和砂浴 当被加热物质要求受热均匀，而温度高于100℃时，可使用砂浴或油浴加热。

油浴是以油代替浴锅中的水。一般加热温度在100～250℃以下时，可用油浴。油浴的优点在于温度容易控制在一定范围内，容器内的被加热物质受热均匀。常用的油有甘油（用于150℃以下的加热）、液体石蜡（用于200℃以下的加热）等。使用油浴要小心，防止着火。加热油浴的温度要低于油的沸点，当油浴冒烟情况严重时，应立即停止加热。油浴中应悬挂温度计，以便随时调节灯焰，控制温度。加热完毕后，把容器提离油浴液面，仍用铁夹夹住，放置在油浴上面，待附着在容器外壁上的油流完后，用纸和干布把容器擦干净。

砂浴是将细砂盛在平底铁盘内。操作时，可将器皿欲加热部分埋入砂中，见图1-31(b)，用燃气灯非氧化焰进行加热（注意，如用氧化焰强热，就会烧穿盘底）。若要测量温度，必须将温度计水银球部分埋在靠近器皿处的砂中。

④ 坩埚 高温加热或熔融固体时，根据原料不同，可选用不同材料的坩埚（如瓷质坩埚、金属坩埚及耐火材料坩埚等）。加热时，将坩埚放在泥三角上，如图1-32所示，用燃气灯的氧化焰灼烧，先小火，后强火。若需灼烧到更高温度时，可将坩埚置于马弗炉中

进行强热。移动坩埚时，必须使用干净的坩埚钳。坩埚钳用过后，钳头朝上，平放在石棉板上。如图 1-33 所示。

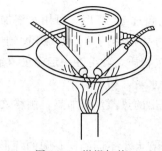

图 1-32　坩埚加热

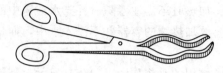

图 1-33　坩埚钳放法

1.3.6　简单玻璃加工技术

（1）玻璃管（棒）的切割和圆口

截断玻璃管（棒）可用扁锉、三角锉或小砂轮片。将玻璃管（棒）平放在实验台上，左手按住要切割的地方，右手用锉刀（或砂轮片）的棱边在要切割的部位用力向前或向后锉，注意应向同一方向锉，不要来回锉，使形成一道深的凹痕。要折断玻璃管（棒）时，只要用两拇指抵住凹痕的后面，轻轻外推，同时用食指和拇指将玻璃管（棒）向两边拉，以截断玻璃管（棒）。如图 1-34 所示。

图 1-34　玻璃管（棒）的截断

新截断的玻璃管（棒）截面很锋利，容易割伤皮肤和橡胶管，也难以插入塞子的圆孔内，因此必须放在火焰中熔烧，使之平滑，这一操作称为圆口。方法是将断面斜插入（约45°角）燃气灯的氧化焰中加热，并且缓慢转动，直至将断面熔烧至圆滑为止。注意玻璃管圆口时，烧的时间不宜过长，以免玻璃管口径缩小甚至封死。熔烧后的玻璃管（棒）应放在石棉网上冷却，不能放在桌上。

（2）玻璃管的弯曲

弯玻璃管时，先用小火将玻璃管加工部分预热一下，然后双手持玻璃管，将要弯曲的部分斜插入氧化焰中加热，以增加玻璃管的受热面积；同时双手缓慢而均匀地转动玻璃管，如图 1-35 所示。两手用力要均等，转动要同步，以免玻璃管在火焰中扭曲。当玻璃管受热部分发黄而且变软时，将玻璃管移离火焰，稍等一、二秒，待温度均匀后，用"V"字形手法准确弯至一定的角度，如图 1-36 所示。

弯 120°以上的角度，可以一次弯成。弯较小角度时，可分几次弯成，先弯成较大角度，然后在第一次受热部位的偏左或偏右处进行第二次、第三次加热和弯管，直至弯成所需的角度为止。要注意每次弯曲均应在同一平面上，不要使玻璃管变得歪扭。

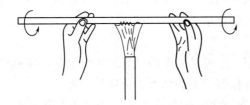

图 1-35 烧管手法

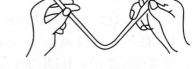

图 1-36 弯曲玻璃管的手法

（3）玻璃管（棒）的拉伸

拉伸玻璃管（棒）时，加热的方法与弯玻璃管相同，不过要烧得更软一些。玻璃管（棒）应烧到呈红黄色才可以从火焰中取出，顺水平方向边拉边来回转动玻璃

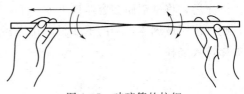

图 1-37 玻璃管的拉细

管（棒），如图 1-37 所示。拉至所需细度时，一手持玻璃管（棒），使之垂直下垂片刻。冷却后，截取所需的长度。

玻璃管（棒）拉细后，可按需要制作滴管、毛细滴管、毛细管或小头搅棒。如制作滴管，只需将按需截得玻璃管小口熔烧一下，使其光滑（注意熔烧滴管小口时不能长时间放在火焰中，否则管口直径会收缩变小，甚至封住），另一端熔烧时，要完全烧软，然后垂直在石棉网上加压翻口，冷却后套上橡胶头即成滴管。

制作小头搅棒时，只需将截得的玻璃棒的细端斜插（头朝上）在火焰上烧圆出一个球，再将粗的一端圆口即可。制成的滴管和小头搅棒如图 1-38 所示。

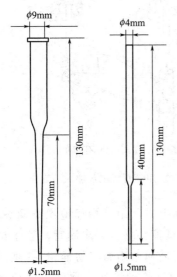

图 1-38 滴管和小头搅棒

1.3.7 试剂的取用和配制

化学试剂按其中所含杂质的多少一般可划分为四个等级，其规格及适用范围见表 1-5。

表 1-5 试剂规格和适用范围

等级	名称	符号	标签颜色	适用范围
一级	优级纯（保证试剂）	G. R.	绿色	用于精密分析和科学研究工作
二级	分析纯（分析试剂）	A. R.	红色	用于定性定量分析实验
三级	化学纯	C. P.	蓝色	适用于一般定性分析和化学制备实验
四级	实验试剂	L. R.	黄色	用作实验辅助试剂

除上述一般试剂之外，还有适合某一方面需要的特殊规格的试剂，如基准试剂、光谱纯试剂等。

基准试剂的纯度相当于（或高于）一级品。常用作定量分析中标定标准溶液的基准物，也可直接用于配制标准溶液。

光谱纯试剂（符号 S. P.）的杂质含量用光谱分析法已测不出或者杂质含量低于某一限度，这种试剂主要用作光谱分析中的标准物质。

应根据实验要求，本着节约的原则来选用不同规格的化学试剂，不可盲目追求高纯度而造成浪费。当然也不能随意降低规格而影响测定结果的准确度。

(1) 液体试剂的使用

液体试剂通常盛放在细口试剂瓶或滴瓶中。见光易分解的试剂如硝酸银等，应盛放在棕色瓶中。每个试剂瓶上都必须贴上标签，并标明试剂的名称、浓度和纯度。

① 从细口试剂瓶取用试剂的方法　取下瓶塞把它仰放在台上。用左手拿住容器（如试管、量筒等），用右手掌心对着标签处拿试剂瓶，倒出所需量取的试剂，如图 1-39 所示。倒完后，将试剂瓶在容器口上靠一下，再使试剂瓶竖直，盖上瓶盖。若向烧杯中倒试液，则可使用玻璃棒，棒的下端斜靠在烧杯壁上，试剂瓶口靠玻棒慢慢倒出试液，使液体沿玻棒流入烧杯。

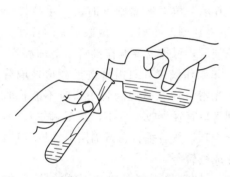

图 1-39　往试管中倒取液体试剂

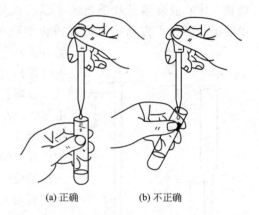

(a) 正确　　　　(b) 不正确

图 1-40　用滴管将试剂加入试管中

② 从滴瓶中取用少量试剂的方法　将滴管提起至液面上方，用手指捏瘪橡胶滴头，以赶出滴管中的空气，然后伸入试液中，放开手指，吸入试液，垂直提出滴管，置于试管口的上方滴入试液，按图 1-40 所示。滴完后立即将滴管插回原滴瓶（勿插错）。绝对禁止将滴管伸进试管中或与器壁接触，更不允许用自己的滴管到滴瓶中取液，以免污染试剂。

③ 从量筒中取用试剂的方法　量筒和量杯是量度液体体积的量器，如图 1-41 所示。用于量取精度要求不高的溶液或水。常用的规格从 10mL 到 1000mL，最小分度值相差很大，根据需要选用合适量度的量筒。

量筒不能用于配制溶液或进行化学反应。不能加热，也不能盛装热溶液，以免炸裂。

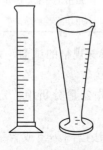

图 1-41　量筒和量杯

图 1-42　可调定量加液器

④ 从可调定量加液器中取用试剂的方法 可调定量加液器是用于化学实验时对试液作连续定量加液时的器具。如图 1-42 所示。利用注射器针筒的柱塞往复运动和两个单向活塞使液体定量、定向运动，进行加液。可调定量加液器由贮液瓶和加液器两部分组成。加液器为一塑料螺丝口瓶盖，瓶盖连接装有单向活塞的出水管和进水管的注射器针筒，用于控制试液的进出。在瓶盖的上面有一金属刻度标记的定位梗和可移动的定位套，用于控制加入试液数量的准确性。在瓶盖上用塑料管连接一玻璃弯管，用于导出试液用。在玻璃弯管的尾端有一段磨砂嘴，用于连接塑料吸嘴控制流速。贮液瓶是带螺丝口的玻璃瓶，用于贮放试液用。它的螺丝口与瓶盖螺丝口相配合。

可调定量加液器的使用方法是洗净仪器，将出水管用橡胶管与出水弯玻璃管连接于瓶盖上。弯玻璃管的尾端套入塑料吸嘴，然后将试液加入贮液瓶内，利用螺口将贮液瓶与加液器旋紧，上下抽吸数次，排出瓶内气泡即可应用。在使用时先根据需要加液的数量，将定位套移动至定位梗上刻度标记处固定。即可进行连续加液。

定量取用液体试剂时，根据要求可选用准确度较高的量器，如量筒、滴定管、移液管等。

（2）固体试剂的取用

固体试剂通常存放在易于取用的广口瓶中，以药匙取用。匙的两端为大小两个匙，取大量固体时用大匙，取少量固体时用小匙。取用固体的匙要专匙专用，并且干燥而清洁。试剂取用后，应立即盖紧瓶塞。

称量固体试剂时，必须把固体试剂放在称量纸、表面皿或小烧杯内称量，取出的试剂量尽可能不要超过所需量，多取的药品不可倒回原试剂瓶。

（3）溶液的配制

溶液配制一般是指把固态试样溶于水（或其他溶剂）配制成溶液，或把液态试剂（或浓溶液）加水稀释为所需的稀溶液。

① 一般溶液的配制方法 配制溶液时先算出所需的固体试剂的用量，称取后置于容器中，加少量水，搅拌溶解。必要时可加热促使溶解，再加水至所需的体积，混合均匀，即得所配制的溶液。

用液态试剂（或浓溶液）稀释时，先根据试剂或浓溶液密度或浓度算出所需液体的体积，量取后加入所需的水混合均匀即成。

配制饱和溶液时，所用溶质的量应比计算量稍多，加热使之溶解后，冷却，待结晶析出后，取用上层清液，以保证溶液饱和。

配制易水解的盐溶液时，如 $SnCl_2$、$SbCl_3$、$Bi(NO)_3$，应先加入相应的浓酸（HCl 或 HNO_3），以抑制水解或溶于相应的酸中，使溶液澄清。

配制易氧化的盐溶液时，不仅需要酸化溶液，还需加入相应的纯金属，使溶液稳定。如配制 $FeSO_4$、$SnCl_2$ 溶液时需加入金属铁或金属锡。

② 标准溶液的配制方法 通常用直接法和间接法配制标准溶液。

a. 直接法 准确称取一定量的基准试剂，溶于适量的水中，再定量转移到容量瓶中，用水稀释至刻度。根据称取试剂的质量和容量瓶的体积，即可算出该标准溶液的准确浓度。用直接法配制标准溶液的基准试剂必须具备以下条件：

（a）具有足够的纯度，即含量在 99.9％以上，而杂质的含量应在滴定分析所允许的范围内；

（b）组成与其化学式完全相符；

（c）稳定；

（d）最好具有较大的摩尔质量。

b. 间接法　许多试剂不符合上述直接法配制标准溶液的条件，因此要用间接法，即粗略配制一接近所需浓度的溶液，然后用基准物质或已知浓度的标准溶液来测定它的准确浓度。这种确定浓度的操作，称为标定法。

配好溶液后应在试剂瓶上贴上标签，写上试剂名称、浓度、配制日期。

标准溶液配制和存放时还需注意基准物质使用前要预先按规定的方法进行干燥，标准溶液应密封保存，有些需要避光，标准溶液存放时会蒸发水分，水珠会凝结到瓶壁，故每次使用时要将溶液摇匀。

1.3.8　试纸的使用

实验室中所用的试纸种类很多，常用的有 pH 试纸、石蕊试纸和自制专用试纸等。

pH 试纸：用于检验溶液的 pH 值，有广泛 pH 试纸和精密 pH 试纸两种。广泛 pH 试纸测试 pH 值的范围较宽，pH 值为 1~14，测得的 pH 值较粗略；精密 pH 试纸则可用于测试不同范围的 pH 值。如 pH 值为 0.5~5.0、5.4~7.0、6.9~8.4、8.2~10.0、9.5~13.0 等，测得的 pH 值较精密。

石蕊试纸：用于检验溶液的酸碱性。有红色石蕊试纸和蓝色石蕊试纸两种。

自制专用试纸：在定性检验某种气体时，常需用某些专用试纸。它是在滤纸条上滴上某种试剂制成的试纸。例如滤纸条上滴加一滴淀粉溶液和一滴碘化钾溶液，即成淀粉-碘化钾试纸，用于检验 Cl_2、Br_2 气体；滤纸条上滴上醋酸铅溶液即成醋酸铅试纸，用于检验 H_2S 气体等。

试纸的使用方法：石蕊试纸和 pH 试纸试验前先将试纸剪成小条，放在干燥、洁净的表面皿上，再用玻璃棒蘸取待测溶液后滴在试纸上，观察颜色的变化。红色石蕊试纸对碱性溶液呈蓝色，蓝色石蕊试纸对酸性溶液呈红色；使用 pH 试纸时，是将呈现的颜色与标准色板相比较，即可测得待测溶液的 pH 值。

用自制专用试纸检验气体时，将试纸沾在玻璃棒的一端，悬放在试管口的上方，观察试纸的颜色变化。

1.3.9　固液分离及沉淀的洗涤

固、液分离的方法有倾析法、过滤法和离心法三种。

图 1-43　倾析法

（1）倾析法

当沉淀的结晶颗粒较大，静止后较快沉降至容器底部时，常用倾析法进行分离和洗涤。倾析法操作见图 1-43，操作时将静置后上层的清液沿玻璃棒倾入另一容器内，即可使沉淀和溶液分离。

若需洗涤沉淀，可采用"倾析法洗涤"，即向倾去清液的沉淀中加入少量洗涤液（一般为去离子水），充分搅动后，再静置、沉降，用上述方法将清液倾出，再向沉淀中加洗涤液洗涤，如此重复数次。

（2）过滤法

过滤法是固、液分离最常用的方法。当沉淀和溶液的混合物通过过滤器时，沉淀留在过滤器上，而溶液通过过滤器进入接收器中。过滤出来的溶液称为滤液。溶液的温度、黏度、过滤时的压力和沉淀的状态都会影响过滤速度。一般热的溶液比冷的溶液容易过滤；溶液的黏度越大，过滤越慢；减压过滤比常压过滤快。沉淀呈胶体时，应先加热一段时间将其破坏，否则会穿透滤纸。总之，要考虑各种因素，选择不同的过滤方法。

常用的过滤方法有常压过滤、减压过滤和热过滤。

① 常压过滤　常压过滤最为简便和常用。一般使用普通漏斗和滤纸作过滤器。此方法适用于过滤胶体沉淀或细小的晶体沉淀，过滤速度较慢。

a. 滤纸的选择、折叠和漏斗的准备　实验室中所用的滤纸包括定性滤纸和定量滤纸两种。一般过滤可用定性滤纸，在重量分析中则必须用定量滤纸，每张定量滤纸灼烧后的灰分不超过 0.1mg，小于分析天平的感量，在重量分析中可忽略不计，所以又称无灰滤纸。根据滤纸孔隙的大小，又分为快速、中速、慢速三类。依据沉淀的性质选用不同的滤纸。一般粗大晶形沉淀选中速滤纸，细晶形或无定形的沉淀应选用慢速滤纸，胶状沉淀需选用快速滤纸。

图 1-44　滤纸折叠

过滤前先将滤纸对折两次，并展开成圆锥形（一边三层，另一边一层），放入漏斗中，同时适当改变折叠滤纸的角度，使之与漏斗壁贴合。为了使漏斗与滤纸贴紧而无气泡，可将三层处的外两层撕去一角，如图 1-44 所示。将滤纸放入漏斗中，用手按着滤纸，用少量去离子水把滤纸湿润，轻压滤纸赶去气泡，使其紧贴在漏斗上（滤纸的边沿应低于漏斗的边沿 0.5～1cm）。加水至滤纸边缘，漏斗颈内应充满水形成水柱，若不能形成水柱，可用手指堵住漏斗下口，稍稍掀起滤纸的一边，向滤纸和漏斗之间的空隙加水，使漏斗颈和锥体的大部分被水充满，然后压紧滤纸边，松开堵在漏斗下口的手指，即能形成水柱。具有水柱的漏斗，由于水柱的重力拽引漏斗内的液体，可使过滤速度大大加快。

将贴有滤纸的漏斗放在漏斗架上，并调节漏斗架高度，使漏斗颈末端紧贴接收容器内壁，使滤液沿容器内壁流下，不致溅出。

b. 过滤　过滤一般采用倾析法，即先转移清液，后转移沉淀。转移清液时，溶液应沿玻璃棒流入漏斗中，玻璃棒下端靠近三层滤纸处，但不要碰到滤纸，如图 1-45 所示。液面应低于滤纸边沿 0.5cm，以防部分沉淀因毛细管作用而越过滤纸上缘造成损失。若需要洗涤沉淀，则待清液转移完后，在沉淀中加入少量洗涤剂，充分搅拌后静置，待沉淀下沉后，将上层清液按倾析法过滤。如此重复 2～3 次，最后把沉淀完全转移到滤纸上。再对沉淀作最后的洗涤，以除去沉淀表面吸附的杂质和残留母液，直至沉淀洗净为止。沉淀的洗涤应遵循"少量多次"的原则，以提高洗涤效果。

② 减压过滤　减压过滤又称吸滤或抽滤，为了加速大量溶液与沉淀的分离，常采用减压过滤。此法速度快，并使沉淀抽得较干，但不宜过滤颗粒太小的沉淀和胶体沉淀。

a. 减压过滤装置　减压过滤装置由吸滤瓶、布氏漏斗、安全瓶和真空泵组成，如图 1-46 所示。其原理是利用泵把吸滤瓶中的空气抽出，使瓶内压力减小，造成吸滤瓶内与布氏漏斗液面上的压力差，而大大加快过滤速度。布氏漏斗是瓷质的，中间为具有许多小孔的瓷板，下端颈部装有橡胶塞，借以与吸滤瓶相连，橡胶塞塞进吸滤瓶的部分一般不超过整个橡胶塞高度的 1/2。吸滤瓶用来承接滤液。安全瓶的作用是防止真空泵中的油倒吸入吸滤瓶。如不要滤液，也可不用安全瓶。

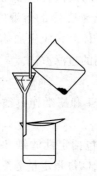

图 1-45　倾析法过滤

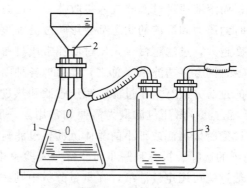

图 1-46　吸滤装置
1—吸滤瓶；2—布氏漏斗；3—安全瓶

b. 减压过滤操作　将布氏漏斗的颈口斜面与吸滤瓶的支管相对，便于吸滤。抽气阀的橡胶管和吸滤瓶支管相连接，剪好一张合适的滤纸，使滤纸比布氏漏斗的内径略小，以能恰好盖住瓷板上的所有小孔为宜。用少量蒸馏水润湿滤纸，微微抽气，使滤纸紧贴在漏斗的瓷板上。

用倾析法转移溶液，每次倒入的溶液量不超过漏斗容积的 2/3，待溶液流完后，再转移沉淀。过滤时，吸滤瓶内的液面应低于支管的位置。否则滤液会被泵抽出。

在布氏漏斗内洗涤沉淀时，应停止吸滤，让少量洗涤剂缓慢通过沉淀后再继续进行吸滤。

在吸滤结束时应先拔下吸滤瓶支管上的橡胶管，再关抽气阀门。不得突然关闭抽气阀门，以防倒吸。

布氏漏斗内取出沉淀的方法是将漏斗的颈口朝上，轻轻敲打漏斗边缘或用力吹漏斗口，将沉淀和滤纸一同吹出。也可用玻璃棒轻轻揭起滤纸边，以取出滤纸和沉淀。滤液则从吸滤瓶的上口倒出，吸滤瓶的支管必须向上，不得从吸滤瓶的支管口倒出。

对特殊性质的溶液（如强酸性、强碱性或强氧化性）与固体的分离，需用特殊的方法。可用其他滤器（如玻璃砂芯漏斗、玻璃砂芯坩埚）或材料（如玻璃纤维）代替滤纸。

玻璃砂芯漏斗的过滤是通过熔结在漏斗中部的具有微孔的玻璃砂芯底板进行的。玻璃砂芯漏斗（见图 1-47）的规格按微孔大小的不同分成 1~6 号（1 号孔隙最大），可根据需要选用。用玻璃砂芯漏斗可过滤具有强氧化性或强酸性的物质。由于碱会与玻璃作用而堵塞微孔，故不能用于过滤碱性溶液。

图 1-47　玻璃砂芯漏斗

图 1-48　热过滤

③ 热过滤　如果某些溶质在温度降低时很容易析出晶体，为防止溶质在过滤时析出，应采用趁热抽滤。过滤时，可把玻璃漏斗放在铜质的热漏斗内，后者装有热水，以维持溶液温度，如图 1-48 所示。

（3）离心分离

试管中少量溶液与沉淀的分离常用离心分离法，离心分离在离心机中进行，如图 1-49 所示。操作时，将盛有沉淀的小试管或离心试管放入离心机的套管内，放置几个试管时需注意对称且质量相近，一个试管需进行离心分离时，可在与之对称的另一套管内装入一支盛有相同质量水的试管，以保持离心机的平衡。然后缓慢启动离心机，再逐渐加速。离心机的转速及转动时间视沉淀的性质而定。一般的晶形沉淀离心转动 1～2min，100r·min^{-1}；非晶形沉淀沉降较慢，需离心转动 3～4min，200r·min^{-1}。为了避免离心机高速旋转时发生危险，在离心机转动前要盖好盖，停止时，让离心机自然停下，切不可用手按住离心机的轴，强制其停止转动，否则离心机很容易损坏，甚至发生危险。

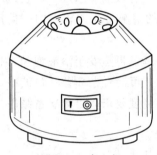

图 1-49　离心机

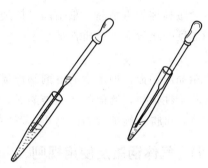

图 1-50　用吸管吸去上层清液

通过离心作用，沉淀紧密聚集在试管的底部或离心试管底部的尖端，溶液则变清。分离试管中的沉淀和溶液的方法是用手指捏瘪滴管的橡胶头，轻轻地插入斜持的试管或离心试管至液面以下，但不接触沉淀，然后缓缓放松橡胶头，尽量吸出上面清液，直至全部溶液吸出为止。如图 1-50 所示。如沉淀需要洗涤，则加少量洗涤液于沉淀上，充分搅拌后，再离心分离，吸去上层清液。如此重复洗涤 2～3 次。

1.3.10　蒸发、浓缩与结晶

在化合物制备过程中，往往要将产物制成固体，此时需要将溶液进行蒸发和浓缩，达到结晶的条件。

（1）蒸发与浓缩

化学实验中的蒸发是指将溶剂从溶液中蒸发出去以浓缩溶液的过程。在溶液中，为了使溶质能析出晶体，往往需要加热蒸发溶剂，当溶液浓缩到一定程度后，冷却溶液即能析出晶体。蒸发浓缩的程度与溶质的溶解度大小和溶解度随温度的变化等因素有关。若物质的溶解度较小或溶解度随温度变化较大时，可蒸发至出现晶膜即可，待溶液冷却后就结晶出来。若物质的溶解度较大或溶解度随温度变化较小时，必须蒸发到溶液呈稀粥状才可停止加热。一般实验中，蒸发浓缩是在蒸发皿中进行的，蒸发皿中所盛的溶液量不可超过其容量的 2/3，蒸发浓缩操作一般应在水浴中进行，当物质的热稳定性较好时，可将蒸发皿置于石棉网上加热蒸发，先用大火加热蒸发至沸，改用小火加热蒸发，注意控制好加热温度，以防溶液暴沸溅出，操作时戴上防护眼镜和手套。

（2）结晶与重结晶

溶质从溶液中析出晶体的过程称为结晶。结晶的过程可分为晶核生成（成核）和晶体生长两个阶段，两个阶段的推动力都是溶液的过饱和度（过饱和度指结晶溶液中溶质的浓度超过其饱和溶解度的值）。晶核的生成有两种形式：即均相成核和非均相成核。在高过饱和度下，溶液自发地生成晶核的过程，称为均相成核；溶液在外来物（如大气中的微尘）的诱导下生成晶核的过程，称为非均相成核。

晶体析出的粒度大小和结晶的条件有关，溶液浓缩得较浓、溶解度随温度变化较大、快速冷却、搅拌溶液都会使晶体的粒度较小，反之则可形成较大粒度的晶体。晶体粒度的大小也与晶体的纯度有关。晶体粒度大小适宜且均匀时，往往夹带母液较少，纯度较高，而且易于洗涤；若晶体粒度太小且大小不均时，易形成稠厚的糊状物，夹带母液较多，晶体纯度差而且不易过滤，不易洗涤，影响纯度。

如果结晶所得的物质纯度不符合要求，需要重新加入一定溶剂进行溶解、蒸发和再结晶，这个过程称为重结晶。重结晶是提纯固体物质最常用最有效的方法之一。它适用于溶解度随温度变化较大，杂质含量小于 5%，提纯物和杂质的溶解度相差较大的一类化合物的提纯。

重结晶的操作：加定量的溶剂到被提物质中，加热溶解，再蒸发至溶液饱和，趁热过滤除去不溶性杂质，滤液经冷却结晶后，析出被提纯物质；可溶性杂质留在母液中，经过滤、洗涤，可得到纯度较高的物质。若一次重结晶达不到纯度要求，可再次重结晶。

1.3.11 气体钢瓶及使用规则

实验室需用的很多气体是由气体钢瓶获得的。气体钢瓶内储存的是压缩气体或液化气体。储存不同气体的钢瓶其外壳的标识是不同的。对此国家有统一的规定。表 1-6 为我国部分气体钢瓶的标识。

表 1-6 我国部分气体钢瓶的标识

气体类别	瓶身颜色	标字	标字颜色
氮气	黑	氮	黄（棕线）
氨气	黄	氨	黑
氢气	深绿	氢	红（红线）
氧气	天蓝	氧	黑
氯气	黄绿（保护色）	氯	白（白线）
二氧化碳	黑	二氧化碳	黄
二氧化硫	黑	二氧化硫	白（黄线）
空气	黑	压缩空气	白
乙炔	白	乙炔	红
氦气	棕	氦	白
粗氩	黑	粗氩	白（白线）
纯氩	灰	纯氩	绿
石油气	灰	石油气	红

气体钢瓶是由无缝碳素钢或合金钢制成的圆柱形容器，器壁很厚，当气体钢瓶内充满气体时，最大工作压力可达 15MPa。因此使用时为了降低压力并保持压力稳定，一定要装配减压器，使气体压力降至试验所需的范围。由于气体钢瓶的内压很大，所以使用时一

定要注意安全。

气体钢瓶的使用规则如下。

① 气体钢瓶应存放于阴凉、通风、远离热源及避免强烈振动的地方。放置处要平稳，避免撞击和倒下。易燃性气体钢瓶与氧气瓶不能在同室内存放与使用。

② 绝对避免油、易燃物和有机物沾在气瓶上（特别是气门嘴和减压器），也不得用棉、麻等物堵漏，以防燃烧。

③ 使用钢瓶中的气体时，必须安装减压器（气压表），可燃性气体钢瓶的气门螺纹是反扣的（如氢气瓶），不燃性或助燃性气体钢瓶的气门螺纹则是正扣的（如氮气等），不同气体钢瓶的减压器不得混用。

④ 开启气体钢瓶时，人应站在出气口的侧面，慢慢打开钢瓶上端阀门，以免气流射伤人体。

⑤ 钢瓶内的气体绝对不能全部用完，剩余残压应不少于 0.05MPa，一般可燃性气体应保留 0.2～0.3MPa，氢气则应保留更高，以防再次灌气时发生危险。

⑥ 各种钢瓶必须定期进行安全检查，如水压试验、气密性试验和壁厚测定等。

1.4　化学实验测定技术

1.4.1　pHS-3C 型酸度计

酸度计又称 pH 计，是测定溶液 pH 值的常用仪器。除用于测定溶液 pH 值外，还可测定电位（mV）值。酸度计型号很多，但基本原理相同。不同类型酸度计都是由电极和精密电位计两部分组成的。

（1）常用电极

① 参比电极

a. 甘汞电极　实验室中最常用的参比电极是甘汞电极。作为商品出售的有单液接与双液接两种，它们的结构如图 1-51 所示。

甘汞电极的电极反应为：

$$Hg_2Cl_2 + 2e^- \longrightarrow 2Hg + 2Cl^- (a_{Cl^-})$$

它的电极电位可表示为：

$$E_{Hg_2Cl_2/Hg} = E^{\ominus}_{Hg_2Cl_2/Hg} - \frac{RT}{F} \ln a_{Cl^-}$$

由此式可知，$E_{Hg_2Cl_2/Hg}$ 值仅与温度 T 和氯离子活度 a_{Cl^-} 有关。甘汞电极中常用的 KCl 溶液有 $0.1 mol \cdot L^{-1}$、$1.0 mol \cdot L^{-1}$ 和饱和三种浓度，其中以饱和为最常用（使用时溶液内应保留少许 KCl 晶体，以保证饱和）。各种浓度的甘汞电极的电极电

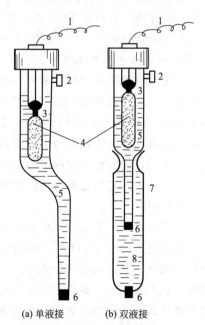

(a) 单液接　　(b) 双液接
图 1-51　甘汞电极
1—导线；2—加液口；3—汞；4—甘汞；
5—KCl 溶液；6—素瓷塞；7—外管；
8—外充满液（KNO$_3$ 或 KCl 溶液）

位与温度的关系见表1-7。

表 1-7 不同 KCl 浓度的 $E_{甘汞}$ 与温度的关系

KCl 浓度/mol $\cdot$ L^{-1}	电极电位($E_{甘汞}$)/V
饱和	$0.2412-7.6\times10^{-4}(t-25)$
1.0	$0.2801-2.4\times10^{-4}(t-25)$
0.1	$0.3337-7.0\times10^{-5}(t-25)$

　　双液接甘汞电极是在甘汞电极外部装一个外管，内含 KNO_3 或 KCl 溶液。常用于电动势的精确测定，可防止被测溶液对甘汞电极内参比溶液的污染或甘汞电极内参比溶液对被测离子的干扰（如测 Cl^-），此外，还可降低液接电位（即液体接界面电位，指在两种不同离子的溶液或两种不同浓度的溶液的接触界面上存在着的微小电位差）。

　　b. 银-氯化银电极　银-氯化银电极与甘汞电极相似，都是属于金属-微溶盐-负离子型的电极。它的电极反应和电极电位表示如下：

$$AgCl+e^- \longrightarrow Ag+Cl^- \, (a_{Cl^-})$$

$$E_{AgCl/Ag}=E_{AgCl/Ag}^{\ominus}-\frac{RT}{F}\ln a_{Cl^-}$$

可见，$E_{AgCl/Ag}$ 也只决定于温度与氯离子活度。

　　银-氯化银电极的电极电位在高温下较甘汞电极稳定。但 AgCl(s) 是光敏性物质，见光易分解，故应避免强光照射。

　　② 指示电极　指示电极最常见的是离子选择性电极，它是通过电极上的敏感膜对特定离子有选择性的电位响应而作为指示电极的。离子选择性电极种类很多，下面着重介绍玻璃电极和氯离子选择性电极。

　　a. 玻璃电极　玻璃电极又称 pH 电极。其结构如图 1-52 所示。玻璃电极的主要部分是头部的球泡，它由厚度为 $30\sim100\mu m$ 的敏感玻璃膜制成，对氢离子有敏感作用，球泡内装有 pH 值一定的溶液（内参比溶液，通常为 $0.1mol\cdot L^{-1}$ HCl 溶液），其中插入一支银-氯化银电极作内参比电极。

　　当玻璃电极浸入被测溶液中，玻璃膜处于内参比溶液（氢离子活度为 $a_{H^+,内}$）和被测溶液（氢离子活度为 $a_{H^+,试}$）之间，被测溶液的氢离子与电极球泡外表面水化层进行离子交换、迁移，当达到平衡时产生了相界面电位。同理，球泡内表面也会产生相界面电位，这样玻璃膜的内外表面上会出现电位差（这种电位差称为膜电位），由于内参比电极的电位恒定，内参比溶液的氢离子活度一定，因此玻璃电极的电极电位只与被测溶液的氢离子浓度有关，它们之间符合能斯特方程：

25℃时　　　　　　　　　$E_{玻璃}=K'-0.0592pH_{试}$

　　由式可见，一定温度下玻璃电极的电极电位 $E_{玻璃}$ 与被测溶液的 pH 值呈线性关系。

　　玻璃电极一般在 pH=1～9 的范围内使用。当溶液的 pH <1 时，测得的 pH 值比实际数值偏高，这种现象称为酸差。当 pH>9 时，测得的 pH 值比实际数值偏低，这种现象称为碱差或钠差。碱差主要是 Na^+ 参与相界面的交换所致。玻璃电极的优点是不受溶液中氧化剂、还原剂、颜色以及沉淀的影响，不易中毒，且结构简单，使用方便。

　　b. 氯离子选择性电极　氯离子选择性电极的结构如图 1-53 所示。它是由 AgCl 和 Ag_2S 的粉末混合物压制而成的敏感薄膜被固定在电极管的一端，用焊锡或导电胶封接于敏感膜内侧的银箔上，形成的无内参比溶液的全固态型电极。

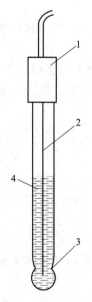

图 1-52　玻璃电极

1—绝缘套；2—Ag-AgCl 电极；

3—玻璃膜；4—内参比溶液

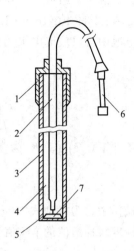

图 1-53　氯离子选择性电极

1—电极帽；2—屏蔽导线；3—电极管；4 环氧树脂

填充剂；5—敏感膜；6—电极插头；7—焊锡或导电胶

氯离子选择性电极的膜电位为

$$E_{Cl^-} = K - \frac{2.303RT}{nF}\lg a_{Cl^-}$$

即在一定条件下，膜电位 E 与溶液中 Cl^- 的活度的对数值呈线性关系。K 与温度、参比电极电位以及膜的特性等有关，在实验条件下，K 为一常数。

测定中常需测定离子的浓度而不是活度，根据 $a_{Cl^-} = \gamma_{Cl^-} c_{Cl^-}$，在实验中加入总离子强度调节缓冲液（TISAB），使溶液的离子强度保持恒定，从而使活度系数 γ_{Cl^-} 为一常数，则膜电位 E 可表示为：

$$E = K' - \frac{2.303RT}{nF}\lg c_{Cl^-}$$

即膜电位 E 与溶液中 Cl^- 浓度的对数值呈线性关系。

氯离子选择性电极适宜在 pH＝2～7 的酸度范围内使用，氯离子浓度在 10^{-4}～$1mol \cdot L^{-1}$ 范围内，电极电位呈线性响应。

c. 复合电极　复合电极是由玻璃电极（测量电极）和银-氯化银电极（参比电极）组合在一起的塑壳可充式复合电极，如图 1-54 所示。是目前在 pH 测量中通常使用的电极。

玻璃电极球泡内通过内参比电极（银-氯化银电极）、内参比溶液组成一个半电池，球泡外通过外参比电极（银-氯化银电极）、外参比溶液组成另一个半电池，将复合电极插入被测溶液中，组成一个原电池，在一定条件下，电池的电动势与被测溶液 pH 值有关。

实验室通常使用的 E-201-C 型复合电极，它的外参比溶液为 $3mol \cdot L^{-1}$ KCl 溶液。使用后要求浸入 $3mol \cdot L^{-1}$ KCl 溶液中，切忌浸在蒸馏水中。它的使用寿命大约为一年。

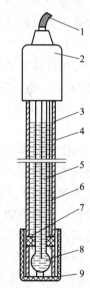

图 1-54　复合电极

1—电极导线；2—电极帽；3,4—内、外参比电极；5,6—内、外参比溶液；7—液接界；8—电极球泡；9—护套

（2）pH 值测定

酸度计测 pH 值的方法是电位测定法。将测量电极（玻璃电极）与参比电极（甘汞电极）浸入被测溶液中，组成一个原电池，其原电池符号为：

$$Ag,AgCl\mid HCl(0.1mol \cdot L^{-1})\mid 玻璃膜\mid 被测溶液 \parallel KCl(饱和)\mid Hg_2Cl_2,Hg$$

在此原电池中，以玻璃电极为负极，饱和甘汞电极为正极，则 25℃时电池的电动势 E 为：

$$E = E_{甘汞} - E_{玻璃}$$

因

$$E_{玻璃} = K' - 0.0592pH_{试}$$

则

$$E = E_{甘汞} - (K' - 0.0592pH_{试})$$

在一定条件下，$E_{甘汞}$、K' 为常数，因此令

$$E_{甘汞} - K' = K''$$

则

$$E = K'' + 0.0592pH_{试} \tag{1}$$

在实际操作中，为得到式中的 K'' 值，先用已知 pH 值的标准缓冲溶液测出其电池的电动势，若标准缓冲溶液的 pH 值为 $pH_{标}$，电池的电动势为 $E_{标}$，则

$$E_{标} = K'' + 0.0592pH_{标} \tag{2}$$

在相同条件下，再测定未知溶液，分别以 $E_{试}$ 和 $pH_{试}$ 表示其电池的电动势及 pH 值，则

$$E_{试} = K'' + 0.0592pH_{试} \tag{3}$$

将两式相减，即可得：$pH_{试} = pH_{标} + \dfrac{E_{试} - E_{标}}{0.0592}$

因此测定 pH 值是通过未知溶液的 pH 值同已知 pH 值的标准缓冲溶液相比较而求得的。为减少测定误差，所选用的标准缓冲溶液应与被测溶液的 pH 值相接近，并使标定和测定处于相同的条件下。

（3）离子活度（浓度）的测定

与用玻璃电极作指示电极测定溶液的 pH 值相类似，用离子选择性电极测定离子活度（浓度）时，也是将离子选择性电极和参比电极插入试液中，即可组成测定各种离子活度（浓度）的原电池。如对氯离子选择性电极，则可得：

$$E = K'' - 0.0592 \lg a_{Cl^-}$$

测定被测离子活度（浓度）时，通常有标准曲线法和标准加入法两种方法。下面主要介绍标准曲线法。

用被测离子的纯物质配制一系列不同活（浓）度的标准溶液，分别测定各标准溶液的电动势，以测得的 E 值与对应的 $\lg a_i$（$\lg c_i$）值绘制标准曲线，在同样条件下测出被测溶液的 E 值，即可从标准曲线上查出被测溶液的离子活（浓）度。

（4）pHS-3C 型酸度计的使用

pHS-3C 型酸度计及面板如图 1-55 所示。

① 开机前的准备

a. 拔掉测量电极插座处的 Q9 短路插头，在测量电极插座处插入复合电极，将复合电极插入电极夹中，调节到适当位置；按下电源开关，接通电源，预热 30min。

b. 小心取下复合电极前端的电极保护帽，拉下电极上端的橡胶套，使其露出上端小孔；用去离子水清洗电极头部，并用吸水纸仔细吸干水分。

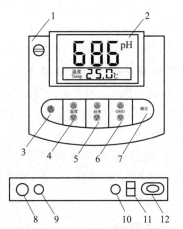
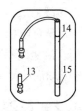

图 1-55　pHS-3C 酸度计及面板示意图

1—机体；2—显示屏；3—pH/mV 键；4—温度键；5—斜率键；6—定位键；7—确定键；8—测量电极接口；
9—参比电极接口；10—保险丝座；11—电源开关；12—电源插座；13—Q9 短路插；
14—pH 复合电极；15—电极保护瓶

② 温度设定　按 pH/mV 键使仪器进入 pH 值测量状态，再按"温度"键，使仪器进入溶液温度调节状态（此时温度单位℃指示），按"△"键或"▽"键调节温度显示数值上升或下降，使温度显示值和溶液温度一致，然后按"确认"键，仪器确认溶液温度值后回到 pH 测量状态（温度设置键在 mV 测量状态下不起作用）。

③ 仪器校正（两点定位法）　定位校准：把用去离子水清洗过并吸干水分的电极插入 pH＝6.86 的标准缓冲溶液中，按"定位"键，待稳定后按"确认"键，仪器回到 pH 值测量状态，显示当前温度下的 pH 即"6.86"。若达不到可反复按"定位"、"确认"键 2～3 次，最终显示"6.86"。

斜率校准：把用去离子水清洗过并吸干水分的电极插入 pH＝4.00（或 pH＝9.18）的标准缓冲溶液中，按"斜率"键，待稳定后按"确认"键，仪器回到 pH 值测量状态，显示 pH 值为"4.00"（或"9.18"），若达不到可反复按"斜率"、"确认"键 2～3 次，最终显示当前温度下的 pH 值。

仪器在定位状态下，也可通过按"△"或"▽"键手动调节标准缓冲溶液的 pH 值，然后按"确认"键确认。上述定位完成后，"模式"键和"确认"键不能再按。

④ 测量 pH 值　用去离子水清洗电极头部并吸干水分，把电极插入被测溶液内，加入搅拌子，打开搅拌器，调节至适当搅拌速度，溶液搅匀后，即可读出溶液的 pH 值。

⑤ 测量电极电位（mV 值）　把两支电极分别插入电极插座处，并夹在电极架上；打开电源开关，仪器进入 pH 值测量状态，按"pH/mV"键，使仪器进入 mV 测量状态；用去离子水清洗电极头部，再用被测溶液润洗；把电极插在被测溶液内，加入搅拌子，打开搅拌器，调节至适当搅拌速度，溶液搅匀后，即可读出电动势值（mV 值），还可自动显示极性。

⑥ 使用时的注意事项

a. 仪器的输入端（测量电极插座）必须保持干燥清洁。仪器不用时，将 Q9 短路插头插入插座，防止灰尘及水汽浸入。

b. 测量时，电极的引入导线应保持静止，否则会引起测量不稳定。

c. 仪器定位校准后，定位校准的按键都不能再按。一般情况下，仪器在连续使用时，每天要校准一次；一般在 24h 内仪器不需再校准。

d. 如果定位校准过程中操作失败或按键错误而使仪器测量不正常，可关闭电源，然后按住"确认"键再开启电源，使仪器恢复初始状态。然后重新定位校准。

e. 标准缓冲溶液一般第一次用 pH=6.86 的溶液，第二次用接近被测溶液 pH 值的缓冲液，如被测溶液为酸性时，缓冲液应选 pH=4.00；如被测溶液为碱性时，则选 pH=9.18 的缓冲液。

f. 复合电极的敏感玻璃泡应避免与硬物接触，任何破损和擦毛都会使电极失效。

g. 测量结束后，复合电极应清洗干净，套上电极保护帽。帽内放少量补充液，以保持电极球泡的湿润。

1.4.2 722s 型分光光度计

分光光度计是一种利用物质分子对不同波长的光具有特征吸收而进行定性或定量分析的光学仪器。根据选择光源的波长不同，有可见光分光光度计（波长 380～780nm）、近紫外分光光度计（波长 185～385nm）、红外分光光度计（波长 780～3000nm）等。

当一束平行光通过均匀、不散射的溶液时，一部分被溶液吸收，一部分透过溶液。能被溶液吸收的光的波长取决于溶液中分子发生能级跃迁时所需的能量。所以，利用物质对某波长的特定吸收光谱可作为定性分析的依据。

朗伯-比耳（Lambert-Beer）定律指出：溶液对某一单色光吸收的强度与溶液的浓度 c、液层的厚度 b 之间有如下关系：

$$\lg \frac{I_0}{I} = kbc$$

如图 1-56 所示，式中的 I_0 与 I 分别为某波长单色光的入射光强度和通过溶液的透射

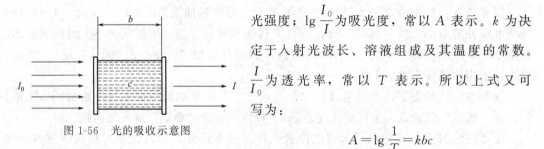

图 1-56 光的吸收示意图

光强度；$\lg \dfrac{I_0}{I}$ 为吸光度，常以 A 表示。k 为决定于入射光波长、溶液组成及其温度的常数。$\dfrac{I}{I_0}$ 为透光率，常以 T 表示。所以上式又可写为：

$$A = \lg \frac{1}{T} = kbc$$

当溶液浓度以 $mol \cdot L^{-1}$ 为单位，吸收池（亦称比色皿）厚度以 cm 为单位时，常数 k 称为摩尔吸光系数，通常以 ε 表示。故朗伯-比耳定律也可写作

$$A = \varepsilon bc$$

显然，在一定波长下，当装溶液的比色皿厚度 b 一定时，吸光度即与溶液浓度呈正比。这是分光光度法进行定量分析的依据。

（1）722s 型分光光度计

722s 型分光光度计是以碘钨灯为光源，衍射光栅为色散元件的数显式可见光分光光度计，使用波长范围为 330～800nm。由光源室、单色器、试样室、光电管暗盒、电子系统及数字显示器等组成。

① 722s 型分光光度计的外形结构　722s 型分光光度计的面板结构如图 1-57 所示。

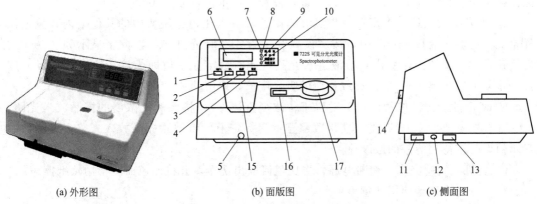

(a) 外形图　　　　　　　　(b) 面版图　　　　　　　　(c) 侧面图

图 1-57　722s 型分光光度计的示意图

1—100％键；2—0％键；3—功能键；4—模式键；5—试样槽架拉杆；6—显示窗；7—"透射比"指示灯；

8—"吸光度"指示窗；9—"浓度因子"指示灯；10—"浓度直读"指示灯；11—电源插座；

12—熔丝座；13—总电源；14—RS232C 串行接口插座；15—试样室；

16—波长指示窗；17—波长调节钮

② 722s 型分光光度计的光学系统　722s 型分光光度计的光学系统如图 1-58 所示。钨灯发出的连续辐射经滤光片选择聚光镜聚光后投向单色器进光狭缝，此狭缝正好处于聚光镜及单色器内准直镜的焦平面上，因此，进入单色器的复合光通过平面反射镜反射及准直镜准直变成平行光射向色散元件光栅，光栅将入射的复合光通过衍射作用形成按照一定顺序均匀排列的连续单色光谱，此单色光谱重新回到准直镜上，由于仪器出光狭缝设置在准直镜的焦平面上，这样从光栅色散出来的光谱经准直镜后利用聚光原理成像在出光狭缝上，出光狭缝选出指定带宽的单色光，通过聚光镜落在试样室待测样品中心，样品吸收后透射的光经光门射向检测器的光电管。

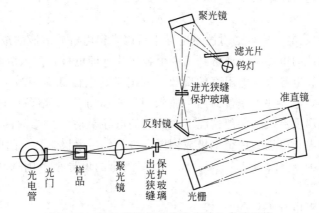

图 1-58　722s 型光栅分光光度计的光路系统

（2）仪器的使用

① 预热仪器　打开电源开关，使仪器预热 20min。为了防止光电管疲劳，预热仪器时和不测定时应将试样室盖打开，使光路切断。

② 选定波长　根据实验要求，转动波长调节钮，调至所需要的波长。

③ 调节 $T=0\%$　打开试样室（或加入黑体），按"0％"键，使数字显示为"00.0"。

④ 调节 $T=100\%$　　将盛参比溶液的比色皿放入试样室内比色皿座架中并对准光路，把试样室盖子轻轻盖上，按"100%"键，使数字显示正好为"100.0"。

⑤ 吸光度的测定　　将盛有待测溶液的比色皿放入比色皿座架中的其他格内，盖上试样室盖。将参比液置于光路中，按"模式"键置于"吸光度 A"，数字显示为".000"。轻轻拉动试样架拉手，使待测溶液进入光路，此时数字显示值即为该待测溶液的吸光度值。重复上述步骤 1~2 次，读取相应的吸光度值，取平均值。

⑥ 浓度的测定　　按"模式"键置于"浓度直读 C"，将已标定浓度的样品放入光路，"↑100%"键或"↓0%"键，使得数字显示为标定值，将被测样品放入光路，此时数字显示值即为该待测溶液的浓度值。

⑦ 关机　　实验完毕，切断电源，将比色皿取出洗净，并将比色皿座架用软纸擦净。

（3）分光光度计使用注意事项

① 仪器长时间不用时，在光源室和试样室内应放置数袋防潮的硅胶。

② 每次实验结束要检查试样室是否有溢出的溶液，及时擦净，以防止废液对试样室部件的腐蚀。

③ 每台仪器有配套的比色皿，不能与其他仪器的比色皿混用。为减少误差，被测试液和标准溶液应使用同一比色皿。

④ 注意保护比色皿的透光面，拿取时手指应捏住其毛玻璃的两面，以免沾污或磨损透光面。

⑤ 溶液装入比色皿前，应先用该溶液淋洗内壁 3 次，溶液加入量不可过多，以比色皿高度的 4/5 为宜。比色皿外面要用吸水性好的软纸吸干，然后再放入比色皿槽架里。

1.4.3　电导率仪

电解质溶液具有导电的性能，溶液的浓度越高，导电性越强。电解质溶液的导电能力可用电导率表示。电解质溶液中电导率（κ）与浓度（c）间存在下列关系：

$$\kappa = \Lambda_m c$$

式中，Λ_m 为摩尔电导率，通过测量电导率可以求得电解质溶液的浓度。

测定电解质溶液的电导率，通常是用两个金属片（即电极）插入溶液中，测量两极间电阻率大小来确定。电导率是电阻率的倒数，其定义是电极截面积为 $1cm^2$、极间距离为 $1cm$ 时溶液的电导，电导率的单位为西·厘米$^{-1}$（$S \cdot cm^{-1}$）。溶液的电导率与电解质的性质、浓度、溶液温度有关。一般情况下，溶液的电导率是指 25℃时的电导率。

实验室常用的电导电极为白金电极或铂黑电极。每一电极有各自的电导常数，它可分为四种类型，分别为 0.01、0.1、1.0、10，根据测量的电导率范围选择相应常数的电导电极。

（1）DDS-307 型电导率仪

DDS-307 型电导率仪如图 1-59 所示，是实验室常用的电导率测量仪器。它除能测定一般液体的电导率外，还能测量高纯水的电导率。信号输出为 0~10mV，可接自动电子电位差计进行连续记录。

（2）电导率仪的使用

① 接通电源　　打开电源开关，仪器进入测量状态，预热 30min 后，可进行测量。

② 温度设置　　在测量状态下，按"电导率/TDS"键可以切换显示电导率以及 TDS。

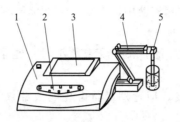
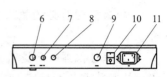

(a) 外形图　　　　　　　　　　　　　　　(b) 面版图

图 1-59　DDS-307 型电导率仪外形图和面板结构图

1—机箱；2—键盘；3—显示屏；4—多功能电极架；5—电极；6—测量电极插座；

7—接地插座；8—温度电极插座；9—保险丝；10—电源开关；11—电源插座

如果仪器接上温度电极，将温度电极放入溶液中，仪器显示的温度数值为自动测量溶液的温度值，仪器自动进行温度补偿，不必进行温度设置操作。如果需要设置温度，在不接温度电极的情况下，用温度计测出被测溶液的温度，然后按"温度△"或"温度▽"键调节显示值，使温度显示为被测溶液的温度，按"确认"键，即完成温度的设置。

③ 电极常数和常数数值的设置　在电导率测量中，正确选择电导电极常数，对获得较高的测量精度非常重要。电导电极常数分为四种类型，它们分别为 0.01、0.1、1.0、10，根据测量范围参照表 1-8 可选择相应常数的电导电极。

表 1-8　电导电极测量范围

电导率范围/$\mu S \cdot cm^{-1}$	推荐使用电极常数/cm^{-1}
0.05~2	0.01,0.1
2~200	0.1,1.0
200~2×10^5	1.0

每类电极具体的电极常数值均粘贴在每支电导电极上，根据电极上所标的电极常数值进行设置。

按"电极常数"键或"常数调节"键，仪器进入电极常数设置状态，按"电极常数▽"或"电极常数△"，电极常数的显示在 10、1、0.1、0.01 之间转换，如果电导电极标贴的电极常数为"0.1010"，则选择"0.1"并按"确认"键；再按"常数数值▽"或"常数数值△"，使常数数值显示"1.010"，按"确认"键；此时完成电极常数及数值的设置（电极常数为上下两组数值的乘积）。仪器显示如下：

若放弃设置，按"电导率/TDS"键，返回测量状态。

④ 测量　按"电导率/TDS"键，使仪器进入电导率测量状态。如果采用温度传感器，仪器接上电导电极、温度电极，用去离子水清洗电极头部，再用被测溶液清洗，将温度电极、电导电极浸入被测溶液中，在显示屏上读取溶液的电导率值。

如果仪器没有接上温度电极，则用温度计测出被测溶液的温度，按"2.温度设置"

操作步骤进行温度设置；然后，仪器接上电导电极，用去离子水清洗电极头部，再用被测溶液清洗，将电导电极浸入被测溶液中，在显示屏上读取溶液的电导率值。

（3）电导率仪使用注意事项

① 电极使用前必须放入去离子水中浸泡数小时，经常使用的电极应贮存在去离子水中。

② 为保证仪器的测量精度，应定期进行电导电极常数的标定。必要时在使用前，用仪器对电极常数进行标定。

③ 在测量高纯水时应避免污染，正确选择电导电极的常数并最好采用密封、流动的测量方式。

④ 为确保测量精度，电极使用前应用小于 $0.5\mu S \cdot cm^{-1}$ 的去离子水冲洗 2 次，然后用被测试样冲洗 3 次后方可测量。

⑤ 电极插头要防止受潮，以免造成不必要的测量误差。

第2章

化合物的制备与物质性质

2.1 化合物的制备部分概述

　　无机化合物的品种繁多，各种化合物的制备方法差异很大，即使是同一种化合物，也有多种制备方法。因此，对于化合物的制备，要运用化学基本原理，既要从热力学角度考虑反应的可能性，又要从动力学角度考虑反应的现实性问题。当一个化合物的制备有多种途径可以选择时，需进一步考虑制备工艺的可行性，也就是要选择一个产品收率高、质量好、生产简单、原料价格低廉、安全无毒、污染少的工艺路线。下面介绍几种常规条件下的无机化合物制备的基本原理和方法。

2.1.1　利用水溶液中离子反应制备无机物

　　利用水溶液中离子反应来制备化合物时，若生成物是气体或沉淀，则通过收集气体或分离沉淀，即能获得产品。如生成物也溶于水，则可采用结晶法获得产品。

　　复分解反应就是水溶液中离子反应的一种类型，如利用原料 KCl 和 $NaNO_3$ 制备 KNO_3，当两种溶液混合后，在溶液中同时存在 Na^+、K^+、Cl^- 和 NO_3^- 四种离子，它们所组成的四种盐的溶解度随温度的升高的变化规律不同：随着温度的升高，NaCl 的溶解度几乎不变，KCl 和 $NaNO_3$ 的溶解度略有增加，而 KNO_3 的溶解度却迅速增大。因此，只要把上述混合溶液在较高温度下蒸发浓缩，NaCl 首先达到饱和，从溶液中结晶出来，趁热过滤将其分离，再将滤液冷却，就析出溶解度急剧下降的 KNO_3 晶体。

2.1.2　分子间化合物的制备

　　分子间化合物是由简单化合物分子按一定化学计量比化合而成的，有水合物（如 $CuSO_4 \cdot 5H_2O$）、氨合物（如 $CaCl_2 \cdot 8NH_3$）、复盐 [如 $(NH_4)_2SO_4 \cdot FeSO_4 \cdot 6H_2O$]和配合物（如 $[Cu(NH_3)_4]SO_4 \cdot H_2O$）等。制备这类化合物的原理与操作较为简单，但要注意以下几点。

（1）原料的纯度

原料必须经过提纯，因为一旦合成分子间化合物后，杂质离子就不易除去。如明矾 $K_2SO_4 \cdot Al_2(SO_4)_3 \cdot 24H_2O$，一般由 K_2SO_4 与 $Al_2(SO_4)_3$ 溶液相互混合而制得，如果原料中有杂质 NH_4^+，就可能形成 $(NH_4)_2SO_4 \cdot Al_2(SO_4)_3 \cdot 24H_2O$，与 $K_2SO_4 \cdot Al_2(SO_4)_3 \cdot 24H_2O$ 同晶，此时 NH_4^+ 就很难除去。

（2）投料量

在实际操作中，往往有意使某一组分过量。如合成 $[Cu(NH_3)_4]SO_4$，为了保持其在溶液中的稳定性，配位剂 $NH_3 \cdot H_2O$ 必须过量；又如合成 $(NH_4)_2SO_4 \cdot Al_2(SO_4)_3 \cdot 24H_2O$ 时，为了防止组分 $Al_2(SO_4)_3$ 水解，合成反应必须在酸性介质中进行，因此加过量 $(NH_4)_2SO_4$，这样也有利于充分利用价格较高的 $Al_2(SO_4)_3$，以降低成本。

（3）溶液的浓度

在合成分子间化合物时，必须考虑各组分的投料浓度。合成 $(NH_4)_2SO_4 \cdot Al_2(SO_4)_3 \cdot 24H_2O$ 时，$(NH_4)_2SO_4$ 配制成饱和溶液，而 $Al_2(SO_4)_3$ 配制得稍稀些。如果两者的浓度都很高，容易形成过饱和溶液，不易析出结晶。即使析出，颗粒也较小，大量的小晶体由于表面积较大而易吸附较多杂质，影响产品纯度；如果两者浓度都很小，不仅蒸发浓缩耗能多，时间较长，而且也影响产率。

（4）严格控制结晶操作

由简单化合物相互作用制备分子间化合物时，一般经过蒸发、浓缩、结晶得到产品。但由于分子间化合物的性质各异，在合成时还应考虑它们在水中以及对热的稳定性。对一些稳定的复盐，如 $K_2SO_4 \cdot Al_2(SO_4)_3 \cdot 24H_2O$、$(NH_4)_2SO_4 \cdot FeSO_4 \cdot 6H_2O$ 等可按上述操作进行。$[Cu(NH_3)_4]SO_4 \cdot H_2O$、$Na_3[Co(NO_2)_6]$ 等配合物，热稳定性较差，欲使其从溶液中析出晶体，必须更换溶剂，一般在水溶液中加入乙醇，以降低溶解度，使晶体析出。对水合物，在蒸发浓缩中先析出的晶体所含的结晶水一般较少，甚至为无水物，在冷却过程中逐渐从母液中吸收水与之结合，从而达到所要求的结晶水，因此对这类化合物，不能蒸发过头。

2.1.3 无水化合物的制备

有些化合物具有很强的吸水性，如 $SnCl_4$、SnI_4、$FeCl_3$ 等，它们一遇到水或潮湿空气就会迅速水解，所以不能从水溶液中制得，必须采用干法或在非水溶剂中制取。

常用的非水溶剂有液氨、硫酸、冰醋酸、四氯化碳等。可以根据无水化合物溶解度的特性，选择合适的非水溶剂。如 SnI_4 在冰醋酸中溶解度较小，选用冰醋酸为溶剂。$FeCl_3$ 的制取通常采用干法，铁与氯气在高温下直接合成，升华出来的 $FeCl_3$ 经冷却凝结为固态产品。

2.1.4 由矿石、废渣（液）制取化合物

由矿石或废渣为原料制取化合物，通常要经过三个过程：原料的分解与造液；粗制液的除杂精制；蒸发浓缩、结晶、分离等。

（1）原料的分解

原料分解的目的是使矿石或废渣中的组分变成可溶性物质，根据原料的化学组成、结构及有关性质选择分解原料的方法，常用的方法有溶解和熔融两种。

① 溶解法　该法较为简单、快速，分解原料时尽可能采用这种方法，根据选择溶剂的不同，溶解法又可分为酸溶和碱溶。

酸溶，作为酸性溶剂的无机酸有盐酸、硝酸、硫酸、氢氟酸、混合酸（如王水）等，其中用得最多的是硫酸。硫酸是强酸，除可以溶解活泼金属及合金外，许多金属氧化物、硫化物、碳酸盐都能被硫酸所溶解，生成的硫酸盐除铅、钙、锶、钡外，其他一般都溶于水。浓硫酸的沸点高、难挥发，不仅可以提高酸溶的温度，而且能置换出挥发性酸，分解原料中 NO_3^-、Cl^-、F^- 等杂质；硫酸所能达到的浓度又是所有酸中最高的。浓硫酸又具有吸水性，可以脱去反应所生成的水，从而加快溶解反应的速率，因此，一些难溶于强酸的矿石，如钛铁矿可用浓硫酸溶解：

$$FeO \cdot TiO_2 + 3H_2SO_4 \Longrightarrow Ti(SO_4)_2 + FeSO_4 + 3H_2O$$

碱溶，常用的碱性溶剂为 NaOH，用于溶解两性金属 Al、Zn 及其合金，也可用于溶解一些酸性矿石，如白砷矿（As_2O_3）：

$$As_2O_3 + 6NaOH \Longrightarrow 2Na_3AsO_3 + 3H_2O$$

② 熔融法　当原料用各种酸、碱溶剂不能溶解时，可采用熔融法。熔融法的一般工艺过程为：

$$原料 \xrightarrow[\triangle 熔融]{熔剂} 熔块 \rightarrow 浸取 \rightarrow 分离 \Big\langle \begin{array}{l} 液相（粗制液） \\ 固相（残渣） \end{array}$$

根据选择的熔剂不同，可分为酸熔、碱熔两种。

酸熔，常用的酸性熔剂有焦硫酸钾（$K_2S_2O_7$），它在高温时（>300℃）能分解产生 SO_3，SO_3 有强酸性，能与两性或碱性氧化物作用生成可溶性硫酸盐。如金红石（TiO_2）的分解：

$$TiO_2 + 2K_2S_2O_7 \xrightarrow{\triangle} Ti(SO_4)_2 + 2K_2SO_4$$

也可用 $KHSO_4$ 代替 $K_2S_2O_7$ 作为酸性熔剂，因在熔融灼烧 $KHSO_4$ 时脱水分解产生 SO_3：

$$2KHSO_4 \xrightarrow{\triangle} SO_3 + K_2SO_4 + H_2O$$

碱熔，常用的碱性熔剂有 Na_2CO_3、K_2CO_3、NaOH、KOH、Na_2O_2 及它们的混合物，酸性氧化物及不溶于酸的残渣等均可用碱熔法分解。Na_2O_2 是具有强氧化性的碱性熔剂，能分解许多难熔物，如铬铁矿（$FeO \cdot Cr_2O_3$）：

$$2FeO \cdot Cr_2O_3 + 7Na_2O_2 \xrightarrow{\triangle} 2NaFeO_2 + 4Na_2CrO_4 + 2Na_2O$$

但是由于 Na_2O_2 具有强的腐蚀性，而且价格较为昂贵，一般不常用，铬铁矿的分解常采用 Na_2CO_3 作熔剂，利用空气中的氧将其氧化制得可溶性铬（Ⅵ）酸盐：

$$4FeO \cdot Cr_2O_3 + 8Na_2CO_3 + 7O_2 \xrightarrow{\triangle} 8Na_2CrO_4 + 2Fe_2O_3 + 8CO_2$$

为了降低熔点，以便在较低温度下实现上述反应，常用 Na_2CO_3 和 NaOH 混合熔剂并加入少量氧化剂（$NaNO_3$），以加速氧化：

$$2FeO \cdot Cr_2O_3 + 4Na_2CO_3 + 7NaNO_3 \xrightarrow{\triangle} 4Na_2CrO_4 + Fe_2O_3 + 4CO_2 + 7NaNO_2$$

为了使原料分解反应完全，熔融时要加入大量的熔剂，一般约为原料的 6～12 倍。大量的熔剂在高温下具有极大的化学活性，为尽量减少其对容器的腐蚀，根据熔剂的性质选择熔融容器。如碱熔时一般选用铁或镍坩埚。

原料通过熔融成为熔块，然后用溶剂（常用水）浸取、过滤，滤去不溶性残渣，得到粗制液。

（2）除杂精制

粗制液或工业废液中含有较多的杂质，杂质离子的来源一部分是矿石、废渣（液）原有的，另一部分是在溶解、熔融过程中由溶（熔）剂带入的。这些杂质很难通过结晶方法除去，要通过化学除杂的方法，最常用的方法有以下几种。

① 水解沉淀法　水解沉淀法是利用某些杂质离子在水溶液中能发生水解的性质，通过调节溶液的 pH 值，使杂质离子水解生成氢氧化物沉淀而除去。调节溶液 pH 值的范围必须要使杂质离子沉淀完全（残留在溶液中的杂质离子浓度 $\leqslant 10^{-5}\ mol \cdot L^{-1}$），而使有用组分（或产品）不产生沉淀。例如铁是无机产品中最主要的一种杂质，常以两种价态 Fe^{3+}、Fe^{2+} 存在于粗制液中，设开始沉淀时杂质离子浓度为 $0.01\ mol \cdot L^{-1}$，沉淀完全时杂质离子浓度为 $10^{-5}\ mol \cdot L^{-1}$，则两种氢氧化物开始沉淀及完全沉淀时的 pH 值见表 2-1。

表 2-1　$Fe(OH)_3$ 和 $Fe(OH)_2$ 开始沉淀及完全沉淀的 pH 值

项目	$Fe(OH)_3$	$Fe(OH)_2$
溶度积常数 $K_{sp}^{\ominus}$	2.79×10^{-39}	4.87×10^{-17}
开始沉淀	1.82	6.84
沉淀完全	2.82	8.34

从上表中可看出，欲使 $Fe(OH)_2$ 沉淀完全，必须调节溶液的 pH＞8.34，但是此时许多产品如 Ni、Cu、Zn、Mg 等盐类早已发生水解而沉淀。为了除尽杂质，而使产品不致水解，必须将 Fe^{2+} 氧化为 Fe^{3+}，以降低除杂的 pH 值。由于沉淀的过程十分复杂，一般利用水解法除铁，pH 值控制应比按溶度积常数计算值略高些，一般在 3.5～4.0 范围内。

氧化剂的选择方面，常用的氧化剂有 H_2O_2、NaClO、$KMnO_4$、氯水等，选择氧化剂的原则：能氧化杂质离子（从 $E^{\ominus}$ 大小判断）、成本低、无污染、不引进杂质离子（如果引进，则要求易于除去）、使用氧化剂的条件（pH 值）与除杂的工艺条件相符合。

在上述几种氧化剂中用得较多的是 H_2O_2，H_2O_2 虽然价格高，但它在不同介质条件下都具有较强的氧化性，它的还原产物为 H_2O 或 OH^-，不会引入其他杂质。

调节 pH 值的试剂有两类。碱性试剂：常用的有氢氧化物、碱性氧化物、碳酸盐等。酸性试剂：常用的有稀酸、酸性氧化物等。如 $CuSO_4$ 溶液中除杂质 Fe^{3+} 时，可以用 $Ba(OH)_2$ 调节 pH 值，这是由于 $Ba(OH)_2$ 的碱性较强，能使溶液的酸度降低，而 Ba^{2+} 与 SO_4^{2-} 生成难溶的 $BaSO_4$ 沉淀，不会给 $CuSO_4$ 引入新的杂质。

水解是一个吸热过程，加热可以促进水解反应的进行，同时还有利于水解产物凝聚成大的颗粒，便于过滤。所以在水解法除杂中，除了要严格控制 pH 值外，还需加热并进行搅拌。

② 活泼金属置换法　溶液中如含有某些重金属（如 Cu、Ag、Cd、Bi、Sn、Pb 等）杂质离子，还可用活泼金属置换的方法除杂，所选择的金属必须与产品有相同的组分，这样不会引进杂质。如由菱锌矿（主要成分为 $ZnCO_3$）制取 $ZnSO_4 \cdot 7H_2O$ 时，原料用 H_2SO_4 浸取后，粗制液中含有 Ni^{2+}、Cd^{2+}、Fe^{2+}、Mn^{2+} 等杂质，杂质 Fe^{2+}、Mn^{2+} 用

氧化水解沉淀除去，对于杂质 Ni^{2+}、Cd^{2+}，则用活泼金属 Zn 置换除去。

$$Ni^{2+} + Zn \Longrightarrow Ni + Zn^{2+}, \qquad Cd^{2+} + Zn \Longrightarrow Cd + Zn^{2+}$$

金属置换反应是个多相反应，为了提高置换反应的速率，除了加热和搅拌外，还要求金属尽量粉碎成小颗粒粉末，以增加反应的接触面积。

除上述两种方法外，还可以用硫化物沉淀、溶剂萃取、离子交换等多种除杂方法。

（3）蒸发浓缩、结晶、分离

精制液中除有产品组分外，还含有少量杂质离子，这些杂质的去除可通过结晶或重结晶操作加以分离、提纯。

结晶是指溶液达到饱和后，从溶液中析出晶体的过程。一般都必须进行加热、蒸发。蒸发通常在蒸发器中进行，一般可以直接加热蒸发，对遇热易分解的溶质，应用水浴控温加热，或更换溶剂，如乙醇等有机溶剂以降低其溶解度。对在水溶液中易发生水解的物质，应调节溶液的 pH 值，以抑制其水解。

蒸发浓缩的程度与物质的溶解度有关，若物质的溶解度在常温下较大，且溶解度随温度变化不大，即溶解度曲线较为平坦的物质，如 $MgSO_4 \cdot 7H_2O$，冷却高温过饱和溶液不能获得较多的晶体，需在晶体析出后继续蒸发浓缩成稀粥状后再冷却，才能获得较多的晶体。另一类在常温下溶解度较小，溶度积曲线较陡的物质，大多数物质属于这一类，如 $CuSO_4 \cdot 5H_2O$，只需蒸发浓缩至液面出现晶膜即可停止加热，随着温度的降低，晶体仍能继续析出；若溶解度曲线陡度较大的物质，如 $K_3[Fe(C_2O_4)_3] \cdot 3H_2O$，其溶解度随温度的降低显著减少，该类物质只要将其蒸发浓缩至一定体积，溶液达到饱和后，冷却即可析出晶体。

由于湿晶体夹带母液中含有的杂质而影响产品的纯度，通常还应将湿晶体洗涤一至数次。如要制得纯度较高的产品，可用重结晶的方法进行提纯。

除了以上介绍的常规无机制备方法外，随着合成化学的深入研究以及特种实验技术的开发，无机制备的方法已由常规的合成发展到应用特种技术的合成，如高温合成、低温合成、真空条件下的合成、水热合成、微波合成、电解合成、高压合成、光化学合成以及等离子体技术等，这里不一一列举。

化合物的制备实验报告格式见 1.2.4 "$CuSO_4 \cdot 5H_2O$ 的制备"。

2.2 化合物制备实验

实验一 硫酸亚铁铵的制备

一、实验目的

1. 掌握制备复盐的原理和方法。
2. 学习掌握过滤、蒸发、结晶等基本操作。
3. 了解目测比色法检验产品质量的方法。

二、实验原理

硫酸亚铁铵$(NH_4)_2SO_4 \cdot FeSO_4 \cdot 6H_2O$俗称摩尔盐。根据同一温度下复盐的溶解度比组成它的简单盐的溶解度小的特点，用等物质的量$FeSO_4$和$(NH_4)_2SO_4$在水溶液中相互作用可以制得浅绿色的$(NH_4)_2SO_4 \cdot FeSO_4 \cdot 6H_2O$复盐晶体。其反应为：

$$FeSO_4 + (NH_4)_2SO_4 + 6H_2O \Longrightarrow (NH_4)_2SO_4 \cdot FeSO_4 \cdot 6H_2O$$

$FeSO_4$可由铁屑与稀硫酸作用制得：$Fe + H_2SO_4 \Longrightarrow FeSO_4 + H_2 \uparrow$

硫酸亚铁铵易溶于水，难溶于乙醇，在空气中不易被氧化，故在分析化学中常被选作氧化还原滴定法的基准物。3种化合物的溶解度见表2-2。

表2-2　3种化合物的溶解度（g·100g 水$^{-1}$）

物质	10℃	20℃	30℃	50℃	70℃
$(NH_4)_2SO_4$	73.0	75.4	73.0	84.5	91.9
$FeSO_4 \cdot 7H_2O$	20.5	26.6	33.2	48.6	56.0
$(NH_4)_2SO_4 \cdot FeSO_4 \cdot 6H_2O$	18.1	21.2	24.5	31.3	38.5

三、仪器与试剂

仪器：电子天平（0.1g），布氏漏斗，吸滤瓶，比色管（25mL）。

试剂：H_2SO_4（3mol·L^{-1}），KSCN（1mol·L^{-1}），$(NH_4)_2SO_4$(s)，铁标准溶液（Fe^{3+}含量为0.100mg·mL^{-1}），铁粉。

四、实验步骤

1. 硫酸亚铁的制备

称2g铁粉于小烧杯中，加入所需3mol·$L^{-1}H_2SO_4$的量（自行计算，过量20%），盖上表面皿，用小火加热，使铁粉和H_2SO_4反应，直至不再有气泡冒出为止（约需20min）。在加热过程中应补充少量水，以防$FeSO_4$结晶析出。然后趁热抽滤，用少量热去离子水洗涤。将滤液转移至蒸发皿中，此时滤液的pH值应为1左右。

2. 硫酸亚铁铵的制备

根据$FeSO_4$理论产量，按照反应式计算所需固体硫酸铵的量（考虑到$FeSO_4$在过滤操作中的损失，$(NH_4)_2SO_4$用量可按生成$FeSO_4$理论产量的80%～85%计算）。在室温下将称出的$(NH_4)_2SO_4$配制成饱和溶液，加到已制备好的硫酸亚铁溶液中，混合均匀，用3mol·$L^{-1}H_2SO_4$将溶液调至pH值为1～2。用小火蒸发浓缩至表面出现晶膜为止，冷却，即可得到硫酸亚铁铵晶体。减压过滤，取出晶体用滤纸吸干。观察晶体的形状和颜色。称量并计算得率。

3. 产品检验——Fe^{3+}的限量分析

称取1g产品，放入25mL比色管中，用15mL不含氧的去离子水（将去离子水用小火煮沸5min，以除去所溶解的氧，盖好表面皿，冷却后即可取用）溶解，加入1.0mL 3mol·$L^{-1}H_2SO_4$和1.0mL 1mol·L^{-1}KSCN，再加不含氧的去离子水至刻度，摇匀。用目测法与Fe^{3+}标准溶液进行比较，确定产品中Fe^{3+}含量所对应的级别。

Fe^{3+}标准溶液的配制：依次量取Fe^{3+}含量为0.100mg·mL^{-1}的溶液0.50mL、

1.00mL、2.00mL，分别置于 3 个 25mL 比色管中，并各加入 1.0mL $3mol \cdot L^{-1} H_2SO_4$ 和 1.0mL $1mol \cdot L^{-1} KSCN$，最后用不含氧的去离子水稀释至刻度，摇匀，配成如表 2-3 所示的不同等级的标准溶液。

表 2-3 不同等级 $(NH_4)_2SO_4 \cdot FeSO_4 \cdot 6H_2O$ 中 Fe^{3+} 含量

规格	Ⅰ级	Ⅱ级	Ⅲ级
Fe^{3+} 含量/mg	0.05	0.10	0.20

实验指导

① 铁粉加酸溶解时，应用水浴加热，水浴温度不超过 80℃，以防止温度过高造成酸液飞溅或气泡外溢。注意及时补充水分，保持约 20mL 溶液，以防止 $FeSO_4$ 析出。

② 不纯的铁粉加酸溶解时，会产生有害气体（如 H_2S 等），一定要在通风橱中进行实验。

③ 在制备过程中，要保持溶液为强酸性，否则 Fe^{2+} 易氧化水解。若溶液出现黄色，应加 H_2SO_4 和铁钉，抑制 Fe^{3+} 出现。

④ 蒸发过程中要用小火加热，并不断搅拌，注意防止爆溅。

⑤ 晶膜出现停止加热后，不要再搅拌，自然结晶，能形成颗粒较大的晶体，搅拌过多会形成粉末状固体。

⑥ 实验中戴上防护眼镜和手套，以防溶液溅出伤人。

五、实验结果

1. 列式计算反应需要的 H_2SO_4 与 $(NH_4)_2SO_4$ 的量。

2. 计算 $(NH_4)_2SO_4 \cdot FeSO_4 \cdot 6H_2O$ 的得率。

3. 确定产品中含 Fe^{3+} 级别。

六、思考题

1. 为什么要保持硫酸亚铁溶液和硫酸亚铁铵溶液有较强的酸性？

2. 为什么在检验产品中 Fe^{3+} 含量时，要用不含氧的去离子水？

实验二 过氧化钙的合成

一、实验目的

1. 学习过氧化钙的合成方法。

2. 了解过氧化物的性质及应用。

二、实验原理

过氧化钙（CaO_2）是一种应用广泛的多功能无机过氧化物，本身无毒，不污染环境，广泛用于农业、水产、食品工业和环保，用作杀菌剂、防腐剂、发酵剂、解酸剂、漂白剂和废水的处理，还可用于日化行业做牙齿清洁剂、家用消毒除臭剂等。此外，过氧化钙也可用于应急供氧、香烟制造和涂料工业等。

过氧化钙在常温下是白色或淡黄色粉末，无臭、无毒，难溶于水，不溶于乙醇、丙酮等有机溶剂。在室温干燥条件下稳定，在湿空气或吸水过程中逐渐分解出氧气，其有效氧含量为 22.2%。

$$CaO_2 + 2H_2O \Longrightarrow Ca(OH)_2 + H_2O_2$$

加热至300℃，则分解成 O_2 和 CaO：

$$2CaO_2 \Longrightarrow 2CaO + O_2$$

过氧化钙的水合物，即 $CaO_2 \cdot 8H_2O$ 在 0℃时稳定，加热到 130℃时逐步分解为无水过氧化钙。

过氧化钙的合成方法主要有两种：

(1) 以 $Ca(OH)_2$ 和 H_2O_2 反应生成过氧化钙，其反应为：

$$Ca(OH)_2 + H_2O_2 + 6H_2O \Longrightarrow CaO_2 \cdot 8H_2O$$

(2) 以 $CaCl_2$、H_2O_2 和 $NH_3 \cdot H_2O$ 反应生成过氧化钙，其反应为：

$$Ca^{2+} + H_2O_2 + 2NH_3 \cdot H_2O + 6H_2O \Longrightarrow CaO_2 \cdot 8H_2O + 2NH_4^+$$

过氧化钙活性大，添加适量的稳定剂可制得稳定的产品，$MgSO_4$、$Ca_3(PO_4)_2$ 等均可作为稳定剂。

三、仪器与试剂

仪器：电子天平（0.1g），布氏漏斗，吸滤瓶。

试剂：$Ca(OH)_2$ (s)，$CaCl_2$ (s)，$MgSO_4$ (s)，$Ca_3(PO_4)_2$ (s)，H_2O_2（30%）、$NH_3 \cdot H_2O$（浓）、$KMnO_4$（0.01 mol·L^{-1}），H_2SO_4（1 mol·L^{-1}）。

四、实验步骤

1. 以 $Ca(OH)_2$ 和 H_2O_2 制备过氧化钙

将 10g $Ca(OH)_2$ 与 250mL 去离子水混合，剧烈搅拌至全部溶解。加入 0.1g $MgSO_4$，同时滴加 30% H_2O_2 16mL，在 20~25℃水浴中持续搅拌 25min，静置，减压抽滤，用少量水洗涤，干燥即得产品。

2. 以 $CaCl_2$、H_2O_2 和 $NH_3 \cdot H_2O$ 制备过氧化钙

取 10g $CaCl_2$ 于 100mL 烧杯中，加 10mL 去离子水溶解，加入 0.1g $Ca_3(PO_4)_2$，用冰水将 $CaCl_2$ 溶液冷至约 0℃，在搅拌下，滴加 30% H_2O_2 溶液 30mL，并逐渐加入 5mL 浓 $NH_3 \cdot H_2O$，再加水约 25mL，静置，减压抽滤，用少量冰水洗涤，干燥即得产品。

实验指导

① 以 $CaCl_2$、H_2O_2 和 $NH_3 \cdot H_2O$ 制备过氧化钙时，反应温度以 0~8℃为宜。温度过低，液体易冻结，反应困难。减压抽滤后，要用少量冰水洗涤产品。

② 抽滤得到的是 $CaO_2 \cdot 8H_2O$，可以先在 60℃下烘干 0.5h，变为 $CaO_2 \cdot 2H_2O$，再在 130℃下烘干 0.5h，即得无水 CaO_2。

③ 30% H_2O_2 有强烈的腐蚀性，皮肤切勿直接接触，使用时需带上防护手套。

---

3. 过氧化钙的定性鉴定

取 1 滴 $0.01mol \cdot L^{-1}$ KMnO$_4$ 溶液，加水 10 滴，加 1 滴 $1mol \cdot L^{-1}$ H$_2$SO$_4$ 酸化，加入少量 CaO$_2$ 粉末，观察是否有气泡出现，并使 KMnO$_4$ 溶液褪色。

五、实验结果

1. 计算 CaO$_2 \cdot 8$H$_2$O 的得率。
2. 记录观察到的现象，并说明 CaO$_2 \cdot 8$H$_2$O 的性质。

六、思考题

1. 以 Ca(OH)$_2$ 和 H$_2$O$_2$ 制备过氧化钙的实验中，Ca(OH)$_2$ 和 H$_2$O$_2$ 哪一个过量，为什么？
2. 以 CaCl$_2$、H$_2$O$_2$ 和 NH$_3 \cdot$H$_2$O 制备过氧化钙的实验中，如何提高产品的纯度？

实验三　葡萄糖酸锌的制备

一、实验目的

1. 掌握制备含锌药物的原理和方法。
2. 进一步熟悉过滤、蒸发、结晶等基本操作。

二、实验原理

葡萄糖酸锌可以采用葡萄糖酸钙与硫酸锌直接反应：

$$[CH_2OH(CHOH)_4COO]_2Ca + ZnSO_4 \Longrightarrow [CH_2OH(CHOH)_4COO]_2Zn + CaSO_4 \downarrow$$

过滤除去 CaSO$_4$ 沉淀，溶液经浓缩可得葡萄糖酸锌结晶。

葡萄糖酸锌无色无味，易溶于水，难溶于乙醇。葡萄糖酸锌为补锌药，主要用于儿童及老年、妊娠妇女因缺锌引起的生长发育迟缓，营养不良，厌食症等。具有见效快、吸收率高、副作用小等优点。

三、试剂与器材

试剂：ZnSO$_4 \cdot 7$H$_2$O，葡萄糖酸钙，95％乙醇。

器材：电子天平（0.1g），减压过滤装置等。

四、实验方法

量取 40mL 去离子水置于烧杯中，加热至 80～90℃，加入 6.7g ZnSO$_4 \cdot 7$H$_2$O 使完全溶解，将烧杯放在 90℃的恒温水浴中，再逐渐加入葡萄糖酸钙 10g，并不断搅拌。在 90℃水浴上保温 20min 后趁热抽滤（滤渣为 CaSO$_4$，弃去），滤液移至蒸发皿中，在沸水浴上浓缩至黏稠状（体积约为 20mL，如浓缩液有沉淀，需过滤掉）。滤液冷至室温，加 95％乙醇 20mL 并不断搅拌，此时有大量的胶状葡萄糖酸锌析出。充分搅拌后，用倾析法去除乙醇液。再在沉淀上加 95％乙醇 20mL，充分搅拌后，沉淀慢慢转变成晶体状，抽滤至干，即得粗品（母液回收）。再将粗品加水 20mL，加热至溶解，趁热抽滤，滤液冷至室温，加 95％乙醇 20mL 充分搅拌，结晶析出后，抽滤至干，即得精品，称重并计算产率。

五、实验结果

计算葡萄糖酸锌的产率。

实验指导

（1）葡萄糖酸钙和硫酸锌反应时间不能过短，要保证充分生成硫酸钙沉淀。

（2）除去硫酸钙后的溶液若有色，可用活性炭脱色处理。

六、思考题

1. 如果选用葡萄糖酸为原料，以下四种含锌化合物应选择哪种？为什么？

（1）ZnO　　　　（2）$ZnCl_2$　　　　（3）$ZnCO_3$　　　　（4）$Zn(CH_3COO)_2$

2. 查阅相关资料，了解工业上制备葡萄糖酸锌的方法有哪些？

实验四　从盐泥中制取七水硫酸镁

一、实验目的

1. 通过 $MgSO_4 \cdot 7H_2O$ 的制取，了解工业废渣的综合利用。

2. 应用氧化还原、水解反应等化学原理与溶解度曲线，掌握控制溶液 pH 值及温度等条件去除杂质的方法。

3. 巩固过滤、蒸发、浓缩、结晶等基本操作。

二、实验原理

七水硫酸镁（$MgSO_4 \cdot 7H_2O$）在印染、造纸和医药等工业上都有广泛的应用。本实验利用上海氯碱化工股份有限公司电化厂生产烧碱过程中的废渣——盐泥制取七水硫酸镁。

盐泥是电解法制烧碱时由粗盐制取精制食盐水过程中除泥沙、Ca^{2+}、Mg^{2+}、SO_4^{2-} 和其他杂质离子的废渣。因此其主要成分为泥沙、$Mg(OH)_2$、$BaSO_4$、$CaCO_3$ 和其他杂质离子（Fe^{3+}、Al^{3+}、Mn^{2+} 等）。其中含 $Mg(OH)_2$ 为 5％～15％。

从盐泥制取七水硫酸镁需经过以下几步。

1. 酸解

加硫酸于盐泥中，镁、钙、铁、铝等的化合物均生成可溶性硫酸盐。主要反应为：

$$Mg(OH)_2 + H_2SO_4 =\!=\!= MgSO_4 + 2H_2O$$

$$CaCO_3 + H_2SO_4 =\!=\!= CaSO_4 + CO_2 \uparrow + H_2O$$

为使盐泥酸解完全，加入硫酸的量应控制在反应后料浆的 pH 值为 1～2。

2. 氧化和水解

为了除去 Fe^{3+}、Fe^{2+}、Mn^{2+}、Al^{3+} 等杂质离子，可加入少量次氯酸钠于料浆中，既调节溶液的 pH 值为 5～6，又作为氧化剂将 Mn^{2+}、Fe^{2+} 氧化，促使水解完全。在此过程中发生下列反应：

$$Mn^{2+} + ClO^- + H_2O \Longrightarrow MnO_2\downarrow + 2H^+ + Cl^-$$
$$2Fe^{2+} + ClO^- + 5H_2O \Longrightarrow 2Fe(OH)_3\downarrow + 4H^+ + Cl^-$$
$$Fe^{3+} + 3H_2O \Longrightarrow Fe(OH)_3\downarrow + 3H^+$$
$$Al^{3+} + 3H_2O \Longrightarrow Al(OH)_3\downarrow + 3H^+$$

3. 除钙

由于 $CaSO_4$ 微溶于水，因此除钙是利用温度升高时 $CaSO_4$ 溶解度减小的特点，溶液适当浓缩后，趁热过滤，除去 $CaSO_4$。

4. 除 Na^+、Cl^- 等

除去上述各种离子后，Na^+、Cl^- 等可溶性杂质离子的去除可将 Mg^{2+} 沉淀为 $Mg(OH)_2$，其他离子留在溶液中，通过过滤除去。

5. $MgSO_4$ 的结晶

除去杂质离子后，$Mg(OH)_2$ 沉淀加酸溶解，再经浓缩、结晶，得到 $MgSO_4 \cdot 7H_2O$。

三、仪器与试剂

仪器：电子天平（0.1g），研钵，布氏漏斗，吸滤瓶等。

试剂：H_2SO_4（1mol·L^{-1}、3mol·L^{-1}、6mol·L^{-1}），NaClO（工业用，含12％～15％有效氯），盐泥，NaOH（6mol·L^{-1}）。

四、实验步骤

称取40g研细的盐泥，放入400mL烧杯中，将15～17mL 6mol·L^{-1} H_2SO_4 慢慢滴加于盐泥中搅成料浆，待大部分气体放出后，加水100mL，加热煮沸15min，并不断搅拌至基本无气泡。趁热抽滤，用少量水淋洗沉淀。滤渣弃去。

滤液中加入 NaClO 溶液1～2mL，调节料浆的 pH 值为5～6，加热煮沸，促使水解完全。当滤液被煮至60～70mL时，趁热抽滤，用少量水淋洗沉淀。滤渣弃去。检查滤液中 Fe^{3+} 是否除尽。

滤液中加入 6mol·L^{-1} NaOH 6～7mL 至沉淀完全，煮沸5～10min，抽滤，用少量水淋洗。滤液弃去。沉淀 $Mg(OH)_2$ 中加水50mL，加 3mol·L^{-1} H_2SO_4 4～6mL，调节至沉淀溶解，呈弱酸性。溶液移入蒸发皿中，蒸发浓缩至稀粥状的黏稠液（注意，加热时火力不能太大，以免沸腾过于激烈而使溶液溅出），将溶液冷却结晶。待完全冷却后，进行抽滤。抽干后，即得产品，称重。

实验指导

① 酸解时应先加酸后加热，加酸时，会产生大量 CO_2，反应激烈时会使料液大量溢出，因此应分批沿烧杯壁滴加硫酸，并不断搅拌，滴加速度控制在 CO_2 气泡不外溢为限。加热时应用小火，并不断搅拌，以防反应激烈，使料浆外溢或爆溅。注意戴上防护眼镜和手套，在通风橱中进行实验。

② 在氧化水解时，调节 pH 值后，加热煮沸一定要不断搅拌，并要注意防止爆溅，注意安全。控制体积在60～70mL；体积太大，硫酸钙未饱和除不净，体积太小，$MgSO_4$ 会析出。

③ 氧化水解后，应得到无色透明溶液，若得到棕黄色溶液，可能因形成 $MnO_2 \cdot H_2O$ 胶体，穿透滤纸进入滤液中。此时可在溶液中加一些碎滤纸进行吸附，再加热一定时间后抽滤除去。

④ 除 Na^+、Cl^- 等时，加 NaOH 至沉淀完全，加热一定时间使沉淀颗粒长大后再抽滤，抽滤时用两张滤纸。

⑤ 硫酸镁蒸发浓缩至稀粥状黏稠液时，容易飞溅。为防止飞溅，当溶液中有少量晶体析出时就应小火加热，并不断搅拌。如遇飞溅，应立即移开燃气灯。

⑥ 为提高产量，必须充分冷却后才能进行抽滤，若溶液过于黏稠不能结晶，可适当加乙醇。

五、实验结果

1. 描述所得 $MgSO_4 \cdot 7H_2O$ 的外观。

2. 计算 $MgSO_4 \cdot 7H_2O$ 的理论产量、实际产量和得率（按盐泥中含 $Mg(OH)_2$ 10%计）。

六、思考题

1. 用硫酸酸解盐泥时，pH 值应控制在 1 左右，但酸解后为什么又要调节 pH 值为 5～6？

2. 除去杂质 Mn^{2+} 与 Fe^{2+} 时，为什么要氧化？如果只控制溶液的 pH 值使其水解成 $Mn(OH)_2$、$Fe(OH)_2$ 沉淀是否可以，为什么？

3. 本实验中为什么选用 NaClO 为氧化剂？能否用 $KMnO_4$、H_2O_2 氧化，为什么？

4. 在本实验中，几次加热抽滤的目的是什么？

5. 蒸发浓缩 $MgSO_4$ 溶液时，要蒸发浓缩至稀粥状的黏稠液时才能停止加热，为什么？

实验五 高锰酸钾的制备

一、实验目的

1. 了解碱熔法分解矿石制备高锰酸钾的原理和方法。
2. 熟练碱熔、浸取、过滤、蒸发和结晶等基本操作。
3. 学习气体钢瓶的使用方法。

二、实验原理

软锰矿（主要成分为 MnO_2）在强氧化剂 $KClO_3$ 存在下与碱共熔可制得绿色 K_2MnO_4：

$$3MnO_2 + KClO_3 + 6KOH \xrightarrow{熔融} 3K_2MnO_4 + KCl + 3H_2O$$

MnO_4^{2-} 不稳定，在酸性介质中易发生歧化反应，生成 MnO_4^- 和 MnO_2。若加酸或通入 CO_2 气体，即可使歧化反应顺利进行：

$$3K_2MnO_4 + 2CO_2 \longrightarrow 2KMnO_4 + MnO_2 + 2K_2CO_3$$

滤去 MnO_2 固体，将溶液蒸发浓缩，即可得到 $KMnO_4$ 晶体。

三、仪器与试剂

仪器：电子天平（0.1g），铁坩埚，坩埚钳，玻璃砂芯漏斗，吸滤瓶，泥三角，铁搅拌棒。

试剂：$KClO_3(s)$，$KOH(s)$，MnO_2（s、工业），CO_2（钢瓶）。

四、实验步骤

1. 熔融、氧化

称取 7g 固体 KOH 和 5g 固体 $KClO_3$ 倒入铁坩埚内，小火加热，并用洁净铁棒搅拌混合。待 KOH 熔融后，一面搅拌，一面逐渐加入 5g 固体 MnO_2。随着反应的进行，熔融物的黏度逐渐增大，此时应用力继续搅拌。待反应物干涸后，强热 5～20min。

2. 浸取

待物料冷却后，用 150～200mL 热的去离子水分批浸取物料，浸取时可用铁棒搅拌。浸取液倒入烧杯中。

3. 锰酸钾的歧化

在浸取液中通入 CO_2 气体，使 K_2MnO_4 歧化完全为止（可用玻璃棒蘸取溶液于滤纸上，如果滤纸上只有紫红色而无绿色痕迹，即表示 K_2MnO_4 已歧化完全）。然后将溶液加热，趁热用砂芯漏斗滤去 MnO_2 残渣。

4. 结晶

把滤液移至蒸发皿中，用小火加热，当浓缩至液面出现晶膜时，停止加热，冷却，即有 $KMnO_4$ 晶体析出。最后用砂芯漏斗过滤，把 $KMnO_4$ 晶体尽可能抽干，称量。

实验指导

① MnO_2 应分批加入，并不断搅拌。当心物料外溢。如外溢应马上移开火焰。物料快干涸时，应不断搅拌，使之成颗粒状，以不粘坩埚壁为宜。

② 熔块浸取时，如坩埚内粘有较多固体不易溶解时，可把粘有熔块的坩埚放在浸取液的烧杯中一起加热，并不断进行搅拌，加速熔块溶解。

③ 重结晶时必须用小火进行蒸发浓缩。当滤液蒸发至表面出现微小晶体时，即可停止加热，自然冷却。如蒸发浓缩时火太大，会使部分 $KMnO_4$ 受热分解，产生棕色 MnO_2 和绿色 K_2MnO_4，影响产品质量。

④ $KMnO_4$ 和 MnO_2 抽滤分离后，留在玻璃砂芯漏斗中的 MnO_2 可用 $H_2C_2O_4$ 洗涤除去。

五、实验结果

1. 描述所得 $KMnO_4$ 晶体的颜色与形状。
2. 计算 $KMnO_4$ 的理论产量、实际产量和得率。

六、思考题

1. 为什么碱熔融时要用铁坩埚，而不用瓷坩埚？
2. 能否用加 HCl 或通氯气的方法代替向 K_2MnO_4 溶液中通 CO_2 气体？为什么？

3. 过滤 $KMnO_4$ 溶液，为什么要用砂芯漏斗，而不能用滤纸？

4. 从软锰矿制备 $KMnO_4$，除本实验方法外，还可以用哪些方法？并比较各方法的优缺点。

实验六　微波法制备磷酸锌

一、实验目的

1. 了解磷酸锌的微波制备原理和方法。
2. 进一步掌握无机制备的基本操作。

二、实验原理

微波是一种高频电磁波，波长范围在 $0.1 \sim 10nm$，微波具有很强的穿透作用，加热均匀，热效率高，加热速度快。微波应用于化学反应愈来愈受到人们的关注，一般认为微波对极性物质的热效应很明显，极性分子（如水）接受微波辐射能量后，通过分子偶极高速旋转产生内热效应，促使化学反应高效快速进行，提高反应效率，缩短反应时间。

磷酸锌 $Zn_3(PO_4)_2 \cdot 2H_2O$ 是一种白色的新一代无毒、环保、分散性好的防锈颜料，它能有效地替代含有重金属铅、铬的传统防锈颜料，目前广泛应用于防锈、涂料、微孔材料等领域，随着现代科技的发展，其应用领域亦在不断扩大。

磷酸锌的制备通常是用硫酸锌、磷酸和尿素在水浴加热下反应，反应过程中尿素分解放出氨气并生成铵盐，通常反应需 4h 才完成。本实验采用在微波加热条件下进行反应，反应时间缩短为 10min，反应式为：

$$3ZnSO_4 + 2H_3PO_4 + 3(NH_2)_2CO + 7H_2O = Zn_3(PO_4)_2 \cdot 4H_2O + 3(NH_4)_2SO_4 + 3CO_2 \uparrow$$

所得的四水合晶体在 110℃ 烘箱中脱水即得二水合晶体。磷酸锌溶于无机酸、氨水、铵盐溶液，不溶于水、乙醇。

三、试剂与器材

试剂：$ZnSO_4 \cdot 7H_2O$，尿素，H_3PO_4，无水乙醇。

器材：微波炉，电子天平，吸滤瓶，布氏漏斗。

四、实验步骤

称取 $2.0g$ $ZnSO_4 \cdot 7H_2O$ 于 100mL 烧杯中，加 1.0g 尿素和 $1.0mL$ H_3PO_4，再加入 20mL 水搅拌溶解，把烧杯置于 250mL 烧杯水浴中，盖上表面皿，放进微波炉里，以大火挡（约 650W）辐射 $8 \sim 10mim$，烧杯里隆起白色沫状物后，停止辐射加热，取出烧杯，用去离子水浸取、洗涤数次，抽滤。晶体用水洗涤至滤液无 SO_4^{2-}。产品在 110℃ 烘箱中脱水得到 $Zn_3(PO_4)_2 \cdot 4H_2O$，称重，计算产率。

> **实验指导**
> ① 制备时，作为水浴的 250mL 烧杯中的水不要多加，防止沸腾后倒灌入反应的烧杯中。
> ② 在制备反应完成时，溶液的 pH＝5～6 左右，加尿素的目的是调节反应体系的酸碱性。晶体最好洗涤至近中性时再抽滤，否则最后会得到一些副产物杂质。

③ 微波对人体有危害，在使用时炉内不能使用金属，以免产生火花。炉门一定要关紧后才可以加热，以免微波泄漏而伤人。

④ 微波辐射时间主要由反应决定，一般看见烧杯中有白色沫状物隆起即可停止辐射。

五、实验结果

1. 描述所得产品的颜色与形状。
2. 计算 $Zn_3(PO_4)_2 \cdot 4H_2O$ 的理论产量、实际产量和得率。

六、思考题

1. 简述制备磷酸锌的其他方法。
2. 如何对产品进行检验？请拟出实验方案？。
3. 为什么微波加热能显著缩短反应时间？使用微波炉要注意哪些事项？

2.3　物质性质部分概述

元素及化合物的基本性质包括存在的状态和颜色、酸碱性、氧化还原性、稳定性、配位性及溶解性等，通过它们以上性质的讨论和验证，掌握周期系中元素及化合物的特性、共性和规律性；灵活运用这些性质和规律，结合化学平衡的基本原理，可以分离和鉴定一些常见的阴、阳离子，加深无机化学基础理论和基本元素知识的理解和掌握，提高观察、归纳、总结的能力以及分析和解决问题的能力。

2.3.1　酸碱性

(1) 盐类酸碱性

盐类所组成溶液的酸碱性常采用 pH 试纸或 pH 计测得。在通常条件下，对于一些水解度不大的盐，其稀溶液不易检出，应配制成饱和溶液才能进行试验或根据水解平衡移动原理采用加热的方法使检出明显。例如，将 $MgCl_2$ 配制成热的饱和溶液，即可检出 $MgCl_2$ 溶液呈弱酸性。至于某些水解度较大的化合物，即使是稀溶液也能检出其酸碱性。如 $SnCl_2$、$SbCl_3$、$BiCl_3$ 等，因水解后的产物为难溶于水的碱式盐，在配制上述溶液时，需加入相应的酸抑制水解。

(2) 难溶于水的氢氧化物的酸碱性

难溶于水的氢氧化物的酸碱性不能采用 pH 试纸测定，而是通过其与强酸、强碱的反应来判断。凡溶于强酸而不溶于强碱的为碱性，反之则为酸性。强酸、强碱中都能溶解的则为两性氢氧化物，能形成两性氢氧化物的金属离子有 Al^{3+}、Cr^{3+}、Zn^{2+}、Pb^{2+}、Sb^{3+}、Sn^{2+}、Cu^{2+} 等，它们与强酸作用生成正盐；与强碱作用生成含氧酸盐。根据所加入酸、碱的浓度高低与量的多少，还可比较其酸碱性的相对强弱。如 $Cu(OH)_2$ 能溶于稀酸，又能溶于较大浓度的碱中，说明 $Cu(OH)_2$ 呈两性，但碱性大于酸性。可以利用某些金属离子具有两性的特点，控制溶液的酸碱性以达到分离和鉴定离子的目的。

选择酸碱试剂的原则如下。

① 选择的强酸一般指稀 H_2SO_4、稀 HCl、稀 HNO_3，强碱常用 NaOH。

② 选用的酸、碱不能与待测的氢氧化物起氧化还原反应。

③ 选择的酸、碱不能与待测的氢氧化物生成另一种无颜色变化的难溶物质。如在检验 $Pb(OH)_2$ 的碱性时，选用的酸只能用 HNO_3，而不能用 HCl 或 H_2SO_4，因为 $PbCl_2$ 与 $PbSO_4$ 都为难溶于水的白色沉淀。

（3）酸碱性在离子分离和鉴定中的作用

在分离金属离子时，如以 H_2S 作沉淀剂，需控制溶液的 $[H^+] = 0.3 mol \cdot L^{-1}$，这样才能使 Sn^{2+}、Pb^{2+}、Sb^{3+}、Bi^{3+}、Cu^{2+}、Cd^{2+} 等以硫化物形式沉淀完全，而 Al^{3+}、Cr^{3+}、Fe^{3+}、Co^{2+}、Mn^{2+}、Zn^{2+}、Ni^{2+} 等在此条件下不生成沉淀，从而实现两组离子的分离。若溶液的酸碱度控制不当，$[H^+]$ 过高时，PbS 将沉淀不完全；$[H^+]$ 过低时，Zn^{2+} 将产生 ZnS 沉淀，也使分离不完全。

控制溶液的酸碱度常采用加入缓冲溶液，如 Ca^{2+} 和 Ba^{2+} 的分离及鉴定，在 HAc-NaAc 的缓冲液中，加入 K_2CrO_4 使 Ba^{2+} 转化为黄色的 $BaCrO_4$ 沉淀而与 Ca^{2+} 分离。

$$\begin{array}{l} Ba^{2+} \\ Ca^{2+} \end{array} \xrightarrow[\text{HAc-NaAc}]{K_2CrO_4} \begin{array}{l} BaCrO_4 \downarrow （黄） \\ Ca^{2+} \end{array}$$

生成的黄色 $BaCrO_4$ 沉淀不溶于 HAc，则可确定 Ba^{2+} 的存在。

在鉴定金属离子时，有时也要求有一定的酸碱度条件，如 K^+ 的鉴定需在弱酸或中性条件下进行。当加入 $Na_3[Co(NO_2)_6]$ 产生了黄色的 $K_2Na[Co(NO_2)_6]$ 沉淀时，说明有 K^+ 存在。若溶液酸碱度条件控制不当，则 $Na_3[Co(NO_2)_6]$ 会分解而影响 K^+ 的检出。如溶液的酸性或碱性过大，$[Co(NO_2)_6]^{3-}$ 都会分解：

$$2[Co(NO_2)_6]^{3-} + 10H^+ = 2Co^{2+} + 5NO\uparrow + 7NO_2\uparrow + 5H_2O$$

$$[Co(NO_2)_6]^{3-} + 3OH^- = Co(OH)_3\downarrow（褐色） + 6NO_2^-$$

2.3.2 氧化还原性

氧化还原反应是一类电子转移反应，失去电子元素的氧化值升高，获得电子元素的氧化值降低。当一种元素有多种氧化值时，高氧化值的化合物作氧化剂，低氧化值的化合物作还原剂，中间氧化值的化合物既可作氧化剂，又可作还原剂。常用的氧化剂有 $NaBiO_3$、PbO_2、$K_2Cr_2O_7$、$KMnO_4$、$FeCl_3$ 等；常用的还原剂有 $SnCl_2$、$Na_2S_2O_3$、$MnSO_4$、$FeSO_4$ 等。表示物质氧化还原能力的强弱可以用电对的电极电势大小 E 来衡量，电对的 E 越大，电对中高价态氧化型物质越易得到电子，是较强的氧化剂，对应的低价态还原型物质越难失去电子，是较弱的还原剂；电对的 E 越小，电对中还原型物质越易失去电子，是较强的还原剂；氧化型物质越难得到电子，是较弱的氧化剂。由于反应前后元素的氧化值发生了变化，这一变化可引起离子的某些性质的变化，如溶解性、离子颜色的变化等，因此，可用于离子的分离和鉴定。

（1）氧化还原反应性在离子分离及鉴定中的作用

① 离子的分离　如欲分离 Al^{3+} 和 Cr^{3+}，两者在 $NH_3 \cdot H_2O$ 和 NaOH 溶液中均不能分离。利用 Cr^{3+} 易被氧化的特性，在碱性条件下加 H_2O_2，使 Cr^{3+} 被氧化生成 CrO_4^{2-}，过量的 OH^- 使 Al^{3+} 转化为 AlO_2^-，再调节溶液的酸碱度可产生 $Al(OH)_3$ 沉淀，CrO_4^{2-} 则留在溶液中，二者可以得到分离。

$$\begin{array}{l} Al^{3+} \\ Cr^{3+} \end{array} \xrightarrow[\text{OH^-（过量）}]{H_2O_2} \begin{array}{l} AlO_2^- \\ CrO_4^{2-} \end{array} \xrightarrow{\text{调节至弱碱性}} \begin{array}{l} Al(OH)_3 \downarrow \\ CrO_4^{2-} \end{array}$$

又如分离 Sn^{2+} 和 Pb^{2+}，可以先将 Sn^{2+} 氧化成 $Sn(IV)$，然后加 H_2S 形成 SnS_2 和 PbS 沉淀，利用 SnS_2 的酸性使其溶于 $NaOH$ 或 Na_2S 溶液而与 PbS 分离。

$$\begin{array}{ccccccc}
Sn^{2+} & \xrightarrow{H_2O_2} & Sn(IV) & \xrightarrow{H_2S} & SnS_2\downarrow & \xrightarrow{Na_2S} & SnS_3^{2-} \\
Pb^{2+} & & Pb^{2+} & & PbS\downarrow & & PbS\downarrow
\end{array}$$

② 离子的鉴定　利用氧化还原反应可鉴定的离子很多，如 Cr^{3+}、Mn^{2+}、Sn^{2+}、Hg^{2+}、Bi^{3+} 等。

a. 鉴定 Cr^{3+}，先在碱性介质中加入 H_2O_2，使 Cr^{3+} 氧化成 CrO_4^{2-}，再加酸将溶液调至酸性，加入 H_2O_2 后可产生蓝色的 CrO_5（CrO_5 在乙醚等有机溶剂中较稳定），说明有 Cr^{3+} 的存在。

$$2Cr^{3+}+3H_2O_2+10OH^-=\!=\!2CrO_4^{2-}+8H_2O$$
$$2CrO_4^{2-}+2H^+=\!=\!Cr_2O_7^{2-}+H_2O$$
$$Cr_2O_7^{2-}+4H_2O_2+2H^+=\!=\!2CrO_5+5H_2O$$

b. 鉴定 Mn^{2+}，在酸性介质中用 $NaBiO_3$ 或 PbO_2 作氧化剂，将 Mn^{2+} 氧化成 MnO_4^-，当溶液中出现 MnO_4^- 的紫红色时，说明有 Mn^{2+} 存在。

$$2Mn^{2+}+5NaBiO_3+14H^+=\!=\!5Bi^{3+}+2MnO_4^-+5Na^++7H_2O$$

c. 鉴定 Sn^{2+}，加入氧化剂 $HgCl_2$，$HgCl_2$ 被 Sn^{2+} 还原产生白色的 Hg_2Cl_2 沉淀，当有过量的 Sn^{2+} 存在时，Hg_2Cl_2 可被进一步还原成黑色的单质 Hg。因此，当溶液中出现白色沉淀（Hg_2Cl_2）至灰黑色沉淀（Hg_2Cl_2+Hg）时，说明有 Sn^{2+} 存在，此反应也可用于鉴定 Hg^{2+}。

$$SnCl_2+2HgCl_2=\!=\!SnCl_4+Hg_2Cl_2\downarrow（白）$$
$$SnCl_2+Hg_2Cl_2=\!=\!SnCl_4+2Hg\downarrow（黑）$$

d. 鉴定 Bi^{3+}，在碱性介质中，用 SnO_2^{2-} 将 Bi^{3+} 还原为单质 Bi。因此反应后出现单质 Bi 的黑色沉淀时，说明有 Bi^{3+} 存在。

$$2Bi^{3+}+3SnO_2^{2-}+6OH^-=\!=\!2Bi+3SnO_3^{2-}+3H_2O$$

（2）氧化还原反应性在离子分离及鉴定中的注意事项

由于氧化还原反应通常在水溶液中进行，而电极反应 $M^{n+}+ne^-\rightleftharpoons M$，是一动态平衡，氧化型物质和还原型物质的浓度及反应介质的酸碱度都将直接影响电极电势的大小。例：氯酸钾与盐酸的反应，当两者浓度较低时，不发生反应，若提高盐酸的浓度，溶液中 H^+ 浓度的提高，增加氧化型物质 $KClO_3$ 的电极电势，因而 ClO_3^- 的氧化性增强；另一方面，由于 Cl^- 浓度的提高，使还原型物质 Cl^- 的电极电势值减小，Cl^- 的还原性增强。在实验中通常用饱和 $KClO_3$ 与浓 HCl 反应，产生 Cl_2 使 KI 淀粉试纸变蓝，实验现象十分明显。

$$KClO_3+6HCl（浓）=\!=\!3Cl_2\uparrow+KCl+3H_2O$$

因此欲使氧化还原反应发生并得到良好的实验效果，在选择氧化剂与还原剂时，应注意以下几个问题。

① 所选的氧化剂与还原剂的电极电位 E 值必须是 $E_{氧}>E_{还}$。同时还需考虑反应进行的速率。例如：用 $S_2O_8^{2-}$ 鉴定 Mn^{2+} 的反应，该反应的速率极慢，必须加热并加入催化剂，才能观察到紫红色 MnO_4^- 的生成。

$$2Mn^{2+}+5S_2O_8^{2-}+8H_2O\xrightarrow{Ag^+,\triangle}2MnO_4^-+10SO_4^{2-}+16H^+$$

② 所选的氧化剂与还原剂相互反应的现象必须明显。$FeCl_3$ 是一个中强氧化剂，通常选用 KI 溶液为还原剂与其反应：

$$2FeCl_3 + 2KI \Longrightarrow 2FeCl_2 + 2KCl + I_2 \downarrow$$

生成的 I_2 遇淀粉溶液呈蓝色，现象较为明显。如选用 $SnCl_2$ 溶液作还原剂，虽然可发生如下反应：

$$2FeCl_3 + SnCl_2 \Longrightarrow 2FeCl_2 + SnCl_4$$

但是由于反应前后溶液的颜色无明显变化，就无法判断反应是否进行，说明试剂选择不当。

③ 合理选择和控制氧化剂与还原剂的浓度与用量。例如下述反应：

$$K_2Cr_2O_7 + 14HCl \Longrightarrow 2CrCl_3 + 3Cl_2 \uparrow + 2KCl + 7H_2O$$

欲使该反应进行，并产生明显的实验效果，必须选用浓 HCl 为还原剂，控制 $K_2Cr_2O_7$ 量要少，并且加热，有利于氯气的逸出。

④ 介质的选择原则 介质的酸碱性不仅能改变某些氧化剂、还原剂的电极电位，还能改变电对，影响产物。例如：

$$MnO_4^- + 8H^+ + 5e^- \Longrightarrow Mn^{2+} + 4H_2O \qquad E^\ominus = 1.51V$$

$$MnO_4^- + 2H_2O + 3e^- \Longrightarrow MnO_2 + 4OH^- \qquad E^\ominus = 0.57V$$

$[H^+]$ 变化，E 值变化，电对随之改变，所以产物也不相同。必须根据实验具体要求，选择合理的介质。介质的选择原则如下。

a. 酸性介质一般选用稀 HCl、稀 H_2SO_4、稀 NHO_3 酸化，碱性介质选择 NaOH 碱化。

b. 所选介质不能参与氧化还原反应，也不能与溶液中某些离子产生难溶物。例如，选用 $KMnO_4$、PbO_2 作氧化剂的反应就不能选用 HCl 作介质，因为稀 HCl 虽然还原性较弱，但它能与 $KMnO_4$、PbO_2 等强氧化剂发生氧化还原反应而产生氯气，与 PbO_2 反应又能生成难溶于水的 $PbCl_2$，影响实验现象的观察。

c. 介质酸碱性的选择应以反应现象明显为主。例如，$KMnO_4$ 和 H_2S 的反应，如从 $E^\ominus$ 值大小考虑，$KMnO_4$ 能使 H_2S 氧化为 S，应选择弱酸性；但 $KMnO_4$ 在弱酸性时的还原产物为棕黑色的 MnO_2 沉淀，掩盖了 H_2S 氧化产物 S 的颜色（乳白色或浅黄色），因此必须选择强酸性介质，用 H_2SO_4 酸化，则紫红色透明溶液转化为无色，并呈浑浊，即表示有 Mn^{2+} 和 S 生成，实验现象十分明显。但当介质的酸度较大时，$[S^{2-}]$ 大为降低，析出的 S 量少，不利于观察。另一方面，由于介质的酸度增大，提高了 $KMnO_4$ 的氧化性，有可能将 S 进一步氧化为 SO_4^{2-}，此时只能观察到紫红色溶液颜色的褪去，观察不到 S 的析出。

2.3.3 配位性

由中心离子（或原子）和配体分子（或离子）以配位键相结合而形成的复杂分子或离子，称为配位单元。凡是含有配位单元的化合物都称为配位化合物，简称配合物。中心离子（或原子）是配合物的形成体，尤以过渡金属离子居多，最常见的有 Cr、Mn、Fe、Co、Ni、Cu、Ag、Zn、Cd、Hg 等。常见的配体有 NH_3、Cl^-、I^-、$S_2O_3^{2-}$、CN^- 等。当离子和配体作用形成配离子后，离子的溶解度、氧化还原能力都会有所变化，同时配离子大多具有特征颜色，因此，利用配合物的生成可进行离子的分离、掩蔽及溶解某些难溶物，也可利用配合物所具有的特征颜色鉴定离子。

① 在离子的分离中，如加入 $NH_3 \cdot H_2O$，部分金属离子可生成氢氧化物沉淀，而 Ag^+、Cu^{2+}、Cd^{2+}、Zn^{2+}、Co^{2+}、Ni^{2+} 等离子均能在 $NH_3 \cdot H_2O$ 中形成氨配合物，

由此可与其他金属离子进行分离。

② 在掩蔽干扰离子中，以 Co^{2+} 的鉴定为例，当 Co^{2+} 和 SCN^- 作用生成蓝色的 $[Co(SCN)_4]^{2-}$ 时，说明有 Co^{2+} 存在。

$$Co^{2+}+4SCN^-=\!=\![Co(SCN)_4]^{2-}（蓝）$$

若 Fe^{3+} 和 Co^{2+} 共存，则 Fe^{3+} 与 SCN^- 作用能生成血红色的 $[Fe(SCN)_n]^{3-n}$，掩盖了 $[Co(SCN)_4]^{2-}$ 的颜色，从而产生干扰。

$$Fe^{3+}+nSCN^-=\!=\![Fe(SCN)_n]^{3-n}（n=1\sim6）$$

如果在试液中加入掩蔽剂 NaF，可使 Fe^{3+} 和 F^- 作用生成稳定性高于 $[Fe(SCN)_n]^{3-n}$ 且无色的 $[FeF_6]^{3-}$，从而掩蔽 Fe^{3+}，消除其对 Co^{2+} 鉴定的干扰。

$$\begin{array}{ccc} Fe^{3+} & \xrightarrow{F^-} & [FeF_6]^{3-} & \xrightarrow{SCN^-} & [FeF_6]^{3-}（无色）\\ Co^{2+} & & Co^{2+} & \xrightarrow{丙酮} & [Co(SCN)_4]^{2-}（蓝）\end{array}$$

③ 在难溶物的溶解方面，如 $AgCl$ 沉淀通常用 $NH_3 \cdot H_2O$ 溶解。

$$AgCl+2NH_3=\!=\![Ag(NH_3)_2]Cl$$

$PbSO_4$ 沉淀在饱和的 NH_4Ac 溶液中能形成 $[PbAc]^+$ 而溶解。

$$2PbSO_4+2NH_4Ac=\!=\![Pb(Ac)]_2SO_4+(NH_4)_2SO_4$$

④ 在离子的鉴定方面，应用配合物的特征颜色可鉴定很多金属离子，如 Co^{2+}、Ni^{2+}、Fe^{3+}、Cu^{2+} 等。

$$2Cu^{2+}+Fe(CN)_6^{4-}=\!=\!Cu_2[Fe(CN)_6]\downarrow（红褐色）$$
$$4Fe^{3+}+3Fe(CN)_6^{4-}=\!=\!Fe_4[Fe(CN)_6]_3\downarrow（普鲁士蓝）$$

2.3.4 溶解性

物质在溶剂中的溶解是一个复杂的过程，对于一些难溶的氢氧化物、硫化物、卤化物等，通常可采用降低离子浓度的方法使离子浓度乘积小于溶度积而溶解，溶解方法大致可分为以下几种。

（1）单元溶解

① 酸溶解 适用于氢氧化物和溶解度较大的硫化物。

$$MS+2H^+=\!=\!M^{2+}+H_2S$$
$$M(OH)_n+nH^+=\!=\!M^{n+}+nH_2O$$

即降低 S^{2-} 和 OH^- 浓度而溶解。

② 氧化还原溶解 适用于溶解度较小的硫化物，可选用硝酸使其发生氧化还原反应，从而降低 S^{2-} 浓度而溶解。

$$3Bi_2S_3+24HNO_3（浓）=\!=\!6Bi(NO_3)_3+6NO\uparrow+9S\downarrow+12H_2O$$

③ 配位溶解 加入一定量的配位剂使难溶盐中的金属离子形成配合物，从而降低金属离子浓度而溶解。例如：

$$AgCl+2NH_3=\!=\![Ag(NH_3)_2]^++Cl^-$$

（2）多元溶解

所谓多元溶解是指某些难溶物通过几种单一反应联合进行才能溶解的方法。

① 配位-氧化溶解 HgS 溶于王水，包括配位、氧化两个反应，既降低了 Hg^{2+} 浓度，又降低了 S^{2-} 浓度，从而使其离子浓度乘积小于溶度积而溶解。

$$3HgS+12HCl+2HNO_3 \longrightarrow 3H_2[HgCl_4]+3S\downarrow+2NO\uparrow+4H_2O$$

② 配位-酸溶解 PbS、Sb_2S_3 溶于浓 HCl，生成配合物和硫化氢而使其离子浓度乘积小于溶度积而溶解。

$$PbS+4HCl(浓) \longrightarrow H_2[PbCl_4]+H_2S\uparrow$$
$$Sb_2S_3+12HCl(浓) \longrightarrow 2H_3[SbCl_6]+3H_2S\uparrow$$

③ 间接溶解 例如，$BaSO_4$ 为难溶电解质，可先使其转化成另一种难溶电解质 $BaCO_3$，再加酸使其溶解。

$$BaSO_4+Na_2CO_3 \longrightarrow BaCO_3+Na_2SO_4$$
$$BaCO_3+2HCl \longrightarrow BaCl_2+CO_2\uparrow+H_2O$$

溶液中的 Ba^{2+} 浓度应同时满足两个平衡：

$$[Ba^{2+}][SO_4^{2-}]=K_{sp,BaSO_4}^{\ominus}; \quad [Ba^{2+}][CO_3^{2-}]=K_{sp,BaCO_3}^{\ominus}，则：$$

$$\frac{[CO_3^{2-}]}{[SO_4^{2-}]}=\frac{K_{sp,BaCO_3}^{\ominus}}{K_{sp,BaSO_4}^{\ominus}}=\frac{2.58\times10^{-9}}{1.08\times10^{-10}}=23.9$$

说明转化反应达到平衡时，溶液中 CO_3^{2-} 的浓度为 SO_4^{2-} 浓度的 23.9 倍。由于溶液中 SO_4^{2-} 浓度很低，所以这一条件可以做到。随着转化反应的进行，CO_3^{2-} 不断消耗，此时应将沉淀上面的溶液分离，再加入饱和 Na_2CO_3 溶液，如此反复加热处理 3～4 次，就能将 $BaSO_4$ 全部转化为 $BaCO_3$。然后在含有 $BaCO_3$ 固体的饱和溶液中加入盐酸，则 CO_3^{2-} 与 H^+ 结合生成弱酸 H_2CO_3，因而降低 CO_3^{2-} 浓度。结果 $[Ba^{2+}][CO_3^{2-}]<K_{sp,BaCO_3}^{\ominus}$，平衡向着 $BaCO_3$ 溶解的方向移动。

（3）溶解性在离子的分离和鉴定中的应用

利用物质的溶解性在离子分离和鉴定中的应用主要表现在两方面：一是利用物质溶解度的差异，通过沉淀反应分离离子，即沉淀分离法，这是离子分离中最常用的方法；二是根据沉淀反应出现的特征颜色，对离子进行鉴定。

① 离子的分离 沉淀分离法是通过在混合物中加入沉淀剂使部分离子生成沉淀而与不生成沉淀的其他离子分离的方法，常用的沉淀剂有 HCl、H_2SO_4、NaOH、$NH_3 \cdot H_2O$、H_2S、$(NH_4)_2S$ 和 $(NH_4)_2CO_3$ 等。如以 HCl 作沉淀剂

$$Ag^+ \qquad\qquad AgCl\downarrow（白）$$
$$Hg_2^{2+} \xrightarrow{+Cl^-} Hg_2Cl_2\downarrow（白）$$
$$Pb^{2+} \qquad\qquad PbCl_2\downarrow（白）$$

② 离子的鉴定 某些沉淀具有特征的颜色，可用于离子的鉴定。如鉴定 Pb^{2+} 时，可加入 CrO_4^{2-}，反应后产生黄色的 $PbCrO_4$ 沉淀，以此说明 Pb^{2+} 的存在。

$$Pb^{2+}+CrO_4^{2-} \longrightarrow PbCrO_4\downarrow（黄）$$

又如鉴定 PO_4^{3-}，当加入 $(NH_4)_2MoO_4$ 生成黄色的磷钼酸铵 $[(NH_4)_3PO_4 \cdot 12MoO_3 \cdot 6H_2O]$ 沉淀，说明 PO_4^{3-} 的存在。

$$PO_4^{3-}+3NH_4^++12MoO_4^{2-}+24H^+ \longrightarrow (NH_4)_3PO_4 \cdot 12MoO_3 \cdot 6H_2O\downarrow（黄）+6H_2O$$

2.3.5 稳定性

（1）热稳定性

物质的热稳定性是指受热时自身发生分解的性质。稳定性大小可从分解时温度的高低加以判断。氢氧化物的稳定性可根据其在不同温度下氢氧化物的脱水性加以比较。一般来讲，重金属离子所形成的氢氧化物稳定性较差。例如 $Cu(OH)_2$ 放置或加热时脱水成黑色 CuO，而 $AgOH$ 在常温下就能脱水成褐色 Ag_2O，而 Hg 只有氧化物，不存在氢氧化物。由此就可比较 Cu、Ag、Hg 氢氧化物的相对稳定性。

（2）介质中的稳定性

介质中的稳定性是讨论化合物在不同介质中的分解倾向。如 MnO_4^- 在酸性或碱性溶液中能按下式分解：

$$4MnO_4^- + 4H^+ = 4MnO_2\downarrow + 3O_2\uparrow + 2H_2O$$

$$4MnO_4^- + 4OH^- = 4MnO_4^{2-} + O_2\uparrow + 2H_2O$$

光对 MnO_4^- 的分解起催化作用，所以应将 $KMnO_4$ 保存在棕色瓶中，并保持溶液呈中性或微碱性。

MnO_4^{2-} 在中性或酸性溶液中不稳定，易发生歧化反应：

$$3MnO_4^{2-} + 2H_2O = 2MnO_4^- + MnO_2\downarrow + 4OH^-$$

根据平衡移动原理，在 MnO_4^{2-} 溶液中加酸或通 CO_2 都有利于 MnO_4^{2-} 的歧化。在强碱性溶液中 MnO_4^{2-} 才能稳定存在。又如硫代酸盐及锑、锡（Ⅳ）的硫代酸盐只能存在于中性或碱性溶液中，遇酸即迅速分解：

$$S_2O_3^{2-} + 2H^+ = S\downarrow + SO_2\uparrow + H_2O$$

$$2SbS_3^{2-} + 6H^+ = Sb_2S_3 + 3H_2S\uparrow$$

由此可见，凡能被介质分解的化合物，欲使其稳定存在，必须严格控制介质条件。

（3）空气中的稳定性

空气中的稳定性　主要讨论化合物能否被空气中氧所氧化。以氧化的难易程度来比较相对稳定性。如在 Fe^{2+}、Co^{2+}、Ni^{2+} 溶液中分别加入 $NaOH$ 时，可以得到相应的 $Fe(OH)_2$（白色）、$Co(OH)_2$（粉红色）、$Ni(OH)_2$（浅绿色），但 $Fe(OH)_2$ 很容易被空气中氧氧化，生成绿色到几乎黑色的各种中间产物，如有足够的时间，可全部氧化为红棕色 $Fe(OH)_3$。$Co(OH)_2$ 也能被空气中氧所氧化，但比较缓慢，而 $Ni(OH)_2$ 在空气中非常稳定，必须用强氧化剂如 Cl_2、Br_2 等才能将 $Ni(OH)_2$ 氧化。根据这一实验事实就可比较它们的相对稳定性。

$Mn(OH)_2$、$Fe(OH)_2$、$Co(OH)_2$ 不仅能被空气中氧所氧化，甚至溶于水中的少量氧也能将它们氧化，为此，这类氢氧化物通常采用下列方法制取：将 M^{2+} 盐溶液与 $NaOH$ 溶液分别加热煮沸，以除去溶液中溶解的氧，然后迅速混合，静置，观察 $M(OH)_2$ 的颜色，离心分离，将沉淀暴露在空气中，观察颜色的变化。溶液中 Sn^{2+}、Fe^{2+}、SO_3^{2-}、NO_2^- 等也易被空气中氧所氧化，需要时只能现配现用。配制 $Fe(Ⅱ)$ 盐、$Sn(Ⅱ)$ 盐溶液时通常要分别加入铁钉、锡粒，以防止 $Fe(Ⅱ)$　$Sn(Ⅱ)$ 氧化，同时加酸抑制其水解。

（4）配合稳定性

配合离子的稳定性主要指配离子在溶液中的解离程度，通常用解离常数 $K^{\ominus}_{稳}$ 或 $K^{\ominus}_{不稳}$ 表示，$K^{\ominus}_{不稳}$ 越大，表示配合离子越易解离，即越不稳定。实验中常用以下几个方法来判断配离子的相对稳定性：

① 在配离子溶液中加入沉淀剂，观察是否有沉淀生成。例如在 $[Ag(NH_3)_2]^+$、$[Ag(CN)_2]^-$ 溶液中分别加入沉淀剂 KI 溶液，前者生成黄色 AgI 沉淀

$$[Ag(NH_3)_2]^+ + I^- \Longrightarrow AgI\downarrow + 2NH_3$$

而后者却无变化，说明 $[Ag(CN)_2]^-$ 解离的 Ag^+ 极少，不足以形成 AgI 沉淀，$[Ag(CN)_2]^-$ 配离子较 $[Ag(NH_3)_2]^+$ 稳定。

② 在配离子的溶液中，加入另一配位剂，观察配离子能否发生转化。例如在血红色 $[Fe(SCN)_6]^{3-}$ 溶液中加入 NaF，由于生成 $[FeF_6]^{3-}$ 而使溶液呈无色。

$$[Fe(SCN)_6]^{3-} + 6F^- \Longrightarrow [FeF_6]^{3-} + 6SCN^-$$

如在无色 $[FeF_6]^{3-}$ 溶液中加入 KSCN，平衡就不能逆向进行，说明 $[FeF_6]^{3-}$ 比 $[Fe(SCN)_6]^{3-}$ 更稳定。在化学分析中，利用 Fe^{3+} 与 F^- 能形成无色稳定的 $[FeF_6]^{3-}$ 来掩蔽 Fe^{3+} 对其他离子的干扰。

③ 从配离子形成条件进行判断，凡形成配离子时所需配体浓度越大，该配离子就越不稳定。例如 Fe^{3+}、Co^{2+} 的鉴定反应：

$$Fe^{3+} \xrightarrow{0.1mol \cdot L^{-1}KSCN} [Fe(SCN)_6]^{3-}（血红色）$$

$$Co^{2+} \xrightarrow{饱和 KSCN, 丙酮} [Co(SCN)_4]^{2-}（蓝色）$$

在蓝色 $[Co(SCN)_4]^{2-}$ 溶液中加水稀释时，由于配体浓度降低，配离子即被破坏，溶液呈 Co^{2+} 的浅红色，说明 $[Fe(SCN)_6]^{3-}$ 比 $[Co(SCN)_4]^{2-}$ 稳定。

Cu^+、Pb^{2+} 等含卤配合物的形成均需较大浓度的配位剂，当加水稀释时，就生成相应的卤化物沉淀，说明 Cu^+、Pb^{2+} 的含卤配合离子都不稳定。

2.3.6 混合离子的分离与鉴定

在多种离子的混合溶液中，如果共存的离子对被鉴定的离子不产生干扰，或者虽有干扰，但可以加掩蔽剂排除干扰，就不必进行分离，这种方法叫做分别分析法。但在实际分析工作中，可以直接鉴定的离子不多，这时要采用系统分析法。系统分析法是指按一定的先后顺序将混合液中的离子进行分组分离，然后再鉴定待检离子的方法。对于混合离子体系，为了分离工作的简捷、迅速，常常是按一定的次序逐个加入沉淀剂，让性质相似的离子一组组地沉淀而与其他部分分离，然后再在每一组中进一步分离，这种能将复杂体系分成若干组的试剂（沉淀剂）称为组试剂。作为组试剂，通常需符合以下几点要求。

① 将离子完全分离，且沉淀与母液间要易于分开；

② 分出每一组的离子数较均衡；

③ 组试剂本身要易于排除，不影响进一步的分离和鉴定。

常见的组试剂有 HCl、H_2SO_4、NaOH、$NH_3 \cdot H_2O$、$(NH_4)_2CO_3$、H_2S、$(NH_4)_2S$、$AgNO_3$、$BaCl_2$ 等。

化学反应都是在一定条件下进行的，欲使鉴定反应正确、可靠，应注意鉴定反应的条件。影响鉴定反应的外界因素有多种，其中重要的是溶液的酸碱度、反应的温度、反应物离子的浓度及共存物和介质的影响等等，因此要注意以下几点。

（1）溶液的酸碱度

许多化学反应都需要在适宜的酸碱度条件下进行。

（2）反应的温度

溶液的温度对鉴定反应也有较大的影响，如 K^+ 的鉴定不能加热，加温会促使 $Na_3[Co(NO_2)_6]$ 分解，用 SnO_2^{2-} 鉴定 Bi^{3+} 也需在冷溶液中进行，加温会促使 SnO_2^{2-} 分解而产生黑色的 Sn，从而影响 Bi 的鉴定。

$$2SnO_2^{2-} + H_2O \xrightarrow{\triangle} SnO_3^{2-} + Sn \downarrow (黑) + 2OH^-$$

有些反应加温可促使反应加速进行，如 Al^{3+} 的鉴定，增加温度会加速 Al^{3+} 和铝试剂作用生成鲜红色的絮状沉淀。

（3）反应物的浓度

依据化学平衡的原理，反应物浓度增大有利于化学反应向生成物方向移动，因此，溶液中被检离子必须有足够的浓度才能确保鉴定反应的进行。各鉴定反应对被鉴定离子都有一检出限量。检出限量是指在一定条件下，用某种反应可能检出的某离子的最小限量。如 K^+ 的检出限量为 $4\mu g$，在半微量定性分析中，离子的检出限量一般在 $0.5 \sim 50\mu g$ 之间。

（4）共存物质及介质的影响

很多离子在鉴定时都会受到共存离子的干扰，去除干扰的方法可以用分离法，也可用掩蔽法，如 K^+ 的鉴定受 NH_4^+ 的干扰，因为 NH_4^+ 和 $Na_3[Co(NO_2)_6]$ 反应也会生成黄色沉淀。

$$2NH_4^+ + Na_3[Co(NO_2)_6] = (NH_4)_2Na[Co(NO_2)_6] \downarrow (黄) + 2Na^+$$

为除去 NH_4^+ 的干扰，在试液中加入 HNO_3，然后加热，使 NH_4NO_3 分解，以此消除 NH_4^+ 的干扰。

（5）空白试验和对照试验

为了保证鉴定反应结果的可靠性，避免离子鉴定中出现漏检和过度检出，在必要的时候需进行空白试验和对照试验。

空白试验是以去离子水代替待检试液，在同样的条件下所进行的试验。通过空白试验，可以检查试剂、去离子水或器皿中是否存在微量的待检离子，以此说明待检溶液中有无离子的"过度检出"现象。

对照试验是以已知的离子代替待检测液，在同样的条件下所进行的试验。通过对照试验，可以检查试剂是否失效、反应条件是否控制恰当等，以此说明待检试液中离子有否"漏检"的现象。

化合物性质实验报告书写要求见 1.2.4 "p 区主要非金属元素及化合物的性质与应用"。

2.4　物质性质实验

实验七　非金属化合物的性质

一、实验目的

1. 通过实验掌握 p 区重要非金属（卤素、氧、硫、氮）化合物的有关性质。

（1）卤化氢的还原性及其递变规律。

（2）次氯酸盐和氯酸盐的氧化性、酸度对它们氧化性的影响及氧化性递变规律。

（3）过氧化氢、硫化氢和硫化物的性质。

（4）亚硫酸、硫代硫酸、亚硝酸及其盐的性质。

2. 掌握 Cl^-、Br^-、I^-、S^{2-}、SO_3^{2-}、$S_2O_3^{2-}$、NH_4^+、NO_2^-、NO_3^-、PO_4^{3-} 的鉴定方法和 Cl^-、Br^-、I^-；S^{2-}、SO_3^{2-}、$S_2O_3^2$ 混合离子的分析。

二、实验原理

1. 卤化氢及卤素的含氧酸（盐），主要表现为氧化还原性，且有一定的规律性。

卤素是氧化剂，它们的氧化性按下列顺序逐渐减弱：$F_2 > Cl_2 > Br_2 > I_2$；而卤素离子的还原性，按相反顺序变化：$I^- > Br^- > Cl^- > F^-$。

例如，HI 能将浓 H_2SO_4 还原到 H_2S，HBr 可将浓 H_2SO_4 还原到 SO_2，而 HCl 则不能还原浓 H_2SO_4。

次氯酸盐（如 NaClO）和氯酸盐（如 $KClO_3$）在酸性介质中有较强的氧化性，它们的还原产物一般为 Cl^- 或 Cl_2，且 NaClO 的氧化性比 $KClO_3$ 强。

2. H_2O_2 既具氧化性，又显还原性，当它作氧化剂时还原产物是 H_2O 或 OH^-，作为还原剂时氧化产物是氧气。

3. H_2S 具强还原性，氧化产物一般为单质硫，而遇强氧化剂如 $KMnO_4$，有时也可将 H_2S 氧化为 SO_4^{2-}。

$$5H_2S + 2KMnO_4 + 3H_2SO_4 \Longrightarrow 5S\downarrow + 2MnSO_4 + K_2SO_4 + 8H_2O$$
$$5H_2S + 8KMnO_4 + 7H_2SO_4 \Longrightarrow 8MnSO_4 + 4K_2SO_4 + 12H_2O$$

除碱金属（包括 NH_4^+）的硫化物外，大多数硫化物难溶于水，并具有特征的颜色。根据硫化物在酸中溶解情况可分为四类，ZnS、MnS、FeS 等溶于稀盐酸；CdS、PbS 等难溶于稀盐酸，易溶于较浓的盐酸；CuS、Ag_2S 难溶于浓、稀盐酸，易溶于硝酸；HgS 在硝酸中也难溶，而溶于王水。

4. SO_2 溶于水生成亚硫酸，亚硫酸及其盐常用作还原剂，但遇强还原剂时，也起氧化剂作用。SO_2 具漂白性，能和某些有色有机物生成无色加成物，这种加成物受热易分解。

硫代硫酸钠（$Na_2S_2O_3$）是常用的还原剂，其氧化产物取决于氧化剂的强弱。当氧化剂较弱时（如 I_2），$S_2O_3^{2-}$ 被氧化为 $S_4O_6^{2-}$；当氧化剂较强时（如 Cl_2），$S_2O_3^{2-}$ 被氧化为 SO_4^{2-}。$Na_2S_2O_3$ 在酸性介质中生成 $H_2S_2O_3$，但 $H_2S_2O_3$ 极不稳定，易分解为 S 和 SO_2。

$$2Na_2S_2O_3 + I_2 \Longrightarrow Na_2S_4O_6 + 2NaI$$
$$Na_2S_2O_3 + 4Cl_2 + 5H_2O \Longrightarrow Na_2SO_4 + H_2SO_4 + 8HCl$$
$$H_2S_2O_3 \Longrightarrow H_2O + S\downarrow + SO_2\uparrow$$

5. 亚硝酸及其盐，既具氧化性，又显还原性，但以氧化性为主，还原产物为 NO，亚硝酸极不稳定，易分解：

$$2HNO_2 \underset{冷}{\overset{热}{\Longrightarrow}} H_2O + N_2O_3（蓝色，在水中）\underset{冷}{\overset{热}{\Longrightarrow}} H_2O + NO\uparrow + NO_2\uparrow$$

6. Cl^- 能和 Ag^+ 生成难溶于水的 AgCl（白色），AgCl 在 $NH_3 \cdot H_2O$ 中，由于生成 $[Ag(NH_3)_2]^+$ 而溶解，用 HNO_3 酸化时，AgCl 又可重新沉淀出来。

$$[Ag(NH_3)_2]^+ + Cl^- + 2H^+ \Longrightarrow AgCl\downarrow + 2NH_4^+$$

Br^- 和 I^- 可以被氯水氧化为 Br_2 和 I_2，如用 CCl_4 萃取，Br_2 在 CCl_4 层中呈橙黄色，

I_2 在 CCl_4 层中呈紫色。借此可鉴定 Cl^-、Br^-、I^-。

其他一些常见离子鉴定见表 2-4。

表 2-4　其他一些常见离子鉴定

离子	鉴定试剂	现象及产物
S^{2-}	(1)稀 HCl (2)$Pb(Ac)_2$ 试纸 (3)$Na_2[Fe(CN)_5NO]$	H_2S 腐蛋臭味 变黑(PbS) 紫红色($[Fe(CN)_5NOS]^{4-}$)
SO_3^{2-}	饱和 $ZnSO_4$,$K_4[Fe(CN)_6]$,$Na_2[Fe(CN)_5NO]$	红色
$S_2O_3^{2-}$	$AgNO_3$	白色→黄色→棕色,最后变为 黑色(Ag_2S)
NH_4^+	(1)NaOH,湿润红色石蕊试纸 (2)奈斯勒试剂(K_2HgI_4 的碱性溶液)	试纸变蓝 红棕色沉淀
NO_3^-	$FeSO_4 \cdot 7H_2O(s)$,浓 H_2SO_4	棕色环$[Fe(NO)SO_4]$
NO_2^-	$FeSO_4 \cdot 7H_2O(s)$,HAc	棕色环$[Fe(NO)SO_4]$
PO_4^{3-}	HNO_3,$(NH_4)_2MoO_4$(过量),微热	黄色沉淀$[(NH_4)_3PO_4 \cdot 12MoO_3 \cdot 6H_2O]$

三、仪器与试剂

仪器：离心机，点滴板。

试剂：固体：NaCl，KBr，KI，$PbCO_3$，$FeSO_4 \cdot 7H_2O$，Zn 粉；酸：H_2SO_4（$1mol \cdot L^{-1}$，1∶1，浓），HCl（$2mol \cdot L^{-1}$，$6mol \cdot L^{-1}$，浓），HNO_3（$2mol \cdot L^{-1}$，$6mol \cdot L^{-1}$，浓），HAc（$2mol \cdot L^{-1}$）；碱：NaOH（$2mol \cdot L^{-1}$，$6mol \cdot L^{-1}$），$NH_3 \cdot H_2O$（$2mol \cdot L^{-1}$，$6mol \cdot L^{-1}$）；盐：KI，NaCl，KBr，$AgNO_3$，$Pb(Ac)_2$，NH_4Cl，KNO_3，Na_3PO_4，Na_2S，$Na_2S_2O_3$，$FeCl_3$，$K_4[Fe(CN)_6]$，Na_2SO_3，$CuSO_4$，$CdSO_4$，$Hg(NO_3)_2$（以上溶液浓度均为 $0.1mol \cdot L^{-1}$）。

$NaNO_2$（$0.1mol \cdot L^{-1}$，$1mol \cdot L^{-1}$），$ZnSO_4$（$0.1mol \cdot L^{-1}$，饱和），$KMnO_4$（$0.01mol \cdot L^{-1}$），$KClO_3$（饱和），$AgNO_3$-NH_3 溶液。

其他：氯水，碘水，淀粉溶液，H_2S 水溶液（饱和），H_2O_2（3%），$(NH_4)_2MoO_4$ 溶液，CCl_4，$Na_2[Fe(CN)_5NO]$（1%），奈斯勒试剂。

四、实验步骤

1. 卤素、氧、硫的氢化物

（1）卤化氢还原性的比较　在三支干燥试管中分别加入少量 NaCl、KBr、KI 固体，然后加入数滴浓 H_2SO_4，观察现象，并选用合适试纸［pH 试纸、淀粉-KI 试纸、$Pb(Ac)_2$ 试纸］检验所产生的气体，根据现象分析产物。并比较 HCl、HBr、HI 的还原性，写出反应方程式。

> **实验指导**
> ① 固体用量宜少。当反应进行到看清现象后，应在试管中加 NaOH 中和未反应的酸，以免污染空气。
> ② 淀粉-KI 试纸及 $Pb(Ac)_2$ 试纸的制作：在一张滤纸条上，滴一滴淀粉溶液和一滴 KI 溶液，即成淀粉-KI 试纸。在滤纸条上，滴一滴 $Pb(Ac)_2$ 溶液，即为 $Pb(Ac)_2$ 试纸。
> ③ 检验挥发性气体时应将检验的试纸悬空在试管口的上方。如检验的气体极少时，也可将试纸伸入试管，但切勿使试纸接触溶液及试管壁。

④ 浓硫酸具有强腐蚀性、强刺激性，可致人体灼伤。使用时必须戴耐酸碱手套，小心滴加。

（2）过氧化氢的性质

① 在少量 3% 过氧化氢溶液中，以 H_2SO_4 酸化后，滴加 KI 溶液，观察现象，写出反应方程式。

② 在少量 $0.01 mol \cdot L^{-1} KMnO_4$ 溶液中，以 H_2SO_4 酸化后，滴加 3% H_2O_2 溶液，观察现象，写出反应方程式。

通过上述两实验，说明 H_2O_2 的性质。

实验指导

"滴加"操作及"加入"操作的区别。"滴加"操作是指每加入一滴试剂都必须摇匀，观察后再加入下一滴试剂。"加入"操作是指一次性加入。

（3）硫化氢的性质

用 H_2S 水溶液分别与 $KMnO_4$（用 H_2SO_4 酸化）、$FeCl_3$ 溶液反应，观察现象，写出反应方程式，并说明 H_2S 的性质。

实验指导

检验 H_2S 还原性时可能出现的几种情况。

① 与强氧化剂 $KMnO_4$ 反应，当酸度一定，H_2S 过量，S^{2-} 被氧化为单质 S 析出：
$$2MnO_4^- + 5H_2S + 6H^+ = 5S\downarrow + 2Mn^{2+} + 8H_2O$$
此时可观察到 $KMnO_4$ 的紫色消失，溶液中出现乳白色浑浊。

② 酸度一定，与过量的 $KMnO_4$ 反应，或 H_2S 放置时间较久，$[H_2S]$ 降低，则 S^{2-} 可以被氧化为 SO_4^{2-}：
$$5H_2S + 8MnO_4^- + 14H^+ = 8Mn^{2+} + 5SO_4^{2-} + 12H_2O$$
溶液呈无色透明。

③ 与 $KMnO_4$ 反应，但酸度不够，会出现 MnO_2 棕色沉淀：
$$3H_2S + 2MnO_4^- + 2H^+ = 2MnO_2\downarrow + 3S\downarrow + 4H_2O$$

④ H_2S 与中等强度氧化剂 Fe^{3+} 反应，S^{2-} 被氧化为 S，所以 H_2S 的氧化产物与氧化剂的强弱和浓度有关。

2. 硫化物的溶解性

制取少量 ZnS、CdS、CuS、HgS，观察其颜色，离心分离，沉淀用去离子水洗涤 1~2 次后，用 $2 mol \cdot L^{-1}$ HCl、$6 mol \cdot L^{-1}$ HCl、$6 mol \cdot L^{-1}$ HNO_3、王水试验其溶解性，写出溶解的反应方程式。

实验指导

① H_2S 是一种有臭鸡蛋气味的刺激性气体，有毒性，大量吸入会引起窒息死亡，因此相关实验必须在通风橱中进行。

② 硝酸属于低沸点的挥发性酸，浓硝酸见光易分解，挥发出的分解物会污染环境，危害身体健康，所以观察到相应的实验现象后应尽快用碱中和反应。

3. 氯、硫、氮的含氧酸及其盐的性质

（1）次氯酸盐和氯酸盐的性质

① NaClO 的制备及性质　取 2mL 氯水，逐滴加入 $2mol \cdot L^{-1}$ NaOH 溶液至微碱性（pH＝8～9，为什么？）。将所得溶液分盛于三支试管中，分别进行下列实验：

a. 加入数滴 $2mol \cdot L^{-1}$ HCl，用淀粉-KI 试纸检验产生的 Cl_2，写出反应方程式。

b. 加入数滴 NaCl 溶液，用淀粉-KI 溶液检验是否也有氯气产生。

c. 加入数滴 KI 溶液，再加入淀粉溶液数滴，观察现象，写出反应方程式。

根据上述实验现象，说明 NaClO 的性质及酸度对 NaClO 氧化性的影响。

② 氯酸盐的性质

a. 在数滴饱和 $KClO_3$ 溶液中，加入少量浓 HCl，检验是否有 Cl_2 产生，写出反应方程式。

b. 在 2～3 滴 KI 溶液中，加入 3～4 滴饱和 $KClO_3$ 溶液，观察现象。再逐滴加入 1：1 H_2SO_4，并不断振荡试管，观察溶液先呈黄色（I_3^-），后变为紫黑色（I_2），最后变为无色（IO_3^-）。根据实验现象，说明介质对 $KClO_3$ 氧化性的影响，并写出每步的离子方程式。

在上述实验中，根据介质条件、反应物浓度及实验现象，比较 HClO 与 NaClO、HClO 与 $HClO_3$、NaClO 与 $KClO_3$、$HClO_3$ 与 HIO_3、$HClO_3$ 与 $KClO_3$ 氧化性的相对强弱。并归纳两组氯的含氧酸及其盐的氧化性递变规律，即

$$\text{HClO} \quad \text{NaClO}$$
$$\text{HClO}_3 \quad \text{KClO}_3$$

实验指导

　　浓硫酸具有强腐蚀性、强刺激性，可致人体灼伤。使用时必须戴耐酸碱手套，小心滴加。NaClO 和 $KClO_3$ 都具有强腐蚀性，使用时也必须戴手套。氯水具有强腐蚀性和强刺激性，使用时在通风橱内进行。

（2）亚硫酸的性质

① 在饱和 SO_2 水溶液中分别加入 I_2 水、Zn 粉和 HCl 溶液，观察现象，写出反应方程式。

② 在少量品红溶液中，滴加饱和 SO_2 溶液，观察品红是否褪色，然后将溶液加热，观察颜色的变化。

根据上述实验，说明亚硫酸（即 SO_2 饱和溶液）的性质。

（3）硫代硫酸及其盐的性质

① 在少量 $Na_2S_2O_3$ 溶液中加入数滴稀 HCl，静置并观察现象，写出反应方程式。

② 以 I_2 水、Cl_2 水为氧化剂，验证 $Na_2S_2O_3$ 的还原产物，写出反应方程式。

根据上述实验，说明 $H_2S_2O_3$ 和 $Na_2S_2O_3$ 的性质。

（4）亚硝酸及其盐的性质

① 取少量 $1mol \cdot L^{-1}$ $NaNO_2$ 和 1：1 H_2SO_4 等体积混合，观察溶液的颜色和液面上气体的颜色，写出反应方程式。

② 在少量 $0.01mol \cdot L^{-1}$ $KMnO_4$ 溶液中，以 H_2SO_4 酸化，然后滴加 $NaNO_2$ 溶液，观察现象，写出反应方程式。

③ 在少量 $NaNO_2$ 溶液中，以 H_2SO_4 酸化，然后滴加 KI 溶液，观察现象，写出反

应方程式。

根据上述实验，说明 HNO_2、$NaNO_2$ 的性质。

4. 离子的分离与鉴定

(1) S^{2-}、SO_3^{2-}、$S_2O_3^{2-}$、NH_4^+、NO_2^-、NO_3^-、PO_4^{3-} 的鉴定

① S^{2-}　在点滴板上滴入 1 滴 Na_2S，然后滴入 1 滴 1% $Na_2[Fe(CN)_5NO]$，溶液出现紫红色，表示有 S^{2-}。

② SO_3^{2-}　在点滴板上滴入 2 滴饱和 $ZnSO_4$，然后加入 1 滴 $K_4[Fe(CN)_6]$ 和 1 滴 1% $Na_2[Fe(CN)_5NO]$，并用 $NH_3 \cdot H_2O$ 使溶液呈中性，再滴加 1 滴 Na_2SO_3 溶液，出现红色沉淀，表示有 SO_3^{2-}。

③ $S_2O_3^{2-}$　在点滴板上滴入 1 滴 $Na_2S_2O_3$，然后加入 2 滴 $AgNO_3$，生成沉淀，颜色有白色→黄色→棕色→黑色，表示有 $S_2O_3^{2-}$。

④ NH_4^+

a. 用两块干燥的表面皿，一块表面皿内滴入少量 NH_4Cl 与 $NaOH$ 溶液，另一块贴上湿的红色石蕊试纸或滴有奈斯勒试剂的滤纸条，然后把两块表面皿扣在一起做成气室。若红色石蕊试纸变蓝或滴有奈斯勒试剂的滤纸条变红棕色，表示有 NH_4^+。

b. 在点滴板上滴入 1 滴 NH_4Cl，然后加入 1 滴奈斯勒试剂，有红棕色沉淀生成，表示有 NH_4^+。

⑤ NO_2^-　取 5 滴 $NaNO_2$ 溶液，用 $2mol \cdot L^{-1}$ HAc 酸化，再加入少量 $FeSO_4 \cdot 7H_2O$ 晶体，溶液呈棕色，表示有 NO_2^-。

⑥ NO_3^-　取 5 滴 $NaNO_3$ 溶液，加入少量 $FeSO_4 \cdot 7H_2O$ 晶体，振荡溶解后，斜持试管，沿管壁慢慢滴入浓 H_2SO_4，由于浓 H_2SO_4 相对密度较水溶液大，溶液分成两层。观察浓 H_2SO_4 和液面交界处棕色环的生成，表示有 NO_3^-。

⑦ PO_4^{3-}　取 3 滴 Na_3PO_4 溶液，用 HNO_3 酸化，再加入 10 滴钼酸铵试剂，微热，有黄色沉淀生成，表示有 PO_4^{3-}。

(2) Cl^-、Br^-、I^- 混合离子的分离与鉴定

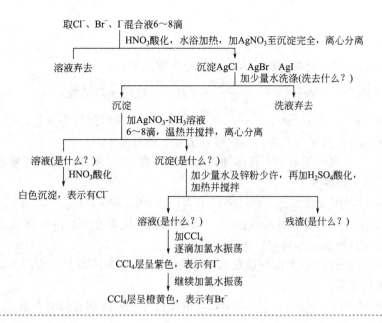

实验指导

实验指导

① 检验沉淀完全的方法：将沉淀在水浴上加热，离心沉降后在上层中再加入沉淀剂（AgNO$_3$），如不再产生新的沉淀，表示沉淀已完全。

② 用氯水检验 Br$^-$ 存在时，如加入过量氯水，则反应产生的 Br$_2$ 将进一步被氧化为 BrCl，而使橙黄色变为淡黄色，影响 Br$^-$ 的检出。

③ 卤素均有毒，刺激眼、鼻和器官的黏膜，液溴可灼伤皮肤，不能直接接触。

（3）S^{2-}、SO$_3^{2-}$、S$_2$O$_3^{2-}$ 混合离子的分离与鉴定

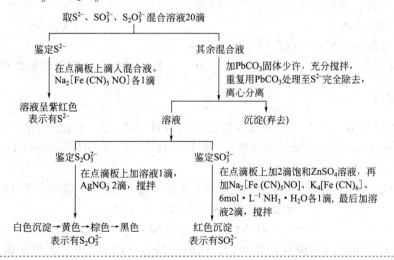

实验指导

① S^{2-} 对 SO$_3^{2-}$、S$_2$O$_3^{2-}$ 鉴定有干扰，必须除去。加入 PbCO$_3$ 固体，S^{2-} 即生成溶解度更小的 PbS 沉淀，SO$_3^{2-}$、S$_2$O$_3^{2-}$ 仍在溶液中，借此即可分离 S^{2-}。

② 加入 PbCO$_3$ 固体后，如白色 PbCO$_3$ 沉淀不再变黑（即 PbS 不再生成）时，表示 S^{2-} 已除尽。

五、思考题

1. 有甲、乙两同学同时做检验有无氯气产生的实验：

甲：饱和 $KClO_3$ ＋浓 HCl $\xrightarrow{\text{淀粉-KI试纸}}$ 变蓝，一段时间后消失。

乙：固体 $NaCl$ ＋浓 H_2SO_4 $\xrightarrow{\text{淀粉-KI试纸}}$ 无现象，一段时间后略变蓝。

两个实验是否都有氯气产生，如何解释上述实验现象？

2. 在 Br^-、I^- 混合溶液中，逐滴加入氯水时，在 CCl_4 层中，先出现紫色，后呈橙黄色，如何解释这一现象？

($E^{\ominus}_{Cl_2/Cl^-}=1.30V$，$E^{\ominus}_{Br_2/Br^-}=1.065V$，$E^{\ominus}_{I_2/I^-}=0.534V$，$E^{\ominus}_{IO_3^-+H^+/I_2+H_2O}=1.20V$)

3. 某同学在去离子水中加入 $AgNO_3$，发现有白色沉淀产生，由此判断去离子水中有氯存在。你认为这种说法正确吗？为什么？

4. 为什么亚硫酸盐中常含有硫酸盐？如用 Na_2SO_3 为还原剂，检验 $NaNO_2$ 的氧化性，应怎样进行实验？

5. 现有两瓶溶液：$NaNO_2$ 和 $NaNO_3$，请你设计三种区别它们的方案。

实验八　金属化合物的性质（一）

一、实验目的

1. 通过实验掌握主族重要金属（锡、铅、锑、铋）化合物的有关性质。
(1) 氢氧化物的酸碱性。
(2) 硫化物、硫代酸及其盐的性质。
(3) 铅盐的溶解性。
(4) 化合物的氧化还原性。
2. 掌握 Mg^{2+}、Al^{3+}、Sn^{2+}、Pb^{2+}、Sb^{3+}、Bi^{3+} 的分离与鉴定的原理和方法。

二、实验原理

Sn、Pb 可形成＋2、＋4 价的化合物，Sb、Bi 可形成＋3、＋5 价的化合物。

1. 它们所形成的氢氧化物均难溶于水，除 $Bi(OH)_3$ 外，$Al(OH)_3$、$Sn(OH)_2$、$Pb(OH)_2$、$Sb(OH)_3$ 具有两性，既溶于酸又溶于碱。

2. 它们所形成的硫化物均有色，且难溶于水和非氧化性稀酸，能溶于浓 HCl 和 HNO_3。

例如：
$$PbS+4HCl \Longrightarrow H_2PbCl_4+H_2S$$
$$3PbS+8HNO_3 \Longrightarrow 3Pb(NO_3)_2+2NO+3S+4H_2O$$

硫化物的酸碱性与相应氧化物相似，如两性的硫化物 Sb_2S_3、可溶于碱金属硫化物 Na_2S、$(NH_4)_2S$ 中，生成硫代酸盐。

$$Sb_2S_3+3Na_2S \Longrightarrow 2Na_3SbS_3$$

所有的硫代酸盐只存在于中性或碱性介质中，遇酸生成不稳定的硫代酸，继而分解为相应的硫化物和硫化氢。

$$2Na_3SbS_3+6HCl \Longrightarrow Sb_2S_3+6NaCl+3H_2S$$

3. $Sn(Ⅱ)$ 有较强的还原性，易被空气中的氧氧化。

在碱性介质中，$[Sn(OH)_4]^{2-}$ 能与 $Bi(III)$ 反应

$$3Sn(OH)_4^{2-}+2Bi(OH)_3 \Longrightarrow 3Sn(OH)_6^{2-}+2Bi\downarrow（黑色）$$

在酸性介质中，$SnCl_2$ 能与 $HgCl_2$ 反应

$$SnCl_2+2HgCl_2 \Longrightarrow SnCl_4+Hg_2Cl_2\downarrow（白色）$$

$$SnCl_2+Hg_2Cl_2 \Longrightarrow SnCl_4+2Hg\downarrow（黑色）$$

$Pb(IV)$ 和 $Bi(V)$ 为较强的氧化剂，在酸性介质中能与 Mn^{2+}、Cl^- 等还原剂发生反应

$$5PbO_2+2Mn^{2+}+5SO_4^{2-}+4H^+ \Longrightarrow 5PbSO_4+2MnO_4^-+2H_2O$$

$$5NaBiO_3+2Mn^{2+}+14H^+ \Longrightarrow 2MnO_4^-+5Bi^{3+}+5Na^++7H_2O$$

4. Pb 盐中除 $Pb(NO_3)_2$ 和 $PbAc_2$ 易溶外，一般均难溶于水，并具特征的颜色。

$PbCl_2$（白色），溶于热水、NH_4Ac、浓 HCl；$PbSO_4$（白色），溶于浓 H_2SO_4、饱和 NH_4Ac；$PbCrO_4$（黄色），溶于稀 HNO_3、浓 HCl、浓 $NaOH$；PbI_2（黄色），溶于浓 KI；$PbCO_3$（白色），溶于稀酸。

$$2PbSO_4+2NH_4Ac \Longrightarrow [PbAc]_2SO_4+(NH_4)_2SO_4$$

$$PbI_2+2KI \Longrightarrow K_2[PbI_4]$$

$$2PbCrO_4+2HNO_3 \Longrightarrow PbCr_2O_7+Pb(NO_3)_2+H_2O$$

$$PbCrO_4+4NaOH \Longrightarrow Na_2PbO_2+Na_2CrO_4+2H_2O$$

5. 一些常见离子的鉴定方法

一些常见离子的鉴定方法见表 2-5。

表 2-5 一些常见离子的鉴定方法

离　子	鉴定试剂	现象及产物
Mg^{2+}	镁试剂　NaOH	天蓝色沉淀
Al^{3+}	铝试剂　$NH_3 \cdot H_2O$	红色絮状沉淀
Sn^{2+}	(1)$HgCl_2$ (2)$BiCl_3$　NaOH	黑色沉淀(Hg) 黑色沉淀(Bi)(立即析出)
Pb^{2+}	K_2CrO_4	黄色沉淀($PbCrO_4$)
Sb^{3+}	Sn	黑色沉淀(Sb)
Bi^{3+}	$SnCl_2$　NaOH	黑色沉淀(Bi)

三、仪器与试剂

仪器：离心机。

试剂：固体：PbO_2，$FeSO_4 \cdot 7H_2O$，锡片；酸：HCl（$2mol \cdot L^{-1}$，$6mol \cdot L^{-1}$，浓），H_2SO_4（$1mol \cdot L^{-1}$，浓），HNO_3（$2mol \cdot L^{-1}$，$6mol \cdot L^{-1}$）；碱：NaOH（$2mol \cdot L^{-1}$，$6mol \cdot L^{-1}$），$NH_3 \cdot H_2O$（$2mol \cdot L^{-1}$，$6mol \cdot L^{-1}$）；盐：$SnCl_2$、$Pb(NO_3)_2$、$SbCl_3$、$BiCl_3$、$HgCl_2$、$MnSO_4$、Na_2S、K_2CrO_4、$AgNO_3$（以上溶液浓度均为 $0.1mol \cdot L^{-1}$），Na_2S（$0.5mol \cdot L^{-1}$），KI（$0.1mol \cdot L^{-1}$、$2mol \cdot L^{-1}$），NH_4Ac（饱和）；其他，淀粉溶液，镁试剂，铝试剂。

四、实验步骤

1. 氢氧化物的酸碱性

（1）制取少量 $Sn(OH)_2$、$Pb(OH)_2$、$Sb(OH)_3$、$Bi(OH)_3$，观察其颜色以及在水中

的溶解性。

（2）选择合适的试剂分别试验上述氢氧化物的酸碱性。

（3）将上述实验所观察到的现象及反应产物填入表内，并对其酸碱性作出讨论。

试验项目		Sn^{2+}	Pb^{2+}	Sb^{3+}	Bi^{3+}
M^{n+}＋NaOH					
$M(OH)_n$	＋NaOH				
	＋酸				
结论					

2. 硫化物、硫代酸及其盐的生成与性质

（1）制取少量 Sb_2S_3、Bi_2S_3、SnS、PbS 沉淀，观察其颜色，并试验 Sb_2S_3、PbS 在浓 HCl、稀 HNO_3、Na_2S 溶液中的溶解情况，如溶解，写出反应产物。

（2）在上述实验得到的 Na_3SbS_3 溶液中加入 HCl，观察现象，写出反应方程式。

3. 铅难溶盐的生成和溶解性

制取少量 $PbCl_2$、$PbSO_4$、PbI_2、$PbCrO_4$ 沉淀，观察颜色。离心分离后，沉淀按下表进行溶解性实验。并将实验结果填入下表。

难溶盐	颜 色	溶解性	反应方程式
$PbCl_2$		热水	
		HCl(浓)	
$PbCrO_4$		$HNO_3(6mol \cdot L^{-1})$	
		$NaOH(6mol \cdot L^{-1})$	
$PbSO_4$		NH_4Ac(饱和)	
PbI_2		$KI(2mol \cdot L^{-1})$	

4. 氧化还原性

（1）选择合适的试剂，验证 Sn(Ⅱ) 在不同介质中的还原性，观察现象，写出反应方程式。

（2）PbO_2、$NaBiO_3$ 的氧化性

① 取少量 $NaBiO_3$ 固体，用 Mn^{2+} 验证 $NaBiO_3$ 在酸性介质中具有强氧化性，观察现象，写出反应方程式。

② 选择合适的试剂，设计两个实验，验证在酸性介质中 PbO_2 具有强的氧化性。观察现象，写出反应方程式。

实验指导

① 在设计实验中，要求实验现象尽可能明显，如有气体的产生、沉淀的形成、溶液颜色的变化等。而且选择的试剂应能反映验证物质的特性。如 PbO_2 在酸性介质中能与许多还原剂反应，但选用弱还原剂 Mn^{2+} 或浓 HCl 与它反应，就能较好地反映 PbO_2 的氧化性。

② 如选用 $HgCl_2$ 与 $SnCl_2$ 反应来验证 $SnCl_2$ 的还原性，$SnCl_2$ 用量的多少对反应产物及现象有影响。如现象不明显，可放置一段时间。

③ 选用 Mn^{2+} 验证 PbO_2、$NaBiO_3$ 的强氧化性，应避免用 HCl 酸化，且 Mn^{2+} 的用量宜少（1～2 滴），如现象不明显，可增加酸度或加热、离心沉降后，观察上层清液中溶液的颜色。

5. 离子的分离与鉴定

（1）Mg^{2+} 的鉴定　取 1～2 滴 Mg^{2+} 溶液，加 2 滴镁试剂，再加 1～2 滴 $6mol \cdot L^{-1}$ NaOH 碱化，搅拌，若有天蓝色沉淀生成，表示有 Mg^{2+}。

（2）Al^{3+} 的鉴定　取 1～2 滴 Al^{3+} 溶液，加 2 滴铝试剂，再加 $6mol \cdot L^{-1}$ $NH_3 \cdot H_2O$ 调节至碱性，水浴加热，若有红色絮状沉淀生成，表示有 Al^{3+}。

（3）Sn^{2+} 的鉴定　取 1～2 滴 Sn^{2+} 溶液，加 1～2 滴 $0.1mol \cdot L^{-1}$ $HgCl_2$ 溶液，生成白色沉淀并逐渐变成灰黑色沉淀，表示有 Sn^{2+}。

（4）Pb^{2+} 的鉴定　取 1～2 滴 Pb^{2+} 溶液，加 2 滴 $0.1mol \cdot L^{-1}$ K_2CrO_4 溶液，若有黄色沉淀生成并能溶于 $6mol \cdot L^{-1}$ NaOH 溶液中，表示有 Pb^{2+}。

（5）Sb^{3+} 的鉴定　在一小片光亮的 Sn 片或 Sn 箔上滴 1 滴 $SbCl_3$ 溶液，Sn 片上出现黑色，表示有 Sb^{3+}。

（6）Bi^{3+} 的鉴定　取 1～2 滴 Bi^{3+} 溶液，加入自制的 $Sn(OH)_4^{2-}$ 溶液，有黑色沉淀生成，表示有 Bi^{3+}。

（7）未知盐溶液的分析　未知液中阳离子可能含有 Sn^{2+}、Pb^{2+}、Sb^{3+}、Bi^{3+}；阴离子可能含有 Cl^-、NO_3^-、Ac^-。通过分析确定盐的组成。

实验指导

① Bi^{3+} 鉴定时，$Sn(OH)_4^{2-}$ 试剂的自制方法为：$SnCl_2$ 溶液中加入过量的 NaOH，使白色沉淀溶解。

② 铅的化合物对环境有污染、对人体有害，使用后的废液要统一回收处理，切不可倒入下水道中。

③ 汞及其化合物可经呼吸道、消化道和皮肤侵入人体，在机体内汞离子和酶蛋白的巯基结合而抑制多种酶的功能，妨碍细胞正常代谢功能，带来消化道和肾的损害。所以做该类实验应在通风橱中进行，并戴好防护手套。

五、思考题

1. 实验室配制 $SnCl_2$ 溶液时，为什么既要加 HCl，又要加锡粒？

2. KI 作还原剂能否验证 PbO_2 的氧化性？此时应用何种酸进行酸化？

3. 请用最简便的方法鉴定下列两组物质：

$BaSO_4$ 和 $PbSO_4$；$Bi(NO_3)_3$ 和 $Pb(NO_3)_2$。

4. 请设计两种方法分离 Sb^{3+} 与 Bi^{3+}。

5. PbS 能否被 H_2O_2 氧化为 $PbSO_4$？如能进行，写出反应方程式，并说明这一反应有何实际意义。

实验九 金属化合物的性质（二）

一、实验目的

1. 掌握过渡金属（铬、锰、铁、钴、镍、铜、银、锌、镉、汞）化合物的有关性质。

(1) 氢氧化物的酸碱性、氧化还原性和脱水性。

(2) 常见化合物的氧化还原性。

(3) 常见配合物的生成和性质。

2. 掌握 Cr^{3+}、Mn^{2+}、Fe^{3+}、Co^{2+}、Ni^{2+}、Cu^{2+}、Ag^+、Zn^{2+}、Cd^{2+}、Hg^{2+} 的分离与鉴定的原理和方法。

二、实验原理

1. 上述 10 个重要元素所形成的氢氧化物或氧化物均难溶于水，除 $Cr(OH)_3$、$Zn(OH)_2$、$Cu(OH)_2$ 具有两性外，其他均为碱性。$Mn(OH)_2$、$Fe(OH)_2$、$Co(OH)_2$ 具有较强的还原性，均能被空气中的氧所氧化。

向 $Mn(Ⅱ)$、$Fe(Ⅱ)$、$Co(Ⅱ)$、$Ni(Ⅱ)$ 盐溶液中加入碱液时，析出相应的氢氧化物。$Mn(OH)_2$ 易被空气氧化成棕色 $[MnO(OH)_2]$，$[MnO(OH)_2]$ 可看成是 $MnO_2 \cdot xH_2O$ 的水合物。$Fe(OH)_2$ 很快被空气氧化成红棕色 $Fe(OH)_3$，但在氧化过程中可以生成绿色到几乎黑色的各种中间产物，而 $Co(OH)_2$ 缓慢地被氧化成褐色 $Co(OH)_3$，$Ni(OH)_2$ 与氧则不起作用，若用 Br_2 水、H_2O_2 等中强氧化剂，则可将 $Co(OH)_2$、$Ni(OH)_2$ 氧化成 $Co(OH)_3$、$Ni(OH)_3$。

$$2Co(OH)_2 + Br_2 + 2NaOH =\!=\!= 2Co(OH)_3 + 2NaBr$$
$$2Ni(OH)_2 + Br_2 + 2NaOH =\!=\!= 2Ni(OH)_3 + 2NaBr$$

除 $Fe(OH)_3$ 外，$Co(OH)_3$、$Ni(OH)_3$ 和浓 HCl 作用，都能产生氯气。

$$2Co(OH)_3 + 6HCl(浓) =\!=\!= 2CoCl_2 + Cl_2 \uparrow + 6H_2O$$
$$2Ni(OH)_3 + 6HCl(浓) =\!=\!= 2NiCl_2 + Cl_2 \uparrow + 6H_2O$$

由此可以得出 Fe、Co、Ni 的 $M(OH)_2$ 还原性及 $M(OH)_3$ 氧化性的递变规律。

$Cu(OH)_2$ 稳定性较差，加热或放置而脱水分别生成 CuO，而银和汞的氢氧化物极不稳定，极易脱水生成 Ag_2O、HgO。所以在银盐、汞盐溶液中加碱时，得不到氢氧化物，而生成相应的氧化物。

2. Cr(Ⅵ) 和 Cr(Ⅲ) 的转化，可从下面的电极电势来说明

$$Cr_2O_7^{2-}+14H^++6e^-\Longleftrightarrow 2Cr^{3+}+7H_2O \qquad E_A^{\ominus}=1.33V$$

$$CrO_4^{2-}+2H_2O+3e^-\Longleftrightarrow CrO_2^-+4OH^- \qquad E_B^{\ominus}=-0.12V$$

在酸性介质中，$Cr_2O_7^{2-}$ 具很强的氧化性，易被还原为 Cr^{3+}。在碱性介质中，CrO_2^- 有较强的还原性，易被中强氧化剂（如 H_2O_2、Br_2 水等）氧化为 CrO_4^{2-}。

$$2CrO_2^-+3H_2O_2+2OH^-\Longrightarrow 2CrO_4^{2-}+4H_2O$$

但 Cr^{3+} 却表现出较大的氧化还原稳定性，只有强氧化剂〔如 $KMnO_4$、$(NH_4)_2S_2O_8$ 等〕才能将其氧化为 $Cr_2O_7^{2-}$。

$$2Cr^{3+}+3S_2O_8^{2-}+7H_2O\xrightarrow{\triangle,Ag^+}Cr_2O_7^{2-}+6SO_4^{2-}+14H^+$$

CrO_4^{2-} 与 $Cr_2O_7^{2-}$ 在水溶液中存在着下列平衡：

$$2CrO_4^{2-}+2H^+\underset{OH^-}{\overset{H^+}{\Longleftrightarrow}}Cr_2O_7^{2-}+H_2O$$

加酸、加碱可使上述平衡发生移动。此外，若向溶液中加入 Ba^{2+}、Pb^{2+} 或 Ag^+，由于铬酸盐比重铬酸盐有较小的溶解度，也能使上述平衡发生移动。

$$2Ba^{2+}+Cr_2O_7^{2-}+H_2O\Longrightarrow 2BaCrO_4\downarrow+2H^+$$

3. Mn(Ⅱ) 在碱性介质中不稳定，易被空气氧化，但在酸性介质中，Mn^{2+} 则很稳定，必须用强氧化剂（如 PbO_2、$NaBiO_3$ 等）才能氧化为 MnO_4^-。

$$2Mn^{2+}+5NaBiO_3+14H^+\Longrightarrow 2MnO_4^-+5Na^++5Bi^{3+}+7H_2O$$

在中性或弱酸性溶液中，Mn^{2+} 和 MnO_4^- 反应生成棕色 MnO_2 沉淀。

$$3Mn^{2+}+2MnO_4^-+2H_2O\Longrightarrow 5MnO_2\downarrow+4H^+$$

在强碱性溶液中，MnO_4^- 和 MnO_2 生成绿色 MnO_4^{2-}。

$$2MnO_4^-+MnO_2+4OH^-\xrightarrow{\triangle}3MnO_4^{2-}+2H_2O$$

MnO_4^{2-} 在强碱性溶液中能稳定存在。但在中性或酸性溶液中不稳定，易发生歧化反应，生成紫色 MnO_4^- 和棕色 MnO_2，使反应向左移动。

$KMnO_4$ 是常用的强氧化剂，其还原产物随介质不同而不同。在酸性介质中被还原为 Mn^{2+}，在中性介质中被还原为 MnO_2，而在碱性介质中，与少量还原剂作用时，则被还原为 MnO_4^{2-}。

4. Fe(Ⅱ) 具还原性，在酸性或碱性介质中都可被空气中的氧所氧化。Fe(Ⅲ) 为中强氧化剂，而 Co(Ⅲ)、Ni(Ⅲ) 均具强的氧化性，在水溶液中不能稳定存在，易被还原为 Co(Ⅱ)、Ni(Ⅱ)。所以 $Co(OH)_3$、$Ni(OH)_3$ 与酸作用得不到相应的 Co(Ⅲ)、Ni(Ⅲ) 盐。

5. Cu^{2+} 与 I^- 反应生成白色 CuI 沉淀：

$$2Cu^{2+}+4I^-\Longrightarrow 2CuI\downarrow+I_2$$

CuI 能溶于过量 KI 中生成 $[CuI_2]^-$ 配离子：

$$CuI+I^-\Longrightarrow [CuI_2]^-$$

生成的 $[CuI_2]^-$ 不稳定，将溶液加水稀释时，又可得到 CuI 白色沉淀。

$$[CuI_2]^-\xrightarrow{稀释}CuI\downarrow+I^-$$

Hg^{2+} 与 I^- 作用生成红色 HgI_2 沉淀。HgI_2 溶于过量 KI 中，生成无色 $[HgI_4]^{2-}$ 配

离子：

$$HgI_2 + 2KI \Longrightarrow K_2[HgI_4]$$

$[HgI_4]^{2-}$ 的强碱性溶液称为"奈氏试剂"，用来鉴定 NH_4^+。

6. Cu^{2+}、Ag^+、Zn^{2+}、Cd^{2+} 与过量 $NH_3 \cdot H_2O$ 反应，分别生成氨配合物。但是 Hg^{2+} 与过量 $NH_3 \cdot H_2O$ 反应时，在没有大量 NH_4^+ 存在的情况下，并不生成氨配离子。

$$HgCl_2 + 2NH_3 \Longrightarrow HgNH_2Cl\downarrow（白色）+ NH_4Cl$$

$$2Hg(NO_3)_2 + 4NH_3 + H_2O \Longrightarrow HgO \cdot HgNH_2NO_3\downarrow（白色）+ 3NH_4NO_3$$

7. Fe^{2+}、Fe^{3+} 极易水解，尤其是 Fe^{3+}，所以在其水溶液中加入 $NH_3 \cdot H_2O$ 时，不是形成氨配合物，而是分别生成 $Fe(OH)_2$ 与 $Fe(OH)_3$ 沉淀。

Co^{2+} 溶液中加入 $NH_3 \cdot H_2O$，首先生成蓝色碱式盐 $Co(OH)Cl$ 沉淀，此沉淀溶于铵盐，也溶于过量 $NH_3 \cdot H_2O$ 中，生成黄色 $[Co(NH_3)_6]^{2+}$ 氨合物，在空气中不稳定，易氧化为 $[Co(NH_3)_6]^{3+}$ 而使溶液呈橙黄色。

$$4[Co(NH_3)_6]^{2+} + O_2 + 2H_2O \Longrightarrow 4[Co(NH_3)_6]^{3+} + 4OH^-$$

Ni^{2+} 与 $NH_3 \cdot H_2O$ 作用与 Co^{2+} 相似，但生成的 $[Ni(NH_3)_6]^{2+}$ 是稳定的，不被空气所氧化。

8. 一些常见离子的鉴定方法

一些常见离子的鉴定方法见表 2-6。

表 2-6　一些常见离子的鉴定方法

离子	鉴定试剂	现象及产物
Cr^{3+}	$NaOH, H_2O_2, HNO_3,$ 乙醚	乙醚层中呈深蓝色（CrO_5）
Mn^{2+}	$HNO_3, NaBiO_3(s)$	紫红色（MnO_4^-）
Fe^{2+}	$K_3[Fe(CN)_6]$	蓝色沉淀（$K[Fe(CN)_6Fe]$）
Fe^{3+}	(1)$K_4[Fe(CN)_6]$ (2)KSCN	蓝色沉淀（$K[Fe(CN)_6Fe]$） 血红色（$[Fe(SCN)_n]^{3-n}$）（$n=1\sim6$）
Co^{2+}	KSCN(饱和)，丙酮	丙酮中呈蓝色（$[Co(SCN)_4]^{2-}$）
Ni^{2+}	二乙酰二肟，$NH_3 \cdot H_2O$	鲜红色沉淀（螯合物）
Cu^{2+}	(1)NaOH，葡萄糖 (2)$K_4[Fe(CN)_6]$	暗红色沉淀（Cu_2O） 红棕色沉淀（$Cu_2[Fe(CN)_6]$）
Ag^+	$NaCl, NH_3 \cdot H_2O, HNO_3$	白色沉淀（AgCl），溶解，复出沉淀
Zn^{2+}	NaOH，二苯硫腙	水层中呈粉红色（螯合物）
Cd^{2+}	H_2S 或硫代乙酰胺	黄色沉淀（CdS）
Hg^{2+}	$SnCl_2$(过量)	黑色沉淀（Hg）

三、仪器与试剂

仪器：离心机，点滴板。

试剂：固体：MnO_2，$NaBiO_3$，$FeSO_4 \cdot 7H_2O$；酸：HCl（$2mol \cdot L^{-1}$，$6mol \cdot L^{-1}$，浓），H_2SO_4（$1mol \cdot L^{-1}$，$3mol \cdot L^{-1}$，$1:1$），HNO_3（$6mol \cdot L^{-1}$）；碱：NaOH（$2mol \cdot L^{-1}$、$6mol \cdot L^{-1}$、40%），$NH_3 \cdot H_2O$（$2mol \cdot L^{-1}$、$6mol \cdot L^{-1}$）；盐：$CrCl_3$，$CuSO_4$，$ZnSO_4$，$MnSO_4$，$CoCl_2$，$NiSO_4$，$K_2Cr_2O_7$，K_2CrO_4，Na_2SO_3，NaF，

$FeCl_3$，$AgNO_3$，$CdSO_4$，$Hg(NO_3)_2$，$K_3[Fe(CN)_6]$，$K_4[Fe(CN)_6]$（以上溶液浓度均为 $0.1mol \cdot L^{-1}$），$KMnO_4$（$0.01mol \cdot L^{-1}$），$KSCN$（$0.1mol \cdot L^{-1}$、饱和），KI（$0.1mol \cdot L^{-1}$、$2mol \cdot L^{-1}$），NH_4Cl（$1mol \cdot L^{-1}$）；其他，H_2O_2（3%），淀粉溶液，硫代乙酰胺（5%），乙醚，丙酮，二乙酰二肟，二苯硫腙。

四、实验步骤

1. 氢氧化物的性质

制取氢氧化物，并试验它们的酸碱性、氧化还原性以及脱水性，将观察到的现象及反应产物填入表中，并作出结论。

（1）Cr、Zn、Cu $M(OH)_n$ 的酸碱性。

实验项目		Cr^{3+}	Zn^{2+}	Cu^{2+}
$M^{n+}+OH^-$				
$M(OH)_n$	$+H^+$			
	$+OH^-$			
酸碱性				

（2）Mn、Fe、Co、Ni $M(OH)_2$ 在空气中的稳定性。

实验项目	Mn^{2+}	Fe^{2+}	Co^{2+}	Ni^{2+}
$M^{n+}+OH^-$				
$M(OH)_2+O_2$				
空气中的稳定性				

（3）Fe、Co、Ni $M(OH)_3$ 的氧化性。

实验项目		$Fe(OH)_3$	$Co(OH)_3$	$Ni(OH)_3$
$M(OH)_3$	制备	$Fe^{3+}+OH^-$	$Co(OH)_2+Br_2$	$Ni(OH)_2+Br_2$
	颜色			
	$+$浓 HCl			

通过实验（2）（3），比较 $Fe(OH)_2$、$Co(OH)_2$、$Ni(OH)_2$ 还原性及 $Fe(OH)_3$、$Co(OH)_3$、$Ni(OH)_3$ 氧化性的递变规律。

（4）Cu、Ag、Hg $M(OH)_n$ 的脱水性。

实验项目	Cu^{2+}	Ag^+	Hg^{2+}
$M^{n+}+OH^-$			
脱水性			

实验指导

① $Cu(OH)_2$ 两性偏碱性，试验其酸性时，$NaOH$ 浓度宜大些。

② 在制取易被空气氧化的氢氧化物时，应先分别将盐溶液和 $NaOH$ 溶液煮沸，赶尽其中的氧气，操作应迅速，待观察到低价态氢氧化物颜色后，再进行摇动。

③ 在 $CoCl_2$ 溶液中加入 $NaOH$ 时，可能会产生蓝色 $Co(OH)Cl$ 沉淀，加入过量 $NaOH$ 溶液，可以制得粉红色 $Co(OH)_2$ 沉淀。

④ 实验室提供 $FeSO_4 \cdot 7H_2O$，自配 $Fe(II)$ 盐溶液，将 $FeSO_4 \cdot 7H_2O(s)$ 溶于煮沸的冷却的水中（无氧）即得。

2. 氧化还原性

（1）选择合适的试剂实现下列转化：

$$\begin{array}{ccc} Cr^{3+} & \longleftarrow & Cr_2O_7^{2-} \\ \Updownarrow & & \Updownarrow \\ CrO_2^{-} & \longrightarrow & CrO_4^{2-} \end{array}$$

观察现象，写出反应方程式。

（2）$Mn(VI)$ 盐的生成和性质

在 $1mL\ 0.01mol \cdot L^{-1}\ KMnO_4$ 溶液中，加入 $0.5mL\ 40\%\ NaOH$ 溶液，然后加入少量 MnO_2 固体，微热，观察溶液颜色的变化，离心分离，上层清液即显 MnO_4^{2-} 特征的绿色。写出反应方程式。

取上层绿色清液加 H_2SO_4 酸化，观察现象，写出反应方程式，并对 MnO_4^{2-} 稳定性作出结论。

（3）$Mn(VII)$ 盐的还原产物与介质的关系

选用 Na_2SO_3 为还原剂，设计一个实验，验证 MnO_4^{-} 还原产物与介质的关系，观察现象，写出反应方程式。

（4）$Fe(II)$、$Fe(III)$ 盐的性质

① 选择合适的氧化剂，证明 Fe^{2+} 的还原性，写出反应方程式。

② 选择合适的还原剂，证明 Fe^{3+} 的氧化性，写出反应方程式。

实验指导

① 试验 Cr^{3+} 在碱性介质中的还原性时，如选用 H_2O_2 为还原剂，有时溶液会出现褐红色，这是由于生成过铬酸钠的缘故

$$2Na_2CrO_4 + 2NaOH + 7H_2O_2 \longrightarrow 2Na_3CrO_8 + 8H_2O$$

过铬酸钠不稳定，加热易分解，溶液由褐红色转为黄色

$$4Na_3CrO_8 + 2H_2O \xrightarrow{\triangle} 4NaOH + 7O_2 + 4Na_2CrO_4$$

因此，为了得到明显的实验现象，必须严格控制 H_2O_2 的用量，并加热。

② $KMnO_4$ 的还原产物与介质有关，所以在验证 $KMnO_4$ 还原产物与介质的关系时，必须先加介质，后加还原剂。

③ K_2MnO_4 存在于强碱性溶液中，加酸酸化，即发生歧化。由于实验制得的 K_2MnO_4 溶液碱性较强，所以酸化选用的酸浓度应稍大些。否则，溶液浓度稀释，导致现象不明显。

3. 配合物的生成和性质

（1）铁的配合物

在少量 $FeCl_3$ 溶液中加入数滴 KSCN 溶液,有何现象?用此反应鉴定 Fe^{3+}。再滴加 NaF 溶液,有何变化?写出反应方程式。比较 $[Fe(SCN)_6]^{3-}$ 与 $[FeF_6]^{3-}$ 配离子的相对稳定性。

(2) 钴和镍的氨配合物

① 在少量 $CoCl_2$ 溶液中加数滴 $1mol \cdot L^{-1} NH_4Cl$ 溶液和过量 $6mol \cdot L^{-1} NH_3 \cdot H_2O$,观察 $[Co(NH_3)_6]Cl_2$ 溶液的颜色。静置片刻,观察溶液颜色的变化,写出反应方程式,并加以解释。

② 在少量 $NiSO_4$ 溶液中,加数滴 $1mol \cdot L^{-1} NH_4Cl$ 和过量 $6mol \cdot L^{-1} NH_3 \cdot H_2O$,观察 $[Ni(NH_3)_6]SO_4$ 溶液的颜色。静置片刻,观察溶液的颜色是否发生变化?

通过实验,比较 Co^{2+}、Ni^{2+} 氨配合物在空气中的稳定性。

(3) 铜、银、锌、镉、汞的氨配合物

取少量 $CuSO_4$、$AgNO_3$、$ZnSO_4$、$CdSO_4$、$Hg(NO_3)_2$ 溶液,分别加入少量 $NH_3 \cdot H_2O$,观察沉淀的生成,然后加入过量 $NH_3 \cdot H_2O$,观察沉淀是否溶解?将观察到的现象和产物填入下表。

产物、现象 \ 试剂	$CuSO_4$	$AgNO_3$	$ZnSO_4$	$CdSO_4$	$Hg(NO_3)_2$
$NH_3 \cdot H_2O$(少量)					
$NH_3 \cdot H_2O$(过量)					

(4) 铜、汞的碘配合物

① 在少量 $CuSO_4$ 溶液中滴加 KI 溶液,观察溶液颜色的变化。分离和洗涤沉淀后,在沉淀中加入 $2mol \cdot L^{-1}$ KI 溶液,观察其溶解的情况,写出反应方程式。

② 取 $Hg(NO_3)_2$ 溶液 1~2 滴,加入少量 KI 溶液,观察沉淀的颜色,然后加入过量 KI 溶液,观察现象,写出反应方程式。

4. 离子的分离与鉴定

(1) Cr^{3+} 取 1~2 滴 Cr^{3+} 溶液,逐滴加入 $6mol \cdot L^{-1}$ NaOH 至沉淀完全溶解,加入 3 滴 3% H_2O_2,微热,冷却后加入少量乙醚,然后慢慢滴入 $6mol \cdot L^{-1} HNO_3$ 酸化,振荡,在乙醚层中出现深蓝色,表示有 Cr^{3+}。

(2) Mn^{2+} 取 1~2 滴 Mn^{2+} 溶液,加入数滴 $6mol \cdot L^{-1} HNO_3$,然后加入少量 $NaBiO_3$,振荡,离心沉降,上层清液呈紫红色,表示有 Mn^{2+}。

(3) Co^{2+} 取 1~2 滴 $CoCl_2$ 溶液,加入数滴饱和 KSCN 溶液,再加入几滴丙酮,丙酮层呈现蓝色,表示有 Co^{2+}。

（4）Ni^{2+}　取 1～2 滴 Ni^{2+} 溶液，加 1 滴 $NH_3 \cdot H_2O$ 碱化后，再加入 1 滴二乙酰二肟，搅拌，有鲜红色沉淀生成，表示有 Ni^{2+}。

（5）Cu^{2+}　取 1～2 滴 Cu^{2+} 溶液，加入数滴 $K_4[Fe(CN)_6]$，溶液中出现红棕色沉淀，表示有 Cu^{2+}。

（6）Zn^{2+}　取 1～2 滴 Zn^{2+} 溶液，加入数滴 $2mol \cdot L^{-1}$ $NaOH$ 和数滴二苯硫腙，在水层中呈粉红色，表示有 Zn^{2+}。

（7）Cd^{2+}　取 1～2 滴 Cd^{2+} 溶液，加入数滴硫代乙酰胺（TAA），加热，有黄色沉淀生成，表示有 Cd^{2+}。

（8）分离与鉴定下列各组离子

① Cu^{2+}、Pb^{2+} 和 Zn^{2+}　　② Cu^{2+}、Fe^{3+}、Cr^{3+} 和 Ag^+

实验指导

① 二苯硫腙溶液是溶于 CCl_4 中配制而成（呈绿色）的，在强碱性条件下与 Zn^{2+} 反应生成螯合物，在水层中呈粉红色，在 CCl_4 层中呈棕色。

② Fe^{3+}、Co^{2+}、Ni^{2+}、Cu^{2+} 的鉴定，可以在点滴板中进行。

③ 铬的化合物对环境和人体都有害，含铬液必须回收后集中处理，切勿倒入下水道。

④ 镉的化合物对人体有害，严重的镉中毒会引起全身疼痛及椎骨畸形等极其痛苦的"骨痛病"，因此，含镉废液必须回收后集中处理。

五、思考题

1. 请你帮助寻找下列实验失败的原因：

$$Cr^{3+} \xrightarrow{NaOH + H_2O_2} CrO_4^{2-} \xrightarrow{H_2SO_4\ 酸化} Cr_2O_7^{2-}$$

在上述实验中，某同学最后得到的却是蓝绿色溶液。

2. 有三个同学分别采用了三种方法分离 Zn^{2+}、Cd^{2+}、Hg^{2+}。

甲：用过量 $NaOH$ 将 Zn^{2+} 分离，然后在沉淀中加入过量 $NH_3 \cdot H_2O$，将 Cd^{2+} 与 Hg^{2+} 分离。

乙：用过量 $NH_3 \cdot H_2O$ 将 Hg^{2+} 分离，然后在溶液中加入过量 $NaOH$，将 Zn^{2+} 与 Cd^{2+} 分离。

丙：通 H_2S 于酸化了的混合液中，将 Zn^{2+} 分离，然后在沉淀中加入 HNO_3，将 Cd^{2+}、Hg^{2+} 分离。

这三种方法是否都合理？为什么？你将采用什么方法？

3. $FeCl_3$ 的水溶液呈黄色，当它与什么试剂作用时，可以呈现下列现象 a. 血红色；b. 红棕色沉淀；c. 先呈血红色，后变为无色溶液；d. 深蓝色沉淀。

实验十　废液中回收重金属

一、实验目的

1. 了解重金属废水的危害和主要治理方法。

2.综合应用金属化合物的性质及混合物分离技术处理实验室的重金属废液。

二、实验原理

在化合物性质实验中会产生大量的废液和废渣。它们含有 Cu、Ag、Zn、Cd、Hg、Cr、Pb 等重金属离子及其盐的沉淀物,若不作任何处理就将之排放于下水道,会严重污染环境。其中汞的毒性最大,镉、铬其次。重金属进入人体,一般积累于神经中枢系统和肝、肾等器官中,不易从人体内排泄出去,从而破坏人体新陈代谢。为此,实验室污水排放之前,应该先进行重金属及其他污染物的处理或回收,使重金属的含量低于水污染排放标准。

重金属废水废物的处理方法主要分为物理法、化学法和物理化学法三种。物理法主要将废水中不溶解的悬浮物和沉淀通过重力分离、过滤和离心分离等技术将之截留,避免进入下水道。化学法是通过加入化学试剂,发生中和、氧化还原或沉淀反应,使有毒物质的溶解性下降或转化为沉淀而除去。物理化学法通常采用萃取法、离子交换法、吸附法和膜分离法等。

本实验由学生自行设计用化学法及物理法回收实验室废水中的重金属。

金属银是一种较贵重的金属。回收银的方法较多,常用还原法与沉淀法。在还原法中一般选用金属还原性较强的锌置换银,也可以与甲醛、甲酸、葡萄糖、连二亚硫酸反应直接得到银。在沉淀法中一般选用 Na_2S 或 NaCl 作沉淀剂,使废液中 Ag^+ 以 Ag_2S 形式或 AgCl 形式析出,再经高温灼烧得到 Ag。若在 AgCl 沉淀中含有其他氯化物沉淀,可以加过量的氨水或硝酸银-氨溶液,使 AgCl 形成 $[Ag(NH_3)_2]^+$ 配离子而溶解,然后再加硝酸与 NaCl 或直接加 Na_2S,得到纯度较高的银的沉淀物。

含有 Cu、Ag、Zn、Cd、Hg、Cr、Pb 废液的分离主要利用它们中的氯化物的不溶性、与氨水的配合性、金属硫化物在不同酸度下的溶解性以及金属氢氧化物的稳定性和酸碱性进行分离。

三、仪器与试剂

仪器:离心机。

试剂:固体:Zn 粉,Sn 片;酸:HCl($2mol \cdot L^{-1}$,$6mol \cdot L^{-1}$),HNO_3($2mol \cdot L^{-1}$,$6mol \cdot L^{-1}$,浓),H_2SO_4($1mol \cdot L^{-1}$);碱:NaOH($2mol \cdot L^{-1}$),$NH_3 \cdot H_2O$($2mol \cdot L^{-1}$,$6mol \cdot L^{-1}$);盐:NaCl,Na_2S,$K_4[Fe(CN)_6]$,$Na_2S_2O_3$,$SnCl_2$,K_2CrO_4(以上溶液浓度均为 $0.1mol \cdot L^{-1}$),NH_4Ac(饱和);其他:H_2O_2(3%),$AgNO_3$-$NH_3 \cdot H_2O$ 溶液,硫代乙酰胺(5%),二苯硫腙。

四、实验步骤

选择下列 1~2 种废液,按指导教师要求回收各重金属或其化合物。

废液 1:分离卤素未知液时所产生的废液与废渣。

废液 2:金属化合物性质(一)实验的废液。

废液 3:金属化合物性质(二)实验的废液。

废液 4:废定影液。

五、实验结果

记录废液号及检出的离子种类。

实验十一　阳离子的分离与鉴定

一、实验目的

1. 掌握用两酸三碱系统分析法对常见阳离子进行分组分离的原理和方法。
2. 掌握分离、鉴定的基本操作与实验技能。

二、实验原理

阳离子的种类较多，常见的有 20 多种，个别检出时，容易发生相互干扰，所以一般阳离子分析都是利用阳离子的某些共同特性，先分成几组，然后再根据阳离子的个别特性加以检出。凡能使一组阳离子在适当的反应条件下生成沉淀而与其他组阳离子分离的试剂称为组试剂，利用不同的组试剂把阳离子逐组分离再进行检出的方法叫作阳离子的系统分析。在阳离子系统分离中利用不同的组试剂，有很多不同的分组方案。如硫化氢分组法，两酸、两碱系统分组法。下面介绍一种以氢氧化物酸碱性与形成配合物性质不同为基础，以 HCl、H_2SO_4、$NH_3 \cdot H_2O$、NaOH、$(NH_4)_2S$ 为组试剂的两酸三碱分组方法。本方法将常见的 20 多种阳离子分为 6 组。

第一组：　　盐酸组　　　　Ag^+，Hg_2^{2+}，Pb^{2+}

第二组：　　硫酸组　　　　Ba^{2+}，Ca^{2+}，Pb^{2+}

第三组：　　氨合物组　　　Cu^{2+}，Cd^{2+}，Zn^{2+}，Co^{2+}，Ni^{2+}

第四组：　　易溶组　　　　Na^+，NH_4^+，Mg^{2+}，K^+

第五组：　　两性组　　　　Al^{3+}，Cr^{3+}，$Sb^{Ⅲ、Ⅴ}$，$Sn^{Ⅱ、Ⅳ}$

第六组：　　氢氧化物组　　Fe^{2+}，Fe^{3+}，Bi^{3+}，Mn^{2+}，Hg^{2+}

用系统分析法分析阳离子时，要按照一定的顺序加入组试剂，将离子一组一组沉淀下来，具体分离方法见表 2-7。

表 2-7　阳离子分组步骤

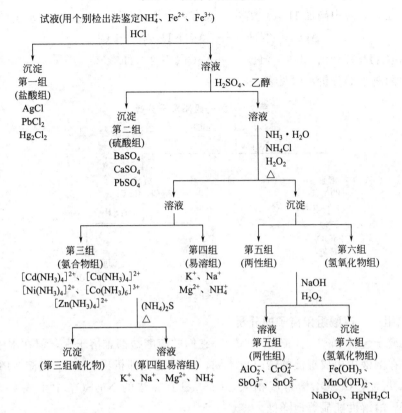

每组分出后，继续再进行组内分离，直至鉴定时相互不发生干扰为止。在实际分析中，如发现某组离子整组不存在（无沉淀产生），这组离子的分析就可省去，从而大大简化了分析步骤。

1. 第一组——盐酸组阳离子的分析

本组阳离子包括 Ag^+、Hg_2^{2+}、Pb^{2+}，它们的氯化物难溶于水，其中 $PbCl_2$ 可溶于 NH_4Ac 和热水中，而 $AgCl$ 可溶于 $NH_3 \cdot H_2O$ 中，因此检出这三种离子时，可先把这些离子沉淀为氯化物，然后再进行鉴定反应。

本组阳离子与其他组阳离子的分离过程为：取分析试液 20 滴，加入 $6mol \cdot L^{-1}$ HCl 至沉淀完全，离心分离。沉淀用 $1mol \cdot L^{-1}$ HCl 数滴洗涤后，按下法鉴定 Pb^{2+}、Ag^+、Hg_2^{2+} 的存在（离心液中含二～六组阳离子，应保留）。

(1) Pb^{2+} 的鉴定

将上面得到的沉淀加入 $3mol \cdot L^{-1}$ NH_4Ac 5 滴，在水浴中加热搅拌，趁热离心分离，在离心液中加入 $K_2Cr_2O_7$ 或 K_2CrO_4 2～3 滴，黄色沉淀表示有 Pb^{2+} 存在。沉淀用 $3mol \cdot L^{-1}$ NH_4Ac 数滴加热洗涤除去 Pb^{2+}，离心分离后，保留沉淀作 Ag^+ 和 Hg_2^{2+} 的鉴定。

$$PbCl_2 + Ac^- \longrightarrow [PbAc]^+ + 2Cl^-$$
$$[PbAc]^+ + CrO_4^{2-} \longrightarrow PbCrO_4 \downarrow + Ac^-$$

(2) Ag^+ 和 Hg_2^{2+} 的分离和鉴定

将上面保留的沉淀滴加 $6mol \cdot L^{-1}$ $NH_3 \cdot H_2O$ 5～6 滴，不断搅拌，沉淀变为灰黑色，表示有 Hg_2^{2+} 存在。

$$Hg_2Cl_2+2NH_3\longrightarrow HgNH_2Cl\downarrow+Hg\downarrow+NH_4^++Cl^-$$

离心分离，在离心液中滴加 HNO_3 酸化，如有白色沉淀产生，表示有 Ag^+ 存在。

$$AgCl+2NH_3\longrightarrow[Ag(NH_3)_2]^++Cl^-$$

$$[Ag(NH_3)_2]^++Cl^-+2H^+\longrightarrow AgCl\downarrow+2NH_4^+$$

第一组阳离子的分析步骤见表 2-8。

表 2-8 第一组阳离子分析

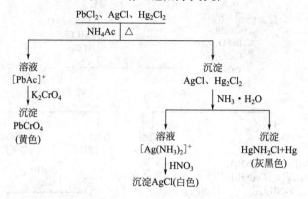

2. 第二组——硫酸组阳离子的分析

本组阳离子包括 Ba^{2+}、Ca^{2+}、Pb^{2+}，它们的硫酸盐都难溶于水，但在水中的溶解度差异较大，在溶液中生成沉淀的情况也不同，Ba^{2+} 能立即析出 $BaSO_4$ 沉淀，Pb^{2+} 缓慢地生成 $PbSO_4$ 沉淀，$CaSO_4$ 溶解度稍大，Ca^{2+} 只有在浓的 Na_2SO_4 中生成 $CaSO_4$ 沉淀，但加入乙醇后溶解度能显著地降低。

用饱和 Na_2CO_3 溶液加热处理这些硫酸盐时，可发生下列转化。

$$MSO_4+CO_3^{2-}\longrightarrow MCO_3+SO_4^{2-}$$

虽然 $BaSO_4$ 的溶解度小于 $BaCO_3$，但用饱和 Na_2CO_3 反复加热处理，大部分 $BaSO_4$ 也可转化为 $BaCO_3$。这三种碳酸盐都能溶于 HAc 中。

硫酸盐组阳离子与可溶性草酸盐如 $(NH_4)_2C_2O_4$ 作用生成白色沉淀，其中 BaC_2O_4 的溶解度较大，能溶于 HAc。$PbSO_4$ 能溶于饱和 NH_4Ac，利用这一性质，可与 Ba^{2+}、Ca^{2+} 分离。

本组阳离子与三~六组阳离子的分离过程如下。

将分离第一组后保留的溶液（含二~六组阳离子），在水浴中加热，逐滴加入 $1mol\cdot L^{-1}$ H_2SO_4 至沉淀完全后，再过量数滴，加入 95％乙醇 4~5 滴，静置 3~5min，冷却后离心分离（离心液中含三~六组阳离子，应予保留），沉淀用混合溶液（10 滴 $1mol\cdot L^{-1}$ H_2SO_4 加入乙醇 3、4 滴）洗涤 1~2 次后，弃去洗涤液，在沉淀中加入 $3mol\cdot L^{-1}NH_4Ac$ 7~8 滴，加热搅拌，离心分离，离心液按第一组鉴定 Pb^{2+} 的方法鉴定 Pb^{2+} 的存在。

沉淀中加入 10 滴饱和 Na_2CO_3 溶液，置沸水浴中加热搅拌 1~2min，离心分离，弃去离心液，沉淀再用饱和 Na_2CO_3 同样处理 2 次后，用约 10 滴去离子水洗涤一次，弃去洗涤液，沉淀用 HAc 数滴溶解后，加入 $NH_3\cdot H_2O$ 调节 pH=4~5，加入 K_2CrO_4 2~3 滴，加热搅拌，生成黄色沉淀，表示有 Ba^{2+} 存在。

离心分离，在离心液中加入饱和 $(NH_4)_2C_2O_4$ 溶液 2~3 滴，温热后，慢慢生成白色沉淀，表示有 Ca^{2+} 存在。

第二组阳离子的分析步骤见表 2-9。

表 2-9　第二组阳离子分析

$$BaSO_4、PbSO_4、CaSO_4$$
$$\downarrow NH_4Ac\ \triangle$$

溶液：$[PbAc]^+$　　　　　　　　沉淀：$BaSO_4$、$CaSO_4$
$\downarrow K_2CrO_4$　　　　　　　　　　$\downarrow$ 加 Na_2CO_3 转化 $\triangle$
沉淀　　　　　　　　　　　　沉淀
$PbCrO_4$　　　　　　　　　　$\downarrow HAc$
（黄色）　　　　　　　　　　溶液
　　　　　　　　　　　　　　$\downarrow K_2CrO_4\ \triangle$

溶液　　　　　　　沉淀
$\downarrow (NH_4)_2C_2O_4$　　$BaCrO_4$
沉淀　　　　　　　（黄色）
CaC_2O_4
（白色）

3. 第三组——氨合物组阳离子的分析

本组阳离子包括 Cu^{2+}、Cd^{2+}、Zn^{2+}、Co^{2+}、Ni^{2+} 等，它们和过量的氨水都能生成相应的氨合物，故本组称为氨合物组。Fe^{3+}、Al^{3+}、Mn^{2+}、Cr^{3+}、Bi^{3+}、Sb^{3+}、Sn^{2+}、Sn^{4+} 等在过量氨水中因生成氢氧化物沉淀而与本组阳离子分离。由于 $Al(OH)_3$ 是典型的两性氢氧化物，能部分溶解在过量氨水中，因此加入铵盐如 NH_4Cl 使 OH^- 的浓度降低，可以防止 $Al(OH)_3$ 的溶解。但是由于降低了 OH^- 的浓度，Mn^{2+} 形成氢氧化物沉淀不完全，如在溶液中加入 H_2O_2，则 Mn^{2+} 可被氧化而生成溶解度较小的 $MnO(OH)_2$ 棕色沉淀。因此本组阳离子的分离条件为：在适量 NH_4Cl 存在时，加入过量氨水和适量 H_2O_2，这时本组阳离子因形成氨合物而和其他阳离子分离。

本组阳离子与四～六组阳离子的分离过程为：在分离第二组后保留的离心液（含三～六组阳离子）中，加入 $3mol\cdot L^{-1}\ NH_4Cl\ 2$ 滴，$3\%\ H_2O_2\ 3\sim4$ 滴，用浓氨水碱化后，在水浴中加热，并不断搅拌，继续滴加浓氨水，直至沉淀完全后再过量 $4\sim5$ 滴，在水浴上继续加热 $1min$，取出冷却后离心分离（沉淀中含五、六组阳离子，应予保留）。离心液（含三、四组阳离子）按下列方法鉴定 Cu^{2+}、Co^{2+}、Ni^{2+}、Zn^{2+}、Cd^{2+}。

（1）Cu^{2+} 的鉴定

取离心液 $2\sim3$ 滴，加入 HAc 酸化后，加入 $K_4[Fe(CN)_6]$ 溶液 $1\sim2$ 滴，生成红棕色（豆沙色）沉淀，表示有 Cu^{2+} 存在。

（2）Co^{2+} 的鉴定

取离心液 $2\sim3$ 滴，用 HCl 酸化，加入 $SnCl_2\ 2\sim3$ 滴，饱和 KSCN 溶液 $2\sim3$ 滴，丙酮 $5\sim6$ 滴，搅拌后，有机层显蓝色，表示有 Co^{2+} 存在。

（3）Ni^{2+} 的鉴定

取离心液 2 滴，加二乙酰二肟溶液 1 滴，丙酮 2 滴，搅拌后，出现鲜红色沉淀，表示有 Ni^{2+} 存在。

（4）Zn^{2+}、Cd^{2+} 的分离和鉴定

取离心液 15 滴，在沸水浴中加热近沸，加入 $(NH_4)_2S$ 溶液 $5\sim6$ 滴，搅拌，加热至

沉淀凝聚再继续加热 3～4min，离心分离（沉淀是哪些硫化物？为什么要长时间加热？离心液中含第四组阳离子，应予保留）。

沉淀用 $0.1mol \cdot L^{-1}$ NH_4Cl 溶液数滴洗涤 2 次，离心分离，弃去洗涤液，在沉淀中加入 $2mol \cdot L^{-1}$ HCl 4～5 滴，充分搅拌片刻（哪些硫化物可以溶解?），离心分离，将离心液在沸水浴中加热，除尽 H_2S 后（为什么必须除尽 H_2S?），用 $6mol \cdot L^{-1}$ NaOH 碱化并过量 2～3 滴，搅拌，离心分离（离心液是什么？沉淀是什么?）。

第三组阳离子分析步骤见表 2-10。

表 2-10　第三组阳离子分析

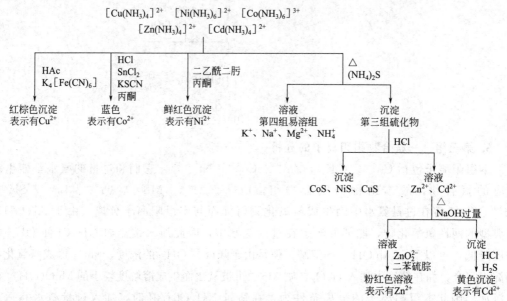

取离心液 5 滴加入二苯硫腙 10 滴，振荡试管，水溶液呈粉红色，表示有 Zn^{2+} 存在。沉淀用去离子水数滴洗涤 1～2 次后，离心分离，弃去洗涤液，沉淀用 $2mol \cdot L^{-1}$ HCl 3～4 滴搅拌溶解，然后加入等体积的饱和 H_2S 溶液，如有黄色沉淀生成，表示有 Cd^{2+} 存在。

4. 第四组——易溶组阳离子的分析

本组阳离子包括 NH_4^+、K^+、Na^+、Mg^{2+}，它们的盐大多数可溶于水，没有一种共同的试剂可以作为组试剂，由于本组离子间相互干扰较少，因此可采用分别分析的方法进行个别鉴定。由于在系统分析过程中，多次加入氨水和铵盐，故要用原试液鉴定 NH_4^+。又因 NH_4^+ 干扰 K^+ 的鉴定，同时要降低 Mg^{2+} 的检出灵敏度，故检出 NH_4^+ 后，必先除 NH_4^+，然后再鉴定 K^+、Na^+、Mg^{2+}。

（1）NH_4^+ 的鉴定

用两块干燥表面皿，在一块表面皿中滴入原试液与 $6mol \cdot L^{-1}$ NaOH 各 2～3 滴，另一块中放入润湿的红色石蕊试纸或滴有奈斯勒试剂的滤纸条，然后将两块表面皿合在一起做成气室，若红色石蕊试纸变蓝或奈斯勒试剂变红棕色，表示有 NH_4^+ 存在。

$$NH_4^+ + OH^- \Longrightarrow NH_3 + H_2O$$

$$NH_4^+ + 2HgI_4^{2-} + 4OH^- \Longrightarrow \left[O \begin{array}{c} Hg \\ \\ Hg \end{array} NH_2 \right] I\downarrow + 3H_2O + 7I^-$$

红棕色

（2）NH_4^+ 的去除

将分离第三组阳离子后的离心液移入坩埚中蒸发至 4～5 滴时，滴加浓 HNO_3 10 滴（因 NH_4NO_3 分解温度较低），继续蒸发至干。然后用强火灼烧至不冒白烟，冷却后加水 8～10 滴制成溶液后，从溶液中检出 K^+、Na^+、Mg^{2+}。

（3）K^+ 的鉴定

取上述溶液 3～4 滴，加入 4～5 滴 $Na_3[Co(NO_2)_6]$ 溶液，用玻璃棒搅拌，并摩擦试管内壁，片刻后，如有黄色沉淀 $K_2Na[Co(NO_2)_6]$ 生成，表示有 K^+ 存在。

（4）Na^+ 的鉴定

取上述溶液 3～4 滴，加入 $6mol·L^{-1}$ HAc 1 滴与乙酸铀酰锌溶液 7～8 滴，用玻璃棒摩擦试管内壁，如有黄色沉淀 $NaAc·Zn(Ac)_2·3UO_2(Ac)_2·9H_2O$ 生成，表示有 Na^+ 存在。

（5）Mg^{2+} 的鉴定

取上述溶液 1～2 滴，加入 $6mol·L^{-1}$ NaOH 及镁试剂各 1～2 滴，搅匀后，如有天蓝色沉淀生成，表示有 Mg^{2+} 存在。

5. 第五组（两性组）和第六组（氢氧化物组）阳离子的分析

第五组阳离子有 Al、Cr、Sb、Sn 元素的离子，第六组阳离子有 Fe、Mn、Bi、Hg 元素的离子。这两组离子存在于分离第三、四组阳离子后的沉淀中，利用 Al、Cr、Sb、Sn 的氢氧化物的两性性质，用过量 NaOH 可将这两组阳离子进行分离。

（1）第五组（两性组）与第六组（氢氧化物组）阳离子的分离

在分离第三、四组阳离子后保留的沉淀中加入 3% H_2O_2 溶液 3～4 滴，$6mol·L^{-1}$ NaOH 15 滴，搅拌后，在沸水浴中加热搅拌 3～5min，使 CrO_2^- 氧化为 CrO_4^{2-}，并破坏过量的 H_2O_2，离心分离，离心液作鉴定第五组阳离子用，沉淀作鉴定第六组阳离子用。

（2）第五组阳离子的鉴定

① Cr^{3+} 的鉴定　　取离心液 2 滴，加入乙醚 5 滴，逐滴加入浓 HNO_3 酸化，加 3% H_2O_2 2～3 滴，振荡试管，乙醚层出现蓝色，表示有 Cr^{3+} 存在。

② Al^{3+}、Sb^V 和 Sn^{IV} 的分离与鉴定　　将剩余离心液用 $3mol·L^{-1}$ H_2SO_4 酸化，然后用 $6mol·L^{-1}$ 氨水碱化并多加几滴，离心分离，弃去离心液，沉淀用 $0.1mol·L^{-1}$ NH_4Cl 数滴洗涤，加入 $3mol·L^{-1}$ NH_4Cl 及浓氨水各 2 滴，$(NH_4)_2S$ 溶液 7～8 滴，在水浴中加热至沉淀凝聚，离心分离（沉淀是什么？离心液是什么？）。

沉淀用含数滴 $0.1mol·L^{-1}$ NH_4Cl 溶液洗涤 1～2 次后，加入 H_2SO_4 2～3 滴，加热使沉淀溶解，然后加入 $6mol·L^{-1}$ 氨水数滴，铝试剂溶液 2 滴，搅拌，在沸水浴中加热 1～2min，如有红色絮状沉淀出现，表示有 Al^{3+} 存在。

离心液用 HCl 逐滴中和至呈酸性后，离心分离，弃去离心液（沉淀是什么？）。在沉淀中加入浓 HCl 15 滴，在沸水浴中加热充分搅拌，除尽 H_2S 后，离心分离，弃去不溶物（可能为硫），离心液供鉴定 Sb(V) 和 Sn(Ⅳ) 用。

Sn(Ⅳ) 离子的鉴定　　取上述离心液 10 滴，加入 Al 片或少许 Mg 粉，在水浴中加热使之溶解完全后，再加浓 HCl 1 滴，加 $HgCl_2$ 2 滴，搅拌，若有白色或灰黑色沉淀析出，表示有 Sn(Ⅳ) 存在。

Sb(V) 离子的鉴定　　取上述离心液 1 滴，于光亮的锡箔上放置 2～3min，如锡片上出现黑色斑点，表示有 Sn(V) 存在。

（3）第六组阳离子的鉴定

在第六组沉淀中，加入 $3mol \cdot L^{-1} H_2SO_4$ 10滴，$3\% H_2O_2$ 2～3滴，在充分搅拌下，加热 3～5min，以溶解沉淀和破坏过量的 H_2O_2，离心分离，弃去不溶物，离心液供 Mn^{2+}、Bi^{3+}、Hg^{2+} 和 Fe^{3+} 的鉴定。

① Mn^{2+} 的鉴定　取离心液2滴，加入 HNO_3 数滴，加少量 $NaBiO_3$ 固体，搅拌，离心沉降，如溶液呈现紫红色，表示有 Mn^{2+} 存在。

② Bi^{3+} 的鉴定　取离心液2滴，加 $NaOH$ 碱化，再加入亚锡酸钠溶液（自己配制）数滴，若有黑色沉淀，表示有 Bi^{3+} 存在。

③ Hg^{2+} 的鉴定　取离心液2滴，加入 $SnCl_2$ 数滴，白色或灰黑色沉淀析出，表示有 Hg^{2+} 存在。

④ Fe^{3+} 的鉴定　取离心液1滴，加入 $KSCN$ 溶液，如溶液显红色，表示有 Fe^{3+} 存在。

第五组和第六组阳离子分析步骤见表 2-11。

表 2-11　第五组和第六组阳离子分析

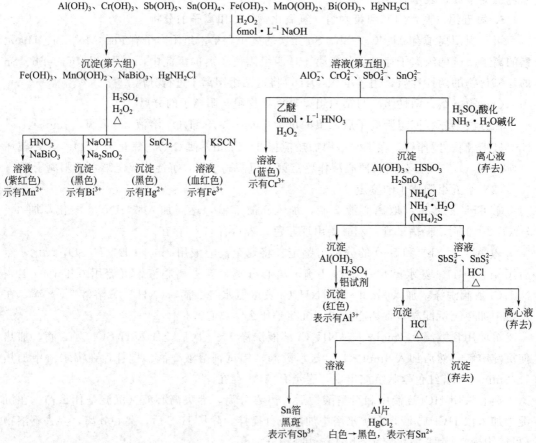

三、仪器与试剂

仪器：离心机，点滴板。

试剂：固体：$NaBiO_3$；酸：HCl（$2mol \cdot L^{-1}$），HNO_3（$6mol \cdot L^{-1}$，浓），HAc（$6mol \cdot L^{-1}$），H_2SO_4（$1mol \cdot L^{-1}$，$3mol \cdot L^{-1}$）；碱：$NaOH$（$6mol \cdot L^{-1}$），$NH_3 \cdot H_2O$

$(2mol \cdot L^{-1}$，$6mol \cdot L^{-1}$，浓）；盐：$K_2Cr_2O_7$，K_2CrO_4，$K_4[Fe(CN)_6]$，$SnCl_2$，Na_2S（以上溶液浓度均为 $0.1mol \cdot L^{-1}$），KSCN（$0.1mol \cdot L^{-1}$，饱和），NH_4Ac（$3mol \cdot L^{-1}$），NH_4Cl（$0.1mol \cdot L^{-1}$，$3mol \cdot L^{-1}$）；其他：H_2O_2（3%），硫代乙酰胺（5%），乙醇（95%），丙酮，乙醚，二乙酰二肟，二苯硫腙，镁试剂，铝试剂。

四、实验步骤

向教师领取混合离子未知液一份。

未知液中可能含 Ag^+、Pb^{2+}、Cr^{3+}、Mn^{2+}、Fe^{3+}、Co^{2+}、Ni^{2+}、Cu^{2+}、Mg^{2+}、Cd^{2+}、Al^{3+} 11 种离子，按分离原理列表表示对 11 种离子的分析过程，指出具体试剂、试剂量及反应条件。将分析结果交给指导教师，并注明未知液号。

实验指导

　　1. 分组步骤

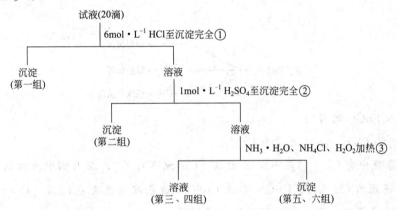

　　① $PbCl_2$ 溶于热水，所以沉淀第一组离子时，不能加热。但由于 $PbCl_2$ 溶解度较大，部分 Pb^{2+} 将进入第二组，可在第二组中进行分析。也可以在沉淀第一组离子时进行水浴加热，并搅拌，使 Pb^{2+} 全部进入溶液，然后在第二组中进行分析。

　　② $PbSO_4$ 沉淀生成较缓慢，应用玻璃棒摩擦管壁，搅拌并加乙醇，静置片刻才出现沉淀。

　　③ 如加入试剂量控制不当，Cr^{3+} 可能形成 CrO_4^{2-} 进入第三、四组，可在第三组中进行分析。

　　2. 第五、六组的分析

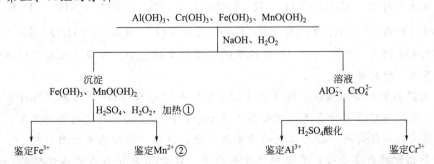

　　① 加热促使沉淀溶解，同时将溶液中过量 H_2O_2 赶尽，以免妨碍 Mn^{2+} 鉴定。

　　② 鉴定 Mn^{2+} 时浓度要稀，如取 2 滴做不出，取 1 滴加水稀释后再进行鉴定。

3. 第三、四组的分析

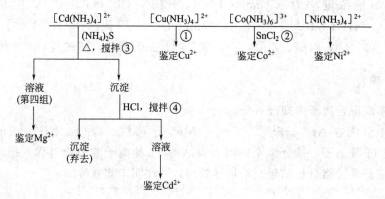

① 如溶液中含 Zn^{2+}、Cd^{2+}、Co^{2+}、Ni^{2+}，使 $Cu_2[Fe(CN)_6]$ 沉淀由红棕色变为豆沙色。

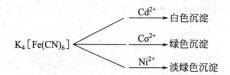

② 加入 $SnCl_2$ 的目的

a. 使 $[Co(NH_3)_6]^{3+}$ 还原为 Co^{2+}。

b. 如溶液中有 Cu^{2+}，与 KSCN 形成 $[Cu(SCN)_4]^{2-}$，在丙酮中为红褐色，$SnCl_2$ 可将 Cu^{2+} 还原为 Cu^+，遇 KSCN 形成 CuSCN 白色沉淀至无色沉淀 $[Cu(SCN)_2]^-$，不干扰 Co^{2+} 的鉴定。因此加入 KSCN 必须过量。

③ 不断搅拌并充分加热至少 3～5min，一方面破坏氨配合物，另一方面改变 CoS、NiS 的结构，结构改变后的 CoS、NiS 不溶于稀酸。

④ 搅拌要充分，至少 3～5min，CdS 溶解而进入溶液。

4. 实验中使用的 H_2S、$(NH_4)_2S$ 都具有臭味和毒性，而且制备也不方便，一般可用硫代乙酰胺（CH_3CSNH_2，简称 TAA）的水溶液来代替。

硫代乙酰胺是白色鳞片状结晶，易溶于水和酒精。它的水溶液较为稳定，常温下水解很慢，加热则很快水解。它在不同介质中水解反应如下：

在酸性介质中　　$CH_3CSNH_2 + H^+ + 2H_2O \Longrightarrow CH_3COOH + NH_4^+ + H_2S$

在碱性介质中　　$CH_3CSNH_2 + 3OH^- \Longrightarrow CH_3COO^- + NH_3 + H_2O + S^{2-}$

可见生成的 S^{2-} 浓度，在一定温度下随溶液酸度的大小而改变。故控制适当的酸度就可调节 S^{2-} 的浓度。

5. 为提高分析的准确性，防止离子"失落"和"过度检出"，必须严格操作，沉淀要完全，沉淀与溶液要分离清，沉淀要洗涤干净；严格控制试剂的用量与浓度；严格控制加热温度与加热时间；防止试剂的污染与变质，进行空白试验及对照试验。

6. 加热搅拌时要小心，不要把试管底戳穿。注意保存分离出的各组样品，贴上标签，以免丢失或混淆。及时记录实验现象，以免遗忘。

五、实验结果

1. 记录未知液号，检验出的离子有哪些？

六、思考题

1. 如果未知液呈碱性，哪些离子可能不存在？

2. 为什么要用稀的 NH_4Cl 溶液洗涤沉淀？

3. 除 NH_4^+、Fe^{2+}、Fe^{3+} 可用"个别分析法"进行鉴定外，还有哪些离子可以进行个别鉴定？它们进行个别鉴定的条件是什么？

第 3 章

化学基本常数测定

3.1 概　述

化学平衡常数、酸碱离解平衡常数、难溶电解质的溶度积常数、配合物的分裂能等化学基本常数大部分都可以借助光、电仪器进行测定，本章介绍通过电位法、分光光度法和电导率法测定化学基本常数，通过这些常数的测定使学生学会常规测量仪器，如酸度计、分光光度计、电导率仪等的使用，培养学生正确记录和处理实验数据，分析实验误差的能力。

化学基本常数测定实验报告格式见 1.2.4 "醋酸的电位法滴定及其酸常数的测定"。

3.2　化学基本常数测定实验

实验十二　醋酸离解平衡常数的测定

Ⅰ　直接 pH 值法

一、实验目的

1. 学习通过测量 pH 值测定弱酸离解平衡常数的原理和方法。
2. 掌握酸式滴定管和 pH 酸度计的使用方法。

二、实验原理

醋酸在水溶液中存在下列解离平衡：

$$HAc \rightleftharpoons H^+ + Ac^-$$

其解离平衡常数的表达式为：

$$K_{HAc}^{\ominus} = \frac{(c_{H^+}/c^{\ominus})(c_{Ac^-}/c^{\ominus})}{c_{HAc}/c^{\ominus}} \tag{1}$$

设醋酸的起始浓度为 c，平衡时 $c_{H^+} = c_{Ac^-} = x$，由于 $c^{\ominus} = 1 \text{mol} \cdot L^{-1}$，式(1) 可以简写为：

$$K_{HAc}^{\ominus} = \frac{x^2}{c-x} \tag{2}$$

在一定温度下，用酸度计测定一系列已知浓度的 HAc 溶液的 pH 值，根据 $pH = -\lg c_{H^+}$ 换算出 c_{H^+}，代入式(2) 中，可求得一系列对应的 $K_{HAc}^{\ominus}$ 值，取其平均值，即为该温度下醋酸的解离平衡常数。

三、仪器与试剂

仪器：pHS-3C 酸度计，滴定管（酸式），烧杯（50mL 洁净，干燥）。

试剂：HAc（0.1mol·L^{-1}标准溶液），缓冲溶液（pH＝4.003，pH＝6.86）。

四、实验内容

1. 配制不同浓度的 HAc 溶液

将 4 只洁净、干燥的烧杯编成 1～4 号，然后按下表的烧杯编号，用两支滴定管分别准确放入已知浓度的 HAc 溶液和去离子水。

2. 酸度计的调节

用 pH＝6.86 和 pH＝4.003 的标准缓冲溶液分别对酸度计的"定位"和"斜率"进行校正。

3. HAc 溶液 pH 值的测定

用酸度计由稀到浓测定 1～4 号 HAc 溶液的 pH 值，将测定数据填入下表。

烧杯编号	HAc 的体积 /mL	H$_2$O 的体积 /mL	HAc 的浓度 c /mol·L^{-1}	pH 值	c_{H^+}	$K_{HAc}^{\ominus} = \frac{x^2}{c-x}$
1	3.00	45.00				
2	6.00	42.00				
3	12.00	36.00				
4	24.00	24.00				

实验指导

① 烧杯必须洁净和干燥。溶液要配制正确，看清滴定管上的标签，不要装错溶液。

② 电极安装时插座螺丝要拧紧。复合电极的玻璃膜厚 30～100μm，易破碎，使用要十分小心。清洗及使用前应先拔下电极前端的电极套。

③ 用塑料洗瓶冲洗复合电极和小烧杯时用滤纸将水吸干。

④ 仪器校正时，先用 pH＝6.86 的缓冲液定位校正，再用 pH＝4.003 斜率校正。

⑤ 测定 pH 值的顺序为由稀到浓，pH 值要读准。搅拌速度要基本一致，搅拌子切勿倒入水槽，防止丢失。

⑥ 测定 pH 值过程中，如果指针飘移，读数不稳定时，可能有以下原因：a. 玻璃电极老化；b. 电极插头未完全插入插座或电极未完全浸入溶液中；c. 搅拌速度过大，溶液中形成旋涡；d. 仪器使用时间过长而"疲劳"；e. 电极接线接触不良。

⑦ 复合玻璃电极的正确使用和酸度计的正确使用方法参见第 1 章 1.4.1 节。

五、实验结果

1. 记录测定时的温度。
2. 计算 HAc 标准溶液的浓度，HAc 的离解平衡常数 $K^{\ominus}_{HAc}$ 平均值。

六、思考题

1. 改变被测 HAc 溶液的浓度或温度，则电离度和解离平衡常数有无变化？若有变化，会有怎样的变化？
2. 配制不同浓度的 HAc 溶液时，玻璃器皿是否要干燥，为什么？
3. "电离度越大，酸度就越大"。这句话是否正确？根据本实验结果加以说明。
4. 若 HAc 溶液的浓度极稀，是否能用 $K^{\ominus}_{HAc} \approx \dfrac{c^2_{H^+}}{c}$ 求解离平衡常数？为什么？
5. 测定不同浓度 HAc 溶液的 pH 值时，测定顺序应由稀到浓，为什么？
6. 根据 HAc-NaAc 缓冲溶液中 [H^+] 的计算公式：

$$c_{H^+} = K^{\ominus}_{HAc} \frac{c_{HAc}}{c_{Ac^-}}$$

测定 $K^{\ominus}_{HAc}$ 时是否一定先要知道 HAc 与 NaAc 的浓度，为什么？请你设计测定方案。

7. 如何正确使用酸度计？
8. 试分析测定值与理论值产生偏差的原因。

Ⅱ 电位滴定法

一、实验目的

1. 通过醋酸的电位滴定，掌握电位滴定的基本操作和滴定终点的计算方法。
2. 学习测定弱酸解离平衡常数的原理和方法，巩固弱酸解离平衡的基本概念。

二、实验原理

电位滴定法是在滴定过程中根据指示电极和参比电极的电位差或溶液 pH 值的突跃来确定终点的一种方法。在酸碱电位滴定过程中，随着滴定剂的不断加入，被测物与滴定剂发生反应，溶液 pH 值不断变化，在化学计量点附近发生 pH 值突跃。因此，测量溶液 pH 值的变化，就能确定滴定终点。滴定过程中，每加一次滴定剂，测一次 pH 值，在接近化学计量点时，每次滴定剂加入量要小到 0.10mL，滴定到超过化学计量点为止。这样就得到一系列滴定剂用量 V 和相应的 pH 值数据。

（1）pH～V 曲线法　以滴定剂用量 V 为横坐标，以 pH 值为纵坐标，绘制 pH 值-V 曲线。作两条与滴定曲线相切的 45°倾斜的直线，等分线与曲线的交点即为滴定终点，如图 3-1(a) 所示。

（2）$\Delta pH/\Delta V$-V 曲线法　$\Delta pH/\Delta V$ 代表 pH 值的变化值一阶微商与对应的加入滴定剂体积的增量（ΔV）的比。绘制 $\Delta pH/\Delta V$-V 曲线，曲线的最高点即为滴定终点，如图 3-1(b) 所示。

（3）二阶微商法　绘制（$\Delta^2 pH/\Delta V^2$)-V 曲线。它是根据 $\Delta pH/\Delta V$-V 曲线的最高点

正是 $\Delta^2 pH/\Delta V^2$ 等于零来确定滴定终点，如图 3-1(c) 所示。该法也可不经绘图而直接用内插法确定滴定终点。

醋酸在水溶液中存在下列解离平衡：

$$HAc \Longrightarrow H^+ + Ac^-$$

其解离平衡常数的表达式为：

$$K_{HAc}^{\ominus} = \frac{c_{H^+} c_{Ac^-}}{c_{HAc}}$$

当醋酸被中和了一半时，溶液中：$c_{Ac^-} = c_{HAc}$。

根据以上平衡式，此时 $K_{HAc}^{\ominus} = c_{H^+}$，即 $pK_{HAc}^{\ominus} = pH$。因此，pH-V 图中 $\frac{1}{2}V_e$ 处所对应的 pH 值即为 $pK_{HAc}^{\ominus}$，从而可求出醋酸的解离常数。

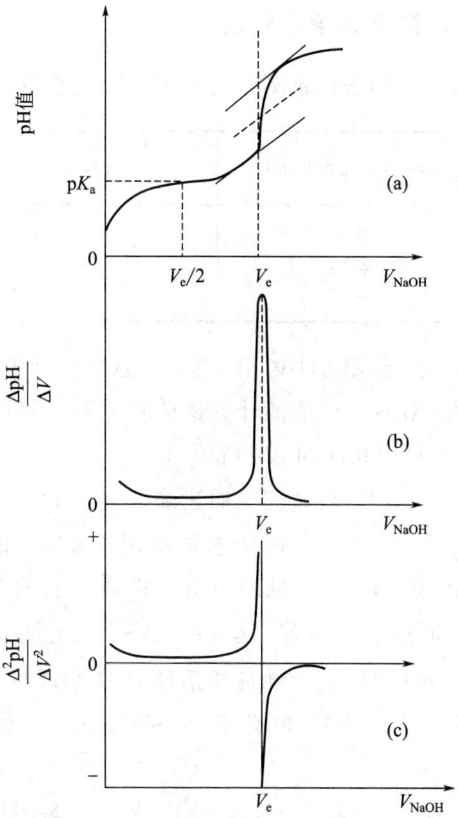

三、仪器与试剂

仪器：pHS-3C 型酸度计，电磁搅拌器，复合玻璃电极，半微量碱式滴定管（10mL），小烧杯（100mL），移液管（10mL），容量瓶（100mL）。

图 3-1　NaOH 滴定 HAc 的 3 种滴定曲线

试剂：HAc（0.6mol·L^{-1}），KCl（1mol·L^{-1}），NaOH 标准溶液（0.1mol·L^{-1}），pH=4.003、pH=6.86 的标准缓冲溶液。

四、实验步骤

1. 用 pH=6.86 和 pH=4.00 的标准缓冲溶液分别对酸度计的"定位"和"斜率"进行校正。

2. 准确吸取 10mL 醋酸试液于 100mL 容量瓶中，加水至刻度摇匀。

3. 吸取上述溶液 10mL 于小烧杯中，加 1mol·L^{-1} KCl 溶液 5.00mL，再加水 35.00mL。放入搅拌磁子，浸入复合电极。开启电磁搅拌器，用 0.1000mol·L^{-1} NaOH 标准溶液进行滴定，每间隔 1.00mL 读数一次，记录相应的 pH 值，至 pH 值出现明显的突跃，初步确定 pH 值的突跃范围。

4. 重复步骤 3，当 NaOH 滴加至 pH 突跃附近时，改为每加 0.10mL NaOH 读数一次。pH 突跃后，再恢复至每加 1.00mL NaOH 读数一次。并记录相应的 pH 值。

实验指导

① 滴定开始时滴定管中氢氧化钠应调节在零刻度上，必须准确控制滴加 NaOH 体积为 1.00mL 或 0.10mL。滴定过程中，可将读数开关一直保持打开，直至滴定结束。

② 细滴的 pH 值应从 V 为 0.00mL 记录到 V 为 10.00mL。

③ 其他注意事项参见 Ⅰ 直接 pH 值法的注意事项。

五、数据记录与处理

1. 列表记录测得的 V 和 pH 值数据，记录格式如下：

NaOH 的体积 V/mL	pH 值	$\dfrac{\Delta pH}{\Delta V}$	$\dfrac{\Delta^2 pH}{\Delta V^2}$
1.00 2.00 ...			

2. 绘制 pH-V 和（$\Delta pH/\Delta V$)-V 滴定曲线，分别确定滴定终点 V_e。

（$\Delta pH/\Delta V$ 值的计算参见表中第二栏内 pH 值的后一数值减去前一数值的差值，除以第一栏中相应的 ΔV 所得。)

3. 用二阶微商内插法确定终点 V_e。

二阶微商内插法求算滴定终点 V_e 的方法如下：计算（$\Delta^2 pH/\Delta V^2$）的值，$\Delta^2 pH/\Delta V^2$ 值的计算参见表中第三栏内（$\Delta pH/\Delta V$）值的后一数值减去前一数值的差值除以相应的 ΔV，所得若（$\Delta^2 pH/\Delta V^2$）值由正值变为负值，设前者为（$\Delta^2 pH/\Delta V^2$)$_1$，后者为（$\Delta^2 pH/\Delta V^2$)$_2$，相应所消耗的 NaOH 标准溶液的体积为 V_1 和 V_2，则滴定终点（$\Delta^2 pH/\Delta V^2=0$）的 V_e 值必在 V_1 和 V_2 之间，由内插法可得：

$$\frac{V_e - V_1}{V_2 - V_1} = \frac{0 - (\Delta^2 pH/\Delta V^2)_1}{(\Delta^2 pH/\Delta V^2)_2 - (\Delta^2 pH/\Delta V^2)_1}$$

则：

$$V_e = V_1 + (V_2 - V_1)\frac{(\Delta^2 pH/\Delta V^2)_1}{(\Delta^2 pH/\Delta V^2)_1 - (\Delta^2 pH/\Delta V^2)_2}$$

4. 由 $\dfrac{1}{2}V_e$ 计算 HAc 的解离常数 $K_{HAc}^{\ominus}$，并与文献值比较（$K_{HAc}^{\ominus} = 1.76 \times 10^{-5}$），分析产生误差的原因。

5. 根据 V_e 计算 HAc 的含量。

六、思考题

1. 用电位滴定法确定终点与指示剂法相比有何优缺点？
2. 实验中为什么要加入 $1 mol \cdot L^{-1}$ KCl 5mL？
3. 当醋酸完全被氢氧化钠中和时，反应终点的 pH 值是否等于 7？为什么？
4. 试比较电位滴定法和直接 pH 值法的优缺点。

实验十三 分光光度法测定化学反应的平衡常数

一、实验目的

1. 掌握用分光光度法测定化学反应平衡常数的原理和方法。
2. 学习分光光度计的使用方法。

3. 学习吸量管的使用方法。

二、实验原理

有色物质溶液颜色的深浅与浓度有关，溶液越浓，颜色越深。因而可以用比较溶液颜色的深浅来测定溶液中该有色物质的浓度。这种测定方法叫做比色分析。用分光光度计进行比色分析的方法称为分光光度法。

根据朗伯-比耳定律：有色溶液对光的吸收程度即吸光度 A 与溶液中有色物质的浓度 c 和液层厚度 b 的乘积呈正比。其数学表达式为

$$A = \varepsilon bc$$

当溶液浓度以 $mol \cdot L^{-1}$ 为单位，液层厚度以 cm 为单位时，式中 ε 称为摩尔吸光系数。当波长一定时，它是有色物质的一个特征常数。

若同一种有色物质的两种不同浓度的溶液厚度相同，则可得

$$\frac{A_1}{A_2} = \frac{c_1}{c_2} \quad \text{或} \quad c_2 = \frac{A_2}{A_1} c_1$$

如果已知标准溶液中有色物质的浓度为 c_1，并测得标准溶液的吸光度为 A_1，未知溶液的吸光度为 A_2，则从上式可求出未知溶液中有色物质的浓度 c_2，这就是比色分析的依据。

本实验通过分光光度法测定下列化学反应的平衡常数 $K^{\ominus}$：

$$Fe^{3+} + HSCN \Longrightarrow [Fe(SCN)]^{2+} + H^+$$

$$K^{\ominus} = \frac{(c_{[Fe(SCN)]^{2+}}/c^{\ominus})(c_{H^+}/c^{\ominus})}{(c_{Fe^{3+}}/c^{\ominus})(c_{HSCN}/c^{\ominus})},$$

由于 $c^{\ominus} = 1 mol \cdot L^{-1}$，上式简写为：$K^{\ominus} = \dfrac{c_{[Fe(SCN)]^{2+}} c_{H^+}}{c_{Fe^{3+}} c_{HSCN}}$

由于反应中只有 $[FeSCN]^{2+}$ 呈红色，所以平衡时溶液中 $[Fe(SCN)]^{2+}$ 的浓度可以用已知浓度的 $[Fe(SCN)]^{2+}$ 标准溶液通过比色测得，然后根据反应方程式和 Fe^{3+}、$HSCN$、H^+ 的初始浓度，求出平衡时各物质的浓度，即可根据上式算出化学平衡常数 $K^{\ominus}$。

本实验中，已知浓度的 $[Fe(SCN)]^{2+}$ 标准溶液可以根据下面的假设配制：当 $c_{Fe^{3+}} \gg c_{HSCN}$ 时，反应中 HSCN 可以认为全部转化为 $[Fe(SCN)]^{2+}$。因此 $[Fe(SCN)]^{2+}$ 的标准浓度就是所用 HSCN 的初始浓度，实验中作为标准溶液的初始浓度为

$$c_{Fe^{3+}} = 0.100 mol \cdot L^{-1}, \quad c_{HSCN} = 0.000200 mol \cdot L^{-1}$$

由于 Fe^{3+} 的水解会产生一系列有色离子，例如棕色 $[FeOH]^{2+}$，因此溶液必须保持较大的 c_{H^+}，以阻止 Fe^{3+} 的水解。较大的 c_{H^+} 还可以使 HSCN 基本上保持未电离状态。本实验中的溶液用 HNO_3 保持 $c_{H^+} = 0.500 mol \cdot L^{-1}$。

三、仪器与试剂

仪器：722s 型分光光度计，吸量管（10mL），烧杯（50mL，洁净、干燥）。

试剂：Fe^{3+} 溶液（$0.200 mol \cdot L^{-1}$，$0.00200 mol \cdot L^{-1}$：用 $Fe(NO_3)_3 \cdot 9H_2O$ 溶解在 $1 mol \cdot L^{-1}$ HNO_3 中配成，HNO_3 的浓度必须标定），KSCN（$0.00200 mol \cdot L^{-1}$）。

四、实验步骤

1. [FeSCN]²⁺标准溶液的配制

在 1 号干燥、洁净的烧杯中加入 10.0mL 0.200mol·L⁻¹ Fe³⁺ 溶液、2.00mL 0.00200mol·L⁻¹ KSCN 溶液和 8.00mL 水，充分混合，得 $c_{[FeSCN]^{2+},标准}=0.000200\text{mol}\cdot\text{L}^{-1}$。

2. 待测溶液的配制

在 2～5 号烧杯中，分别按下面表中的用量配制并混合均匀。

烧杯编号	0.00200mol·L⁻¹ Fe³⁺/mL	0.00200mol·L⁻¹ KSCN/mL	H₂O/mL
2	5.00	5.00	0
3	5.00	4.00	1.00
4	5.00	3.00	2.00
5	5.00	2.00	3.00

3. 测定

在 722s 型分光光度计上，用去离子水作参比溶液，在波长 447nm 处测定 1～5 号溶液的吸光度。将溶液的吸光度、初始浓度和计算得到的各平衡浓度和 $K^{\ominus}$ 值记录在下表中。

烧杯编号	吸光度 A	初始浓度/mol·L⁻¹		平衡浓度/mol·L⁻¹				$K^{\ominus}$	$K^{\ominus}_{平}$
		$c_{Fe^{3+},始}$	$c_{HSCN,始}$	$c_{H^+,平}$	$c_{[Fe(SCN)]^{2+},平}$	$c_{Fe^{3+},平}$	$c_{HSCN,平}$		
1									
2									
3									
4									
5									

五、实验结果

1. 求各平衡浓度

$$c_{H^+,平衡}=\frac{1}{2}c_{HNO_3},\quad c_{[Fe(SCN)]^{2+},平衡}=\frac{A_n}{A_1}c_{[Fe(SCN)]^{2+},标准},\quad c_{Fe^{3+},平衡}=c_{Fe^{3+},初始}-$$

$$c_{[Fe(SCN)]^{2+},平衡},\quad c_{HSCN,平衡}=c_{HSCN,初始}-c_{[Fe(SCN)]^{2+},平衡}。$$

2. 计算 $K^{\ominus}$ 值

将上面求得的各平衡浓度代入平衡常数公式，求出 $K^{\ominus}$：

$$K^{\ominus}=\frac{c_{[Fe(SCN)]^{2+}}c_{H^+}}{c_{Fe^{3+}}c_{HSCN}}$$

> **实验指导**
> ① 使用的烧杯必须洁净、干燥。
> ② 注意吸量管上的标签，不要搞错。吸量管吸取铁标准溶液时，必须每次从"零"刻度开始定量放液。
> ③ 为了减少误差，在配制溶液时，吸取同种试剂时由一人操作。
> ④ 测量时，由低浓度到高浓度逐一测定其吸光度。测定一组溶液的吸光度时应用同一只比色皿。
> ⑤ 比色皿装液不宜太满，一般为比色皿容积的 4/5。溢在外面的液体用滤纸吸干，

勿反复擦拭。手不要接触比色皿的透光面。洁净的比色皿使用前应先用去离子水淋洗三次，再用试液淋洗三次。

⑥ 分光光度计的使用与注意事项参见第 1 章 1.4.2。

⑦ 上面计算所得的 $K^\ominus$ 只是近似值。在精确计算时，平衡时的 c_{HSCN} 应考虑 HSCN 的电离部分，所以：$c_{HSCN,初始} = c_{HSCN,平衡} + c_{[Fe(SCN)]^{2+},平衡} + c_{SCN^-,平衡}$

由于

$$HSCN \rightleftharpoons H^+ + SCN^-，K^\ominus_{HSCN} = \frac{c_{SCN^-} c_{H^+}}{c_{HSCN}}$$

故

$$c_{SCN^-,平衡} = K^\ominus_{HSCN} \frac{c_{HSCN,平衡}}{c_{H^+,平衡}}$$

因此

$$c_{HSCN,初始} = c_{HSCN,平衡} + c_{[Fe(SCN)]^{2+},平衡} + K^\ominus_{HSCN} \frac{c_{HSCN,平衡}}{c_{H^+,平衡}}$$

$$c_{HSCN,平衡} + K^\ominus_{HSCN} \frac{c_{HSCN,平衡}}{c_{H^+,平衡}} = c_{HSCN,初始} - c_{[Fe(SCN)]^{2+},平衡}$$

$$c_{HSCN,平衡} \left(1 + \frac{K^\ominus_{HSCN}}{c_{H^+,平衡}}\right) = c_{HSCN,初始} - c_{[Fe(SCN)]^{2+},平衡}$$

$$c_{HSCN,平衡} = \frac{c_{HSCN,初始} - c_{[Fe(SCN)]^{2+},平衡}}{1 + \dfrac{K^\ominus_{HSCN}}{c_{H^+,平衡}}}，式中 K^\ominus_{HSCN} = 0.141 （25℃）$$

六、思考题

1. 试剂用吸量管量取，各支吸量管应严格区分。如果不这样做，对实验将产生怎样的影响？

2. 在配制 Fe^{3+} 溶液时，用纯水和用 HNO_3 溶液来配有何不同？本实验中 Fe^{3+} 溶液为何要维持很大的 c_{H^+}？

3. 如何正确使用 722s 型分光光度计？

4. 为什么计算所得的 $K^\ominus$ 是近似值？怎样求得精确的 $K^\ominus$？

5. $K^\ominus$ 文献值为 104，分析产生误差的原因。

实验十四　溶度积常数的测定

I　硫酸钙溶度积的测定（离子交换法）

一、实验目的

1. 掌握用离子交换法测定硫酸钙溶度积常数的原理与方法。

2. 学会离子交换原理与技术。

二、实验原理

在难溶电解质 $CaSO_4$ 的饱和溶液中，存在着下列平衡：

$$CaSO_4(s) = Ca^{2+} + SO_4^{2-}$$

其溶度积为：$K_{sp,CaSO_4}^{\ominus} = (c_{Ca^{2+}}/c^{\ominus})(c_{SO_4^{2-}}/c^{\ominus})$

本实验是利用离子交换树脂与饱和 $CaSO_4$ 溶液进行离子交换，测定室温下 $CaSO_4$ 的溶解度，从而确定其溶度积常数。

离子交换是指离子交换剂与溶液中某些离子发生交换的过程。离子交换树脂是最常用的一种离子交换剂，它是由人工合成具有网状结构的高分子化合物，通常为颗粒状，性质稳定，不溶于酸、碱及一般有机溶剂。离子交换树脂中含有能与其他物质进行离子交换的活性基团。含有酸性基团（如磺酸基—SO_3H、羧基—$COOH$ 等）能与其他物质进行阳离子交换的称为阳离子交换树脂；含有碱性基团（如伯氨基—NH_2、仲氨基—NHR、叔氨基—NR_2）能与其他物质进行阴离子交换的称为阴离子交换树脂。

本实验采用强酸型阳离子交换树脂（以 R—SO_3H 表示）与饱和 $CaSO_4$ 溶液中的阳离子 Ca^{2+} 进行交换，其反应如下：

$$2R-SO_3H + Ca^{2+} \Longrightarrow (R-SO_3)_2Ca + 2H^+$$

从流出液的 c_{H^+} 可计算 $CaSO_4$ 的摩尔溶解度 c：

$$c = c_{Ca^{2+}} = c_{SO_4^{2-}} = \frac{c_{H^+}}{2}$$

c_{H^+} 可用酸度计进行测定，从而算出 $CaSO_4$ 的溶度积：

$$K_{sp,CaSO_4}^{\ominus} = (c_{Ca^{2+}}/c^{\ominus})(c_{SO_4^{2-}}/c^{\ominus}) = c_{Ca^{2+}} c_{SO_4^{2-}} = c^2$$

三、仪器与试剂

仪器：离子交换柱，pHS-3C 酸度计，移液管（25mL），容量瓶（100mL），烧杯（50mL）。

试剂：新过滤的 $CaSO_4$ 饱和溶液，强酸型阳离子交换树脂，缓冲溶液（pH＝4.003）。

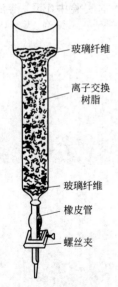

玻璃纤维

离子交换树脂

玻璃纤维

橡皮管

螺丝夹

图 3-2 离子交换柱

四、实验步骤

1. 装柱

在交换柱底部填入少量玻璃纤维，将 65mL 阳离子交换树脂（钠型）和水的"糊状"物注入交换柱内，用塑料通条赶走树脂间的气泡，并保持液面略高于树脂，防止树脂间产生气泡（见图 3-2）。

2. 转型

为保证 Ca^{2+} 完全交换成 H^+，必须将钠型完全转变为氢型，用 130mL 2mol·L^{-1} HCl 以每分钟 30 滴的流速流过离子交换树脂，然后用去离子水洗涤树脂，直到流出液呈中性。

3. 交换和洗涤

用移液管准确吸取 25mL $CaSO_4$ 饱和溶液，放入离子交换柱中。用 100mL 容量瓶收集流出液，流出速度控制在每分钟 20～25 滴，不宜太快。当液面下降到略高于树脂时，加 25mL 去离子水洗涤，流速仍为每分钟 20～25 滴。再次用 25mL 去离子水继续洗涤，流速可适当加快。继续洗涤，当流出液接近 100mL 时，用 pH 试纸测试，此时若流出液的 pH 值接近于 7，则可旋紧螺旋夹，移走容量瓶。

4. 氢离子浓度的测定

用去离子水稀释至容量瓶刻度，充分摇匀。计算 100mL 溶液中的氢离子浓度，记作 c_{H^+100}。

实验指导

① 根据实验时间，装柱和转型可由实验准备室完成。

② 阳离子交换树脂（钠型）要先用蒸馏水浸泡 24～48h 并洗净。

③ 在每次加液体前，液面都应略高于树脂（2～3mm），这样既不会带进气泡，又可减少溶液的混合，以提高交换和洗涤的效果。

④ 酸度计的正确使用参见第 1 章 1.4.1。

⑤ 上面计算所得的 $K_{sp,CaSO_4}^{\ominus}$ 只是近似值，精确计算时还应考虑在饱和 $CaSO_4$ 溶液中除 Ca^{2+} 与 SO_4^{2-} 外，还有一部分未解离的 $CaSO_4$ 离子对存在：

$$CaSO_4(aq) \longrightarrow Ca^{2+} + SO_4^{2-} \tag{1}$$

当溶液经离子交换树脂时，由于 Ca^{2+} 被交换，平衡向右移动，$CaSO_4(aq)$ 解离，$CaSO_4$ 的溶解度 y 为

$$y = c_{Ca^{2+}} + c_{CaSO_4(aq)} = \frac{c_{H^+}}{2} \tag{2}$$

设饱和 $CaSO_4$ 溶液中 $c_{Ca^{2+}} = c'$ 则 $c_{SO_4^{2-}} = c'$

由式（2）

$$c_{CaSO_4(aq)} = y - c'$$

从式（1）写出

$$K_d^{\ominus} = \frac{c_{Ca^{2+}} c_{SO_4^{2-}}}{c_{CaSO_4(aq)}}$$

式中，$K_d^{\ominus}$ 称为离子对解离常数，对 $CaSO_4$ 来说，25℃时，$K_d^{\ominus} = 5.2 \times 10^{-3}$，故

$$\frac{c_{Ca^{2+}} c_{SO_4^{2-}}}{c_{CaSO_4(aq)}} = \frac{c'c'}{y - c'} = 5.2 \times 10^{-3}$$

解上述方程得：

$$c' = \frac{-5.2 \times 10^{-3} \pm \sqrt{(5.2 \times 10^{-3})^2 + 4 \times 5.2 \times 10^{-3} y}}{2}$$

$$K_{sp,CaSO_4}^{\ominus} = c_{Ca^{2+}} c_{SO_4^{2-}} = c'^2$$

五、数据记录和处理

1. 记录室温。

2. 测定流出液的 pH 值，流出液的 c_{H^+100}，换算成 25mL 溶液完全交换后的 c_{H^+25}。

3. 计算 $CaSO_4$ 的摩尔溶解度及溶度积常数 $K_{sp,CaSO_4}^{\ominus}$。

六、思考题

1. 如何配制 $CaSO_4$ 饱和溶液？对所用去离子水有何要求？

2. 在进行离子交换操作过程中，为什么要控制流出液的流速？如太快，将会产生什么后果？

3. 为什么交换前与交换洗涤后的流出液都要呈中性？为什么要将洗涤液合并到容量瓶中？

4. 除用酸度计测定流出液的 c_{H^+} 外，还有哪些方法可以测定流出液的 c_{H^+}？试设计测定方法，列出计算关系式。

Ⅱ 硫酸钡溶度积的测定（电导率法）

一、实验目的

1. 掌握用电导率法测定硫酸钡溶度积常数的原理与方法。
2. 学会电导率仪的正确使用方法。

二、实验原理

在难溶电解质 $BaSO_4$ 的饱和溶液中，存在下列平衡：

$$BaSO_4(s) \Longleftrightarrow Ba^{2+} + SO_4^{2-}$$

其溶度积常数为：

$$K_{sp,BaSO_4}^{\ominus} = c_{Ba^{2+}} c_{SO_4^{2-}} = c_{BaSO_4}^2$$

由于难溶电解质的溶解度很小，很难直接测定，本实验利用浓度与电导率的关系，通过测定溶液的电导率，计算 $BaSO_4$ 的溶解度 c_{BaSO_4}，从而计算其溶度积。

电解质溶液中摩尔电导率（Λ_m）、电导率（κ）、与浓度（c）间存在着下列关系：

$$\Lambda_m = \frac{\kappa}{c} \tag{1}$$

对于难溶电解质来说，它的饱和溶液可近似地看成无限稀释的溶液，正、负离子间的影响趋于零，这时溶液的摩尔电导率 Λ_m 为无限稀释摩尔电导率 Λ_m^∞，即 $\Lambda_{m,BaSO_4} = \Lambda_{m,BaSO_4}^\infty$。$\Lambda_{m,BaSO_4}^\infty$ 可由手册查得。因此，只要测得 $BaSO_4$ 饱和溶液的电导率（κ），根据式(1)，就可计算出 $BaSO_4$ 摩尔溶解度 c_{BaSO_4}。

$$c_{BaSO_4} = \frac{\kappa_{BaSO_4}}{\Lambda_{m,BaSO_4}^\infty}(mol \cdot m^{-3}) = \frac{\kappa_{BaSO_4}}{1000\Lambda_{m,BaSO_4}^\infty}(mol \cdot L^{-1})$$

则

$$K_{sp,BaSO_4} = \left(\frac{\kappa_{BaSO_4}}{1000\Lambda_{m,BaSO_4}^\infty}\right)^2$$

三、仪器与试剂

仪器：DDS-11A 型电导率仪。

试剂：$BaCl_2$（$0.05mol \cdot L^{-1}$），H_2SO_4（$0.05mol \cdot L^{-1}$），$AgNO_3$（$0.1mol \cdot L^{-1}$）。

四、实验步骤

1. BaSO₄ 饱和溶液的制备

量取 20mL $0.05mol \cdot L^{-1}$ H_2SO_4 溶液和 20mL $0.05mol \cdot L^{-1}$ $BaCl_2$ 溶液，分别置于 100mL 烧杯中，加热近沸（到刚有气泡出现），在搅拌下趁热将 $BaCl_2$ 慢慢滴入（每秒钟约 2~3 滴）H_2SO_4 溶液中，然后将盛有沉淀的烧杯放置于沸水浴中加热，并搅拌 10min，静置冷却 20min，用倾析法去掉清液，再用近沸的去离子水洗涤 $BaSO_4$ 沉淀 3~4

次，直到检验清液中无 Cl^- 为止。最后在洗净的 $BaSO_4$ 沉淀中加入 40mL 去离子水，煮沸 3～5min，并不断搅拌，冷却至室温。

2. 用电导率仪测定上面制得的 $BaSO_4$ 饱和溶液的电导率 κ_{BaSO_4}。

实验指导

① 实验所用去离子水其电导率应在 $5\times10^{-4}S\cdot m^{-1}$ 左右，这样才可使 $K_{sp,CaSO_4}^{\ominus}$ 能较好地接近文献值。

② 在洗涤 $BaSO_4$ 沉淀时，为提高洗涤效果，不仅要进行搅拌，而且每次应尽量将洗涤液倾出。

③ 为了保证 $BaSO_4$ 饱和溶液的饱和度，在测定 κ_{BaSO_4} 时，盛有 $BaSO_4$ 饱和溶液的小烧杯下层一定要有 $BaSO_4$ 晶体，上层为清液。

④ 25℃时，无限稀释的 $\Lambda_{m,BaSO_4}^{\infty}=286.88\times10^{-4}S\cdot m^2\cdot mol^{-1}$。

⑤ 电导率仪使用见第 1 章 1.4.3。

⑥ 上面计算所得的 $K_{sp,CaSO_4}^{\ominus}$ 只是近似值，因为测得的 $BaSO_4$ 饱和溶液电导率 κ_{BaSO_4} 包括了 H_2O 的电导率 κ_{H_2O}。精确计算时，应在测得 κ_{BaSO_4} 的同时，还应测定制备 $BaSO_4$ 饱和溶液所用的去离子水的电导率 κ_{H_2O}，然后按下式进行计算：

$$K_{sp,BaSO_4}^{\ominus}=\left(\frac{\kappa_{BaSO_4}-\kappa_{H_2O}}{1000\Lambda_{m,BaSO_4}^{\infty}}\right)^2$$

五、实验结果

1. 记录室温及在该温度下 $BaSO_4$ 饱和溶液的电导率 κ_{BaSO_4}。

2. 计算 $BaSO_4$ 的 $K_{sp,CaSO_4}^{\ominus}$。

六、思考题

1. 为什么在制得的 $BaSO_4$ 沉淀中要反复洗涤至溶液中无 Cl^- 存在？如果不这样洗对实验结果有何影响？

2. 使用电导率仪要注意哪些操作？

实验十五　$[Ti(H_2O)_6]^{3+}$ 分裂能的测定（分光光度法）

一、实验目的

1. 掌握用分光光度法测定 $[Ti(H_2O)_6]^{3+}$ 分裂能的原理和方法。

2. 进一步巩固分光光度计的使用。

二、实验原理

由晶体场理论可知，过渡金属配合物的中心离子在配位体场（晶体场）的作用下，d 轨道会发生能级分裂。对八面体配合物，中心离子 5 个能量相等的 d 轨道分裂成能量较高

的 e_g（或 d_r）和能量较低的 t_{2g}（或 d_ε）两组，这两组轨道之间的能量差即为分裂能，用 Δ_o 表示。即：

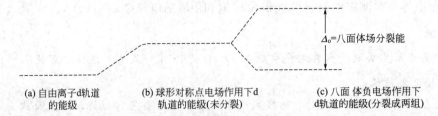

(a) 自由离子d轨道   (b) 球形对称点电场作用下d   (c) 八面体负电场作用下
的能级   轨道的能级(未分裂)   d轨道的能级(分裂成两组)

过渡金属离子一般具有未充满的 d 轨道。由于在配体场作用下发生了能级分裂，因而电子就有可能从较低能量的 t_{2g} 轨道向较高能级 e_g 轨道跃迁，这种跃迁称为 d-d 跃迁，发生 d-d 跃迁所需要的能量就是 d 轨道的分裂能。不同配合物可以吸收不同波长的光而发生 d-d 跃迁，这就是用分光光度法测定分裂能的基础。

对于八面体配离子 $[Ti(H_2O)_6]^{3+}$，中心离子 Ti^{3+} 只有一个 d 电子，基态时这个电子位于能量较低的 t_{2g} 轨道，当它吸收一定波长的光的能量后，就会发生 d-d 跃迁，即由 t_{2g} 轨道跃入能量较高的 e_g 轨道。则

$$E_光 = h\nu = \frac{hc}{\lambda} = E_{e_g} - E_{t_{2g}} = \Delta_o$$

式中，h 为普朗克常数 $h = 6.626 \times 10^{-34} J \cdot s$；$c$ 为光速 $c = 2.998 \times 10^8 m \cdot s^{-1}$；$E_光$ 为可见光光能，J；ν 为频率，s^{-1}；λ 为波长，nm。

当1个电子发生 d-d 跃迁时，

$$\Delta_o = E_光 = \frac{hc}{\lambda} = \frac{6.626 \times 10^{-34} J \cdot s \times 2.998 \times 10^8 m \cdot s^{-1}}{\lambda} = 1.9864 \times 10^{-25} \times \frac{1}{\lambda} J \cdot m$$

当1mol电子发生 d-d 跃迁时，则：

$$\Delta_o = N_A h\nu = \frac{N_A hc}{\lambda} = 6.022 \times 10^{23} mol^{-1} \times 1.9864 \times 10^{-25} \times \frac{1}{\lambda} J \cdot m$$

$$= 1.1962 \times 10^{-1} \times \frac{1}{\lambda} J \cdot m \cdot mol^{-1} = 1.1962 \times 10^{-4} \times \frac{1}{\lambda} kJ \cdot m \cdot mol^{-1}$$

Δ_o 也常以 cm^{-1} 作单位，$1 cm^{-1} \approx 1.1962 \times 10^{-2} kJ \cdot mol^{-1}$。所以当 Δ_o 用 cm^{-1} 表示，波长用 nm 时，有

$$\Delta_o = \frac{1}{\lambda} \times 10^7 cm^{-1}$$

若用一定浓度的 $[Ti(H_2O)_6]^{3+}$ 溶液，用分光光度计测定不同波长 λ 时的吸光度 A，以波长 λ 为横坐标，吸光度为纵坐标，作 A-λ 吸收曲线，则由曲线最大吸收峰对应的波长 $\lambda_{最大}$ 可计算 $[Ti(H_2O)_6]^{3+}$ 的分裂能 Δ_o（cm^{-1}）：

$$\Delta_o = \frac{1}{\lambda_{最大}} \times 10^7 cm^{-1}$$

三、仪器与试剂

仪器：722s型分光光度计，吸量管（5mL），容量瓶（25mL）。

试剂：$TiCl_3$ 溶液（15%～20%），HCl（$2mol \cdot L^{-1}$）。

四、实验内容

1. 用吸量管吸取 5mL 15％ $TiCl_3$ 溶液于 50mL 容量瓶中，以 $2mol \cdot L^{-1}$ HCl 稀释至刻度，摇匀。

2. 以蒸馏水为参比液，用 722s 分光光度计测出上述 $[Ti(H_2O)_6]^{3+}$ 溶液在 420～600nm 波长范围内的吸光度，每隔 10nm 波长测定一次。

> **实验指导**
>
> ① Ti^{3+} 易水解，因此要用稀 HCl 为稀释液，但由于 Cl^- 浓度增大，会形成 $[Ti(H_2O)_5Cl]^{2+}$、$[Ti(H_2O)_4Cl_2]^+$ 等配离子，使实验测得的 $\lambda_{最大}$ 偏大，Δ_o 偏小。因此，稀释用的 HCl 浓度不宜太大，以控制 Ti^{3+} 不发生水解为宜，如用高氯酸作稀释液则更好。
>
> ② 实验用过的容器必须及时洗涤干净，以免 Ti^{3+} 氧化水解生成的 TiO_2 沉积在容器内壁而呈白色。如果有 TiO_2 沉积出来，可用盐酸和锌粉浸泡后再洗刷干净。
>
> ③ 分光光度计的使用参见第 1 章 1.4.2 节。

五、实验结果

1. 不同波长下，$[Ti(H_2O)_6]^{3+}$ 配合物溶液的吸光度 A

波长 λ/nm	420	440	460	480	490	495	500	505	510	515	520	530	540	560	580	600
吸光度 A																

2. 绘制 A-λ 曲线，在曲线上找出 $[Ti(H_2O)_6]^{3+}$ 配离子最大吸收峰所对应的波长 $\lambda_{最大}$。

3. 计算 $[Ti(H_2O)_6]^{3+}$ 配离子的 Δ_o。

六、思考题

1. 不同浓度的 $TiCl_3$ 稀溶液所测得的吸收曲线有何异同点？在同一波长下，光的吸收程度与溶液的浓度有什么关系？

2. 本实验测定吸收曲线时，溶液浓度的高低对测定 Δ_o 有无影响？

3. $[Ti(H_2O)_6]^{3+}$ 配离子的 Δ_o 文献值为 $20400cm^{-1}$，分析产生误差的原因。

实验十六　硼酸的线性滴定与解离常数的测定

一、实验目的

1. 学习用线性滴定法确定极弱酸的滴定终点的方法。
2. 学会用微机进行数据处理。

二、实验原理

常规的酸碱滴定曲线（pH-V 曲线）都是呈"S"形的，在化学计量点附近出现 pH

突跃，由此确定滴定终点。但对于极弱酸或极弱碱，它们的解离常数很小，化学计量点附近没有明显的 pH 突跃，确定终点十分困难，甚至不可能。线性滴定法可将滴定曲线改变为直线，使上述问题得到解决。滴定剂可以分步等体积加入，避免在化学计量点附近逐点进行滴定，简便了操作，有利于实现计算机自动控制滴定，为分析仪器的智能化创造了有利条件。欲用强碱滴定极弱酸，例如硼酸（$K_a^{\ominus} = 5.75 \times 10^{-10}$；$K_{HA}^{H} = \dfrac{1}{K_a^{\ominus}}$，$\lg K_{HA}^{H} = 9.24$），根据解离平衡、质量平衡、电中性平衡和当量平衡可以导出 Ingman 公式：

$$V_e - V = V K_{HA}^{H}\{H\} + \frac{V_0 + V}{c_B}([H] - [OH])(1 + K_{HA}^{H}\{H\}) \tag{1}$$

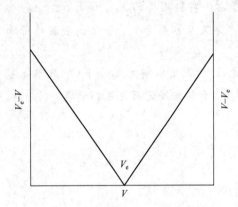

图 3-3　0.1mol·L^{-1} NaOH 线性滴定
0.1mol·L^{-1} H$_3$BO$_3$

式中，V_e 为化学计量点时消耗的滴定剂体积，mL；V_0 为滴定溶液的初始体积，mL；V 为加入滴定剂的体积，mL；c_B 为滴定剂的浓度，mol·L^{-1}；K_{HA}^{H} 为弱酸的稳定常数；$\{H\}$、$[H]$、$[OH]$ 为氢离子活度、浓度、氢氧离子浓度。为简便起见，公式中的电荷符号均已省略。

根据滴定所得的 pH 值和 V 的数据，由 Ingman 公式计算出相应的 $V_e - V$ 值，再以 $V_e - V$ 为纵坐标（注意：计算求得的 $V_e - V$ 值在化学计量点后均为负值，因此化学计量点后的纵坐标可改为 $V - V_e$），V 为横坐标，绘出滴定曲线（见图 3-3），图中两条直线与 V 轴的交点即为滴定终点时消耗的滴定剂的体积。

三、仪器与试剂

仪器：pHS-3C 型酸度计，电磁搅拌器，复合电极，半微量碱式滴定管（10mL），小烧杯（100mL），移液管（5mL）。

试剂：H$_3$BO$_3$（0.10mol·L^{-1}），KCl（1mol·L^{-1}），NaOH 标准溶液（0.1mol·L^{-1}），pH=6.86、pH=9.18 的标准缓冲溶液。

四、实验步骤

1. 用 pH=6.86 和 pH=9.18 的标准缓冲溶液分别对酸度计的"定位"和"斜率"进行校正。

2. 准确吸取 0.10mol·L^{-1} H$_3$BO$_3$ 溶液 5mL 于干燥的 100mL 小烧杯中，加 1mol·L^{-1} KCl 溶液 5.0mL，再加水 40.0mL（此时被滴定溶液的总体积为 50.0mL，溶液的离子强度为 0.1）。放入搅拌磁子，浸入复合电极。开启电磁搅拌器，读出初始 pH 值，然后以间隔 0.5mL 分步等体积地加入 0.1mol·L^{-1} NaOH 标准溶液。每加入一次滴定剂读出相应的 pH 值。

用滴定取得的 V 和 pH 值数据代入公式(1)，计算出相应的 $V_e - V$ 值。由于本实验中预先调节离子强度使之恒定，因而活度系数基本保持不变，故公式中的氢离子活度 $\{H\}$ 可以近似地用氢离子浓度 $[H]$ 代替。

在坐标纸上绘出 (V_e-V)-V 曲线，找出 V_e 值为滴定终点。计算求得的 V_e-V 值在化学计量点后均为负值，因此化学计量点后的纵坐标可改为 $V-V_e$。

实验指导

① 复合电极的玻璃膜厚为 $30 \sim 100 \mu m$，易破碎，使用要十分小心。使用前电极要浸泡过夜，使用完毕应洗净，浸于补充液中（一般为 $3 mol \cdot L^{-1} KCl$ 溶液）。

② 电极安装：插座螺丝应拧紧。

③ 复合电极清洗及使用前应先拉下电极前端的电极套。

④ 用塑料洗瓶冲洗复合电极，小烧杯和电极应用滤纸将水吸干。

⑤ 去离子水要用滴定管加，而不用量筒加。

⑥ 滴定从"零"刻度开始，滴定剂分步等体积加入，每次 $0.50 mL$，每次滴加溶液，滴定管读数都应放至刻度线上。

⑦ 勿把搅拌珠连同废液一起倒掉。

五、数据记录与处理

1. 列表记录测得的 V 和 pH 值数据。

2. 用测得的 V 和 pH 值数据代入 Ingman 公式计算出相应的 V_e-V 值。公式中的氢离子活度 $\{H\}$ 可以近似地用氢离子浓度 $[H]$ 代替（本实验中已预先固定离子强度，因而活度系数基本保持不变）。

3. 绘制 pH-V 滴定曲线，由 $\frac{1}{2}V_e$ 法计算 H_3BO_3 的解离常数，并与文献值比较。

4. 绘制 (V_e-V)-V 曲线，求出 V_e 后，计算 H_3BO_3 溶液的准确浓度和含量。

六、思考题

1. 实验中为什么要加入 5mL $1mol \cdot L^{-1} KCl$?

2. 滴定剂采用等步长加入法有何优越性？

3. 试比较线性滴定法和滴定曲线法确定终点的异同性和各自的优越性。

4. 本实验是否可以只取一点或两点来计算化学计量点？

第**4**章

物质组成分析——定量分析

4.1 概 述

物质组成分析包括定性分析和定量分析两部分。定性分析的任务是确定物质的组成成分；定量分析的任务是在定性分析的基础上进一步确定各组成成分的相对含量。

定量分析通常可分为化学分析和仪器分析。化学分析是以物质化学性质为基础的分析方法，它包括重量分析和滴定分析。仪器分析是以物质的物理或物理化学性质为基础，借助于仪器进行分析的方法。

滴定分析是使用滴定管将已知准确浓度的溶液（称为标准溶液）滴加到待测物的溶液中，当标准溶液与被测组分的反应恰好完全时，即加入的标准溶液的物质的量与被测组分的物质的量符合化学反应方程式的化学计量关系时，利用标准溶液的浓度和所消耗的体积可计算出被测物质的含量。

滴定过程中，滴加标准溶液的过程称为滴定，滴加的标准溶液与被测组分恰好反应完全时的点称为化学计量点，化学计量点时往往无任何外部变化特征，不易被观察，故常常需要加入指示剂，利用指示剂在化学计量点附近的颜色突变来指示滴定的完成，指示剂变色时的点称为滴定终点。

滴定分析中所发生的化学反应包括酸碱反应、配位反应、氧化还原反应和沉淀反应。符合滴定分析的反应必须具备三个条件，即①反应必须定量完全，即反应必须具有确定的化学计量关系，无副反应发生，而且必须进行完全，通常要求反应达到99.9%以上；②反应速率要快，对于速率较慢的反应，需采取适当的措施加速反应；③必须有简便、灵敏的方法确定滴定的终点。

滴定分析中已知准确浓度的溶液即标准溶液可以直接配制，但大部分情况下，由于配制标准溶液的物质纯度不够或不稳定等原因，无法直接配制，此时可采用间接配制。间接配制是先粗略地配制成接近所需浓度的溶液，然后用基准物质或用另一标准溶液来测定其准确浓度，这个过程称为标定。标定用的基准物质必须满足四点要求，即物质的组成应与化学式相符；物质的纯度要 99.9% 以上；物质要稳定，如不易吸收空气中的水分及二氧化碳，不易被空气氧化等；具有较大的摩尔质量。

在滴定过程中，随着标准溶液的加入，被测溶液的性质在逐渐发生变化，在化学计量点前后 ±0.1% 的范围内会发生滴定的突跃，此突跃范围可认为反应完成。滴定中反应是否完成常借助于指示剂的变色来判断，各种指示剂均有其一定的变色范围，选择指示剂的原则是指示剂的变色范围必须部分或全部落在滴定的突跃范围内。

在滴定时，还需考虑滴定的条件，如 pH 值的条件等，考虑是否存在干扰，如何去除干扰，若反应速率太慢，需考虑加快反应等。

仪器分析涉及面非常广泛，本章中应用电位分析法、分光光度法和气相色谱法进行定量分析。

4.2　物质组成分析实验

实验十七　酸碱标准溶液的配制和浓度比较

一、实验目的

1. 了解用间接法配制标准溶液的方法。
2. 掌握确定滴定终点的方法。
3. 学习滴定管的正确使用与滴定操作。

二、实验原理

酸碱滴定中常用盐酸和氢氧化钠溶液作为标准溶液。但由于浓盐酸易挥发，氢氧化钠易吸收空气中的水分和二氧化碳，不符合直接法配制的条件，因此只能用间接法配制盐酸和氢氧化钠标准溶液：即先配制近似浓度的溶液，然后用基准物质标定其准确浓度。也可在已知酸或碱准确浓度的情况下，通过酸碱互相滴定得到酸碱的体积比，然后根据它们的体积比求得另一标准溶液的准确浓度。

强酸和强碱相互滴定，其 pH 突跃范围为 4.3～9.7（NaOH 和 HCl 的浓度均为 $0.1 mol \cdot L^{-1}$），因此可以选择甲基橙、甲基红、中性红、酚酞等作为指示剂。

三、仪器与试剂

仪器：电子天平（0.1g），滴定管（酸式、碱式，50mL），锥形瓶，量筒（10mL），烧杯（100mL），试剂瓶（500、1000mL），洗瓶等。

试剂：NaOH(s)，盐酸（$6 mol \cdot L^{-1}$），酚酞指示剂（0.2%），甲基橙指示剂（0.1%）。

四、实验步骤

1. $0.1 mol \cdot L^{-1}$ HCl 溶液的配制（500mL）

用洁净量筒量取 $6 mol \cdot L^{-1}$ HCl 8～9mL，倾入洁净的容量瓶中，加水稀释至

500mL，盖上玻璃塞，摇匀，贴上标签。

2. 0.1mol·L⁻¹ NaOH 溶液的配制（1000mL）

在电子天平上用小烧杯称取 NaOH 4g，加水溶解，然后将溶液倾入洁净的容量瓶中，加水稀释至1000mL，盖上橡皮塞，摇匀，贴上标签。

3. 酸碱标准溶液浓度的比较

（1）滴定管的准备

将两支滴定管（一支酸式，一支碱式）洗涤干净，用去离子水淋洗三次。用少量 HCl 标准溶液润洗酸式滴定管三次；同理，用 NaOH 标准溶液也润洗碱式滴定管三次。每次用溶液5~10mL，再将 HCl 和 NaOH 标准溶液分别直接装入酸式滴定管及碱式滴定管。驱除活塞及橡皮管下端的空气泡，调节液面于"0.00"刻度或"0.00"刻度以下，静置1min后方可读数，准确至0.01mL，并记录读数。

（2）酸碱标准溶液浓度的比较

从碱式滴定管中放出约20~30mL 的 NaOH 溶液于250mL 洁净的锥形瓶内，滴入甲基橙指示剂1~2滴，然后从酸式滴定管中将 HCl 溶液渐渐滴入锥形瓶中，同时不断摇动锥形瓶，使溶液混匀。待滴定近终点时，可用少量水淋洗瓶壁，使溅起而附于瓶壁上的溶液流下，继续逐滴或半滴滴定，直到溶液恰由黄色转变为橙黄色，即为滴定终点。如果颜色观察有疑问或终点已过，可以回滴，即可继续由碱式滴定管滴入少量 NaOH 溶液，使溶液再现黄色，然后再以 HCl 溶液滴定至橙黄色（如此反复进行，直至能较为熟练地判断滴定终点）。仔细读取两滴定管的最终读数并记录。

再次将标准溶液分别装满两滴定管，如上操作，重复滴定两次。根据滴定结果计算体积比，即 $\dfrac{V_{HCl}}{V_{NaOH}}$ 的比值。各次滴定结果与平均值的相对偏差不得大于±0.2%，否则应重做。

酸碱标准溶液浓度的比较也可采用酚酞为指示剂，以碱滴定酸的方式进行，当溶液由无色变为浅红色，并摇动后30s内不褪色即为终点。求出它们的体积比，将所得结果与甲基橙为指示剂的结果进行比较，并讨论之。

五、实验结果

列表记录实验数据并计算结果。

记录与报告示例如下：

酸碱标准溶液浓度的比较
（指示剂：甲基橙）

项目		Ⅰ	Ⅱ	Ⅲ
HCl	末读数	25.20	21.22	22.87
	初读数	0.08	0.02	0.04
V_{HCl}/mL		25.12	21.20	22.83
NaOH	末读数	24.06	20.26	21.83
	初读数	0.06	0.03	0.05
V_{NaOH}/mL		24.00	20.23	21.78
$\dfrac{V_{HCl}}{V_{NaOH}}$		1.047	1.048	1.048
平均值		1.048		
相对偏差/%		−0.1	0	0

六、思考题

1. 本次实验配制酸碱标准溶液时，试剂用量筒量取或用电子天平（0.1g）称取，这样做是否太马虎？为什么？

2. 如何检验滴定管已洁净？既已洁净为什么在装入标准溶液前需以该溶液润洗三次？滴定用的锥形瓶是否也要用该溶液润洗三次或烘干？为什么？

3. 滴定两份相同的试液时，若第一份用去标准溶液约 20mL，在滴定第二份试液时，是继续使用余下的溶液，还是添加标准溶液至滴定管的刻度"0.00"附近后再滴定？哪一种操作正确？为什么？

4. 滴定时，滴定管内消耗的体积一般在 20～30mL，为什么？

5. 半滴操作是怎样操作的？什么情况下需做半滴操作？

6. 滴定时加入指示剂的量为什么不能太多？试根据指示剂平衡移动原理进行说明。

7. 为什么用 HCl 滴定 NaOH 时常用甲基橙作指示剂，而用 NaOH 滴定 HCl 时却用酚酞作指示剂？

实验十八 食用醋酸含量的测定

I NaOH 标准溶液的标定

一、实验目的

1. 学习碱标准溶液浓度的标定方法。

2. 初步掌握酸碱指示剂的选择方法。

3. 进一步练习滴定操作，学习减量法称量。

二、实验原理

酸碱标准溶液是采用间接法配制的，其准确浓度必须依靠基准物进行标定。标定碱溶液用的基准物很多，常用的有如下几种。

1. 邻苯二甲酸氢钾（$C_6H_4COOHCOOK$），它是一种二元弱酸的共轭碱，它的酸性较弱，$K_{a2}^{\ominus}=2.9\times10^{-6}$，标定反应如下：

$$C_6H_4COOHCOOK+NaOH = C_6H_4COONaCOOK+H_2O$$

反应产物是邻苯二甲酸钾钠，在水溶液中呈微碱性，化学计量点 pH＝9.1，pH 突跃范围为 8.1～10.1，因此可用酚酞作指示剂。

2. 草酸（$H_2C_2O_4\cdot2H_2O$）是二元酸，由于 $K_{a1}^{\ominus}$ 与 $K_{a2}^{\ominus}$ 的值相近，不能分步滴定，标定的反应如下：

$$H_2C_2O_4+2NaOH = Na_2C_2O_4+2H_2O$$

反应产物为 $Na_2C_2O_4$，在水溶液中显弱碱性，也可采用酚酞为指示剂。

除上述几种外，多种水溶性的有机酸，也可作为标定碱溶液的基准物，如苯甲酸（C_6H_5COOH）、丁二酸（$CH_2COOH)_2$ 和氨基磺酸（H_2NSO_3H）等。

作为基准物应符合四项要求：一是纯度高；二是组成与它的化学式完全相符；三是性质稳定；四是摩尔质量大。

三、仪器与试剂

仪器：分析天平（0.1mg），滴定管（碱式，50mL），锥形瓶（250mL），洗瓶，称量瓶。

试剂：NaOH 标准溶液（$0.1mol\cdot L^{-1}$），邻苯二甲酸氢钾（基准试剂），酚酞指示剂（0.2%）。

四、实验步骤

用减量法准确称取邻苯二甲酸氢钾三份，每份 0.5g 左右，置于 250mL 锥形瓶中。加入 50mL 去离子水溶解，必要时可用小火温热溶解。冷至室温后，加酚酞指示剂 1～2 滴。用欲标定的 $0.1mol\cdot L^{-1}$ NaOH 溶液滴定，直至溶液呈微红色，且摇动后在 30s 内不褪色，即为终点。平行测定三次。

根据邻苯二甲酸氢钾的质量 m 和所用 NaOH 标准溶液的体积 V_{NaOH}(mL)，按下式计算 NaOH 标准溶液的浓度 c_{NaOH}。

$$c_{NaOH}=\frac{1000m}{M_{C_6H_4COOHCOOK}V_{NaOH}}$$

式中，$M_{C_6H_4COOHCOOK}$ 为邻苯二甲酸氢钾的摩尔质量。

各次标定的结果与平均值的相对偏差不得大于 ±0.3%，否则应重做。

五、实验结果

列表记录实验数据及计算结果。

记录与报告示例如下：

NaOH 标准溶液的标定

（指示剂：酚酞）

项目		I	II	III
邻苯二甲酸氢钾质量 m/g		0.5330	0.5056	0.5192
NaOH	末读数	25.05	23.81	24.41
	初读数	0.04	0.03	0.02
V_{NaOH}/mL		25.01	23.78	24.39
$c_{NaOH}=\dfrac{1000m}{M_{C_6H_4COOHCOOK}V_{NaOH}}=\dfrac{1000m}{204.2V_{NaOH}}$				

$c_{NaOH}/mol \cdot L^{-1}$	0.1044	0.1041	0.1042
平均值		0.1042	
相对偏差/%	0.2	-0.1	0

实验指导

① 邻苯二甲酸氢钾通常在 $100\sim125℃$ 的烘箱里干燥 2h，干燥温度不宜太高，否则会引起脱水而成为邻苯二甲酸酐。

② 称量邻苯二甲酸氢钾时，三个锥形瓶需做好标记，记录的称量值和锥形瓶中的邻苯二甲酸氢钾要一一对应。

③ 溶解邻苯二甲酸氢钾时不能用玻璃棒搅拌，注意观察锥形瓶侧壁是否有未溶解的邻苯二甲酸氢钾小颗粒。

④ 滴定接近终点时，放慢滴定速度并用去离子水淋洗瓶壁。

⑤ 每份滴定体积均从"0"刻度附近开始。

⑥ 终点到达后，溶液放置在空气中时间长了，呈现的淡红色会慢慢褪去，这是由于溶液吸收了 CO_2，溶液的碱性减弱，使酚酞红色褪去。

六、思考题

1. 标定 NaOH 溶液时，基准物邻苯二甲酸氢钾为什么要称 0.5g 左右？称得太多或太少有何不好？

2. 作为标定用的基准物应该具备哪些条件？

3. 本实验中所使用的称量瓶、锥形瓶是否必须烘干？为什么？

4. 实验中溶解邻苯二甲酸氢钾所用的水的体积是否要准确量度？为什么？

Ⅱ 食用醋酸含量的测定

一、实验目的

1. 掌握食用醋酸含量测定的原理和方法。

2. 了解强碱滴定弱酸时指示剂的选择。

3. 学习容量瓶、移液管的正确使用。

二、实验原理

食用醋的主要成分是醋酸，醋酸为一弱酸，其解离常数 $K_a^{\ominus}=1.75\times10^{-5}$，因此可用 NaOH 标准溶液直接滴定。HAc 和 NaOH 反应如下：

$$HAc+NaOH \Longrightarrow NaAc+H_2O$$

反应产物是 NaAc，若用 $0.1mol \cdot L^{-1}$ NaOH 滴定 $0.1mol \cdot L^{-1}$ HAc，化学计量点时 pH=8.7，pH 突跃范围在 $7.7\sim9.7$，可用酚酞作指示剂。

三、仪器与试剂

仪器：滴定管（碱式，50mL），移液管（25mL），容量瓶（250mL），锥形瓶

（250mL），洗瓶，洗耳球。

试剂：NaOH 标准溶液（0.1mol·L^{-1}），酚酞指示剂（0.2%），食用白醋（1mol·L^{-1}）。

四、实验步骤

用 25mL 移液管移取食用醋酸试液一份于 250mL 容量瓶中，用去离子水稀释至刻度，摇匀。

用移液管吸取稀释后的醋酸溶液 25mL 于 250mL 锥形瓶中，加入酚酞指示剂 1~2 滴，用 NaOH 标准溶液滴定，直到溶液呈微红色，且摇动后在 30s 内不褪色，即为终点。根据 NaOH 标准溶液的浓度 c_{NaOH} 和滴定时消耗的体积 V_{NaOH}，可以计算出食用醋酸试样中醋酸的含量。

三次平行测定的结果与平均值的相对偏差不得大于 0.2%，否则应重做。

五、实验结果

1. 列表记录各项实验数据。

记录与报告示例如下：

食用醋酸含量的测定

（指示剂：酚酞）

项目		I	II	III
NaOH	末读数			
	初读数			
V_{NaOH}/mL				
计算式				
m_{HAc}/g·250mL^{-1}				
m_{HAc}平均值				
相对偏差/%				

2. 计算食用醋酸试样中醋酸的含量，以 250mL 容量瓶中醋酸的质量（g）的计。

实验指导

① 容量瓶中配制溶液时，若稀释过头，应重配，并且一定要摇匀。

② 使用移液管吸取试液前，先用滤纸将外壁擦干，管尖内的水吸去。第一次吸液润洗移液管时，只准溶液朝上吸，不准朝下流。

③ 移液管放液时，注意操作要领"垂直、靠壁、停留"。移液管内最后一滴溶液不能用洗耳球吹出（个别有"吹"字的移液管除外）。

④ 放完溶液后应用去离子水将移液管口所靠的锥形瓶瓶壁上的溶液淋洗入瓶内。

六、思考题

1. 测定食用醋酸为什么要用酚酞作为指示剂？用甲基橙或甲基红是否可以？试说明理由。

2. 应如何正确地使用移液管？若移液管中的溶液放出后，在管的尖端尚残留一滴溶液，应怎样处理？

3. 如何计算食用醋酸中醋酸的含量？

4. 如果以甲基橙为指示剂，测定结果会怎样？

实验十九 碱灰中总碱度的测定

I HCl 标准溶液的标定

一、实验目的

1. 学习酸标准溶液标定的方法。

2. 进一步熟练滴定操作，巩固减量法称量。

二、实验原理

酸碱标准溶液是采用间接法配制的，其准确浓度必须依靠基准物进行标定。标定酸溶液用的基准物很多，常用的几种如下。

1. 无水碳酸钠 Na_2CO_3

用它作为基准物标定酸时，反应如下：

$$Na_2CO_3 + 2HCl = 2NaCl + H_2CO_3$$
$$\longrightarrow CO_2 + H_2O$$

因化学计量点反应产物是碳酸，溶液呈弱酸性，故用甲基橙为指示剂。

2. 硼砂 $Na_2B_4O_7 \cdot 10H_2O$

用它作为基准物来标定 HCl 溶液时，反应如下：

$$Na_2B_4O_7 + 2HCl + 5H_2O = 2NaCl + 4H_3BO_3$$

因化学计量点反应产物是很弱的硼酸（$K_a^{\ominus} = 5.7 \times 10^{-10}$），溶液呈微酸性，因此可用甲基红为指示剂。

三、仪器与试剂

仪器：分析天平（0.1mg），滴定管（酸式，50mL），锥形瓶（250mL），洗瓶，称量瓶。

试剂：HCl 标准溶液（0.1mol·L^{-1}），无水碳酸钠（基准试剂），甲基橙指示剂（0.1%）。

四、实验步骤

用减量法准确称取 Na_2CO_3 三份，每份为 0.15g 左右，分别置于 250mL 锥形瓶中。加去离子水 50mL，摇动使之溶解。加甲基橙 1 滴，用欲标定的 HCl 溶液滴定，直至溶液由黄色变为橙色，即为终点，读取 V_{HCl} 并记录。用同样方法滴定另外两份 Na_2CO_3 溶液。

根据 Na_2CO_3 质量 m 和所用 HCl 标准溶液的体积 V_{HCl}（mL），可按下式计算 HCl 标准溶液的浓度 c_{HCl}：

$$c_{HCl} = \frac{2000m}{M_{Na_2CO_3} V_{HCl}}$$

式中，$M_{Na_2CO_3}$ 为碳酸钠的摩尔质量。

各次标定的结果与平均值的相对偏差不得大于 0.3%，否则应重做。

此外，也可根据酸碱溶液中已标出的 NaOH 标准溶液的浓度（见实验十八），然后按它们的体积比 V_{HCl}/V_{NaOH}（见实验十七）来计算 HCl 标准溶液的浓度。

五、实验结果

1. 参阅 NaOH 溶液标定的记录及报告示例，记录 HCl 溶液标定的实验数据。

2. 计算 HCl 标准溶液的浓度 c_{HCl}。

> **实验指导**
>
> ① 无水碳酸钠易吸水，称量时要快速准确，并迅速将称量瓶加盖密封。
>
> ② 滴定过程中产生 CO_2，使终点变色不敏锐，因而在滴定进行至近终点时，将溶液加热煮沸以除去 CO_2，冷却后继续滴定，此时终点由黄色变为橙色，十分明显。
>
> ③ 无水碳酸钠为强碱性物质，使用时注意不要接触皮肤。

六、思考题

1. 标定 HCl 溶液时基准物 Na_2CO_3 为什么要称 0.15g 左右？

2. 欲溶解 Na_2CO_3 基准物时，加水 50mL 应以量筒量取还是用移液管吸取？为什么？

3. 用 Na_2CO_3 作基准物标定 HCl 时为什么用甲基橙作指示剂？能用酚酞吗？若用酚酞作指示剂标定，结果会如何？

4. 若以硼砂为基准物标定 HCl 溶液时，应选用什么指示剂？说明理由。

5. $Na_2C_2O_4$ 能否作为标定酸的基准物？为什么？

Ⅱ　碱灰中总碱度的测定

一、实验目的

1. 掌握碱灰中总碱度测定的原理和方法。
2. 熟悉酸碱滴定法中指示剂的选择原则。
3. 巩固滴定分析的基本操作。

二、实验原理

碱灰为不纯的 Na_2CO_3，其中混有少量的 NaOH 或 $NaHCO_3$ 杂质，因此用酸滴定，以甲基橙为指示剂，以上组分均被中和，测定的结果是碱的总量。

HCl 滴定 Na_2CO_3 的反应如下：

$$Na_2CO_3 + HCl \longrightarrow NaHCO_3 + NaCl$$
$$NaHCO_3 + HCl \longrightarrow NaCl + H_2CO_3$$
$$\longrightarrow CO_2 + H_2O$$

当反应到 $NaHCO_3$，即第一化学计量点时，pH 值约为 8.3，到第二化学计量点时，pH 值约为 3.9。在第一化学计量点附近滴定突跃范围小，终点变色不敏锐，因此总碱度测定时，滴定至第二化学计量点，以甲基橙为指示剂。

总碱度的测定结果常用 Na_2O 的质量分数来表示。

三、仪器与试剂

仪器：分析天平（0.1mg），滴定管（酸式，50mL），锥形瓶（250mL），洗瓶，称量瓶。

试剂：HCl 标准溶液（0.1mol·L^{-1}），甲基橙指示剂（0.1%），碱灰试样。

四、实验步骤

准确称取碱灰试样（自行计算称量范围）3 份，分别置于 250mL 锥形瓶中，加去离子水 50mL，使之溶解。然后加甲基橙 1 滴，用 HCl 标准溶液滴定至橙色，即为终点。用同样方法滴定另外两份碱灰试样。

根据试样的质量 m、HCl 标准溶液的浓度 c_{HCl} 及消耗的 HCl 标准溶液的体积 V_{HCl} 计算混合碱的总碱度（以 Na_2O 的质量分数表示）。

每次测定的结果与平均值的相对偏差不得大于 0.3%，否则应重做。

五、实验结果

1. 列表记录各项实验数据。

2. 计算碱灰试样的总碱度（以 Na_2O 的质量分数表示）。

实验指导

① 碱灰试样的称量范围以碱灰中 Na_2O 的含量为 50% 计算。

② 如时间允许，可在一份试样中先加酚酞，用 HCl 滴定到红色褪去，再加甲基橙指示剂，观察比较两种指示剂变色的敏锐程度，并说明理由。

③ 碱灰易吸潮，称量时要快速准确。

④ 碱灰为强碱性物质，使用时注意不要接触皮肤。

六、思考题

1. 测定碱灰的总碱度能否用酚酞作指示剂？为什么？

2. 如果需测定碱灰中各组分的含量，而且要求准确度稍高一些，应采用什么办法？

3. 假设试样含 95% 的 Na_2CO_3，以 Na_2O 表示的总碱度为多少？

实验二十 石灰石中钙、镁含量及微量铁的测定

I　EDTA 标准溶液的配制和标定

一、实验目的

1. 学习 EDTA 标准溶液的配制和标定方法。

2. 掌握配位滴定的基本原理与方法。

3. 掌握铬黑 T 和二甲酚橙指示剂的使用和确定终点的方法。

4. 巩固滴定分析的基本操作。

二、实验原理

乙二胺四乙酸二钠盐（习惯上称 EDTA）是有机配合剂，能与大多数金属离子形成稳定的 1∶1 型的螯合物，计量关系简单，故常用作配位滴定的标准溶液。

通常采用间接法配制 EDTA 标准溶液。标定 EDTA 溶液的基准物有 Zn、ZnO、$CaCO_3$、Bi、Cu、Ni、Pb 等。通常选用其中与被测组分相同的物质作为基准物，这样可使标定条件与测定条件基本一致，以免引起系统误差。本实验以纯金属锌作基准物标定 EDTA，以铬黑 T（EBT）作指示剂，用 pH≈10 的 NH_3-NH_4Cl 缓冲溶液控制滴定时的酸度。滴定反应如下：

$$Zn\text{-}EBT + EDTA \longrightarrow Zn\text{-}EDTA + EBT$$

酒红色　　　　　　　　　　　　　纯蓝色

在 pH≈10 的溶液中，Zn^{2+} 与铬黑 T 形成较稳定的酒红色螯合物（Zn-EBT），而 Zn^{2+} 与 EDTA 能形成更为稳定的无色螯合物（Zn-EDTA）。因此，滴定至终点时，EBT 被 EDTA 从 Zn-EBT 中置换出来，游离出的 EBT 在 pH=8～11 的溶液中呈纯蓝色。

此外，也可用二甲酚橙（XO）为指示剂，用六亚甲基四胺控制溶液的酸度，在 pH=5～6 的条件下，以 EDTA 溶液滴定至溶液由红紫色（Zn-XO）变为亮黄色（游离 XO）。

三、仪器与试剂

仪器：电子天平（0.1g），分析天平（0.1mg），移液管（25mL），容量瓶（250mL），锥形瓶（250mL），烧杯（100mL），试剂瓶（500mL），表面皿，洗瓶。

试剂：乙二胺四乙酸二钠盐（s），金属 Zn（A.R.），氨水（1∶1），NH_3-NH_4Cl 缓冲溶液（pH≈10），HCl（6mol·L^{-1}），铬黑 T（固体，1%），二甲酚橙（0.2%），六亚甲基四胺（20%）。

四、实验步骤

1. 0.01mol·L^{-1} EDTA 标准溶液的配制（500mL）

在电子天平上称取分析纯的乙二胺四乙酸二钠盐（Na_2H_2Y·$2H_2O$）1.9g，溶于 150～200mL 温水中，稀释至 500mL，摇匀，如浑浊应过滤后使用。储存于聚乙烯塑料瓶中为佳。

2. 0.01mol·L^{-1} 锌标准溶液的配制

准确称取纯锌 0.15～0.20g，置于洁净的小烧杯中，盖上表面皿，从烧杯嘴处滴加 6mol·L^{-1} HCl 溶液 3mL，必要时可加热，至锌完全溶解。然后吹洗表面皿，将锌溶液定量转移到 250mL 容量瓶中，加水稀释至刻度，摇匀。

3. EDTA 标准溶液浓度的标定

（1）用铬黑 T 作指示剂

用移液管吸取锌标准溶液 25mL，置于 250mL 锥形瓶中，滴加 1∶1 氨水至开始出现白色沉淀，再加 10mL pH≈10 的 NH_3-NH_4Cl 缓冲溶液，加水 20mL，加入铬黑 T 指示剂少许，用 EDTA 标准溶液滴定至溶液由酒红色恰变为纯蓝色，即达终点。根据消耗的 EDTA 标准溶液的体积，计算其浓度。

（2）用二甲酚橙作指示剂

用移液管吸取锌标准溶液 25mL 于 250mL 锥形瓶中，加水 20mL，加二甲酚橙指示剂 2 滴，然后滴加六亚甲基四胺溶液至溶液呈现稳定的红紫色后，再多加 3mL。用 EDTA 标准溶液滴定至溶液由红紫色恰变为亮黄色，即达终点，按滴定消耗 EDTA 溶液的体积，计算其浓度。

五、实验结果

1. 列表记录各项实验数据。

2. 计算 EDTA 标准溶液的准确浓度。

实验指导

① 称量锌时注意取样适量，若称多了，则需重称。多称的锌处理时回收到烧杯中，加酸溶解，再倒入废液桶中，千万不能将锌倒入下水道。

② 由于锌与盐酸反应较为剧烈，锌溶解时必须盖上表面皿，用滴管将盐酸慢慢地从烧杯嘴沿壁加入，以免试样溅出。

③ 锌溶解过程中若要加热，需注意加热时切勿温度太高，以防盖着的表面皿被大量产生的气体弹出，造成危险。

④ 锌溶液定量转移前，应先用去离子水淋洗表面皿，然后用玻璃棒引流转移溶液，引流后玻璃棒放回烧杯中，用少量去离子水吹洗玻璃棒和烧杯内壁三次，再转移到容量瓶中，整个过程中玻璃棒不能取出置于他处。

⑤ 滴加 $1:1$ $NH_3 \cdot H_2O$ 必须边滴边摇，滴至刚出现白色沉淀，此时溶液的 pH 值约为 6.5。再加入 NH_3-NH_4Cl 缓冲溶液，使 $Zn(OH)_2$ 沉淀溶解产生 $[Zn(NH_3)_4]^{2+}$。

⑥ 铬黑 T 指示剂在水中不稳定，故使用固体指示剂，使用时滴定一次加一份指示剂，用后应放入干燥器内，以防潮解。

⑦ 铬黑 T 的加入量必须适当（一小匙），太多色深，太少色浅，都会影响终点的观察。若色太浅，近终点时可补加。

⑧ 滴定接近终点时，滴定速度要减慢，并不断进行摇动，滴定至红光消失，呈纯蓝色即为终点。

六、思考题

1. EDTA 标准溶液和锌标准溶液的配制方法有何不同？

2. 配制锌标准溶液时应注意哪些问题？

3. 试解释以铬黑 T 为指示剂的标定实验中的几个现象：

（1）滴加氨水至开始出现白色沉淀；

（2）加入缓冲溶液后沉淀又消失；

（3）用 EDTA 标准溶液滴定至溶液由酒红色变为纯蓝色。

4. 用锌作基准物时，称量的质量是如何计算得到的？

5. 用锌作基准物时，二甲酚橙为指示剂，标定 EDTA 溶液浓度，溶液的酸度应控制在什么 pH 值范围？为什么？如何控制？如果溶液中酸度过高，怎么办？

6. 用铬黑 T 作指示剂时，为什么要控制 pH≈10？

7. 配位滴定法与酸碱滴定法相比，有哪些不同？操作中应注意哪些问题？

Ⅱ　石灰石中钙、镁含量的测定

一、实验目的

1. 掌握配位滴定法测定石灰石中钙、镁含量的原理和方法。
2. 了解用配位掩蔽和沉淀掩蔽提高配位滴定选择性的方法。
3. 进一步巩固滴定分析操作。

二、实验原理

石灰石的主要成分为 $CaCO_3$，同时还含有一定量的 $MgCO_3$、SiO_2 及铁、铝等杂质。若试样中含酸不溶物较少，通常可用酸溶解试样，采用配位滴定法测定钙、镁含量。

试样经酸溶解后，Ca^{2+}、Mg^{2+}、Fe^{3+}、Al^{3+} 等共存于溶液中，Fe^{3+}、Al^{3+} 对 Ca^{2+}、Mg^{2+} 的测定有干扰，可用配位掩蔽法掩蔽干扰离子。加入三乙醇胺，将 Fe^{3+}、Al^{3+} 转化成与三乙醇胺的稳定配合物，以此消除干扰。然后在 $pH\approx10$ 时，以铬黑 T 为指示剂，用 EDTA 可直接测定溶液中钙、镁的总量。

若需分别测定钙、镁的含量，在上述测定溶液中钙、镁总量的基础上，另取溶液可测定钙的含量，调节溶液 $pH\geqslant12$，使 Mg^{2+} 生成氢氧化物沉淀，则可测定钙的含量。在相同条件下，由测定的钙、镁总量减去钙的含量即得镁的含量。

三、仪器与试剂

仪器：分析天平（0.1mg），移液管（25mL），容量瓶（250mL），锥形瓶（250mL），烧杯（100mL），试剂瓶（500mL），表面皿，洗瓶。

试剂：EDTA 标准溶液（$0.01mol\cdot L^{-1}$），NaOH（20%），HCl（$6mol\cdot L^{-1}$），三乙醇胺水溶液（1:2），NH_3-NH_4Cl 缓冲溶液（$pH\approx10$），钙指示剂（1%），铬黑 T 指示剂，石灰石试样。

四、实验步骤

1. 石灰石试液的制备

准确称取石灰石试样 0.25～0.30g 于 100mL 烧杯中，加少量水湿润，盖上表面皿，滴加 $6mol\cdot L^{-1}$ HCl 4～5mL，小火加热至试样全部溶解。冷却，转移至 250mL 容量瓶中，稀释至刻度，摇匀。

2. 钙、镁总量的测定

准确吸取试液 25mL，置于 250mL 锥形瓶中，加水 20mL，加三乙醇胺 5mL，再加 NH_3-NH_4Cl 缓冲溶液 10mL（$pH\approx10$），摇匀。加入铬黑 T 指示剂少许，用 EDTA 标准溶液滴定至溶液由酒红色恰变为纯蓝色，即达终点。按滴定耗用 EDTA 溶液的体积计算试样中钙、镁的总量。平行测定三份。

钙、镁总量的测定也可选用 K-B 指示剂（酸性铬蓝 K 和萘酚绿 B 以 1:2 混合，再加 50 倍的 KNO_3 混合研磨而成），终点颜色由紫红色变为蓝绿色。

3. 钙的测定

准确吸取试液 25mL 于 250mL 锥形瓶中，加水 20mL，加三乙醇胺溶液 5mL，摇匀。再加 20% NaOH 溶液 10mL（pH≥12），摇匀。加入钙指示剂少许，用 EDTA 标准溶液滴定至溶液由红色恰变为蓝色，即达终点。按滴定耗用 EDTA 溶液的体积计算试样中钙的含量。平行测定三份。

根据测定所得钙、镁的总量，减去钙的含量，可以计算 Mg 的含量。

五、实验结果

1. 列表记录各项实验数据。

2. 计算石灰石中钙、镁的总量（以 CaO 的质量分数表示）。

3. 分别计算 CaO、MgO 的质量分数。

实验指导

① 石灰石称量范围的确定以 CaO 含量为 50% 计。由于称量值不符合滴定分析误差要求，故扩大 10 倍称量。

② 由于试样与盐酸反应较为激烈，所以试样溶解前应先加少量水湿润。加盐酸时应盖上表面皿，从烧杯嘴慢慢沿壁滴入。

③ 由于试样中存在 SiO_2 与 Fe 等杂质，酸溶后得到的是略带黄色的浊液。

④ 先加三乙醇胺掩蔽 Fe^{3+} 与 Al^{3+}，然后再加 NH_3-NH_4Cl 缓冲溶液，加入顺序不能颠倒。

⑤ 控制滴定速度，接近终点时，颜色由红色变紫色，此时应多摇动。如不变色可再加半滴至红色消失，呈纯蓝色，即为终点。

六、思考题

1. 用酸溶解石灰石试样为何要以少量水湿润？滴加 HCl 溶液时，应怎样操作？怎样检查试样是否完全溶解？

2. 试说明配位滴定法测定石灰石中钙和镁含量的原理。

3. 测定钙、镁含量时为何要加入三乙醇胺？可否在加入缓冲溶液以后再加入三乙醇胺？为什么？

Ⅲ　石灰石中微量铁的测定

一、实验目的

1. 掌握用分光光度法测定微量铁的原理和方法。

2. 学习测绘吸收曲线和标准曲线的方法。

3. 进一步掌握吸量管的使用和溶液配制的基本操作，进一步熟悉分光光度计的使用。

二、实验原理

石灰石中含有微量杂质铁，不适合用滴定法测定。本实验以邻菲啰啉（亦称邻二氮杂菲，phen）为显色剂，应用分光光度法进行测定。

在 pH 值为 2～9 的溶液中，邻菲啰啉与 Fe^{2+} 生成稳定的橙红色配离子 $[Fe(phen)_3]^{2+}$，反应如下：

$$Fe^{2+} + 3phen \Longrightarrow [Fe(phen)_3]^{2+}$$

其 $\lg K_{\text{稳}}^{\ominus} = 21.3$（20℃），利用上述反应可以测定微量铁。

由于石灰石样品中的铁主要以 Fe^{3+} 的形式存在，所以应预先用还原剂如盐酸羟胺（$NH_2OH \cdot HCl$）或对苯二酚将 Fe^{3+} 还原

$$4Fe^{3+} + 2NH_2OH \Longrightarrow 4Fe^{2+} + 4H^+ + N_2O + H_2O$$

然后进行显色测定。

显色时若溶液的酸度过高（pH<2），则显色反应进行较慢；若酸度太低，则 Fe^{2+} 水解，也将影响显色。

利用分光光度法进行定量测定时，首先要选择入射光波长，一般是选择最大吸收波长 λ_{max}，为此需要通过实验测定不同波长下有关物质的吸光度，并绘制波长-吸光度曲线，即吸收曲线，从中找出吸收最大时对应的波长即最大吸收波长。Fe^{2+}-phen 溶液的最大吸收波长在 510nm。

当 510nm 波长的光通过液层厚度一定的橙红色 Fe^{2+}-phen 溶液时，溶液的吸光度 A 与溶液的浓度 c 的关系可用朗伯-比耳定律表示：

$$A = \varepsilon bc$$

式中　A——吸光度，可从分光光度计上直接读出；

　　　ε——有色物质的摩尔吸光系数；

　　　b——液层的厚度，cm；

　　　c——试液中有色物质的浓度，$mol \cdot L^{-1}$。

建立吸光度 A 和浓度 c 之间的线性关系是配制一系列已知铁浓度的标准溶液，显色后在选定的波长下测得相应的吸光度，以铁浓度为横坐标，吸光度为纵坐标，绘制标准曲线。将石灰石溶样处理，按照与绘制标准曲线时相同的操作条件进行显色，测定其吸光度，即可从标准曲线上找出相应的浓度，求得石灰石试样中的铁含量。

三、仪器与试剂

仪器：722S 型分光光度计，比色皿（3cm），分析天平（0.1mg），吸量管（10mL、5mL），容量瓶（50mL）。

试剂：HCl（$3mol \cdot L^{-1}$），铁标准溶液（$0.010mg\ Fe^{3+} \cdot mL^{-1}$），邻菲啰啉溶液（0.1%），盐酸羟胺水溶液（1%），pH=4.6 的 HAc-NaAc 缓冲溶液。

四、实验步骤

1. Fe^{2+}-phen 吸收曲线的测定——确定 λ_{max}

用吸量管吸取铁标准溶液（$0.010mg\ Fe^{3+} \cdot mL^{-1}$）0.00mL、2.00mL、4.00mL，分别注入三个 50mL 容量瓶中，各加入 2.5mL 盐酸羟胺溶液、5mL HAc-NaAc 缓冲溶液和 5mL 邻菲啰啉溶液，用去离子水稀释至刻度，摇匀。放置 10min，用 3cm 比色皿，以试剂空白溶液（即不加铁标准溶液，而其他试剂加入量与上述操作相同）为参比溶液，在分光光度计上从波长 440～580nm 间分别测定其吸光度。以波长为横坐标，吸光度为纵坐标，绘制 Fe^{2+}-phen 的吸收曲线，求出最大吸收波长 λ_{max}。

2. Fe^{2+}-phen 标准曲线的测定

用吸量管分别吸取铁标准溶液 0.00mL、1.00mL、2.00mL、3.00mL、4.00mL、5.00mL 于 6 个 50mL 容量瓶中,依次分别加入 2.5mL 盐酸羟胺溶液、5mL HAc-NaAc 缓冲溶液和 5mL 邻菲啰啉溶液,用去离子水稀释至刻度,摇匀,放置 10min。用 3cm 的比色皿,以试剂空白溶液作参比溶液,在最大吸收波长处分别测定其吸光度。以 50mL 溶液中的含铁量为横坐标,相应的吸光度为纵坐标,绘制 Fe^{2+}-phen 标准曲线。

3. 石灰石试样中铁含量的测定

准确称取试样 0.04~0.06g 于小烧杯中,用少量去离子水润湿,盖上表面皿,滴加 3mol·L^{-1} HCl 溶液至试样溶解,定量转移至 50mL 容量瓶中,用少量去离子水淋洗烧杯 3 次,并转移到容量瓶中。然后依次加入 2.5mL 盐酸羟胺溶液、5mL HAc-NaAc 缓冲溶液和 5mL 邻菲啰啉溶液,用去离子水稀释至刻度,摇匀,放置 10min。以试剂空白溶液作参比溶液,用 3cm 比色皿,在最大吸收波长处测其吸光度。从标准曲线上求出 50mL 容量瓶中铁的含量,进而求出石灰石试样中铁的质量分数。

五、实验结果及数据处理

1. 以波长（λ）为横坐标,吸光度（A）为纵坐标,绘制 Fe^{2+}-phen 吸收曲线,求最大吸收波长 λ_{max}。

λ_{max}/nm	440	460	480	500	510	520	540	560	580
A(2.00mL)									
A(4.00mL)									

2. 以 50mL 溶液中的铁含量为横坐标,相应的吸光度为纵坐标,绘制标准曲线。

V/mL	1.00	2.00	3.00	4.00	5.00
A					

3. 石灰石试样质量: ＿＿＿＿＿＿（g）,试样吸光度 ＿＿＿＿＿＿。在标准曲线上求出 50mL 容量瓶中铁的含量,进而计算石灰石试样中铁的质量分数。

实验指导

① 试样溶解时应先用少量水湿润,加盖表面皿,滴加盐酸至试样正好溶解,盐酸不能加得太多。

② 石灰石试样定量转移到容量瓶后,淋洗烧杯用水每次控制在 5mL 左右,以免最后总体积超过 50mL。

③ 10mL 吸量管吸取溶液时,每次要求从"零"刻度开始放溶液到所需体积。

④ 吸取不同溶液的吸量管固定,不得混用。

⑤ 测定铁标准溶液时,由稀到浓测定,比色皿先用去离子水洗,然后用待测溶液洗 2~3 次。为了减少测定误差,测定溶液吸光度时应用同一个比色皿。

⑥ 仪器使用和比色皿使用参见第 1 章 1.4.2。

六、思考题

1. 邻菲啰啉分光光度法测定铁的原理是什么?用该法测出的铁含量是否为试样中的

亚铁含量？

2. 绘制标准曲线和测定试样为什么要在相同条件下进行？主要是指哪些条件？

3. 在实验中试样的称量范围为什么要控制在 0.04～0.06g？称多或称少对测定有何影响？

4. 用吸光度（A）-铁标准溶液体积（V）与用吸光度（A）-铁标准溶液浓度（c）作图，所得两条标准曲线是否相同？为什么？

实验二十一　酸牛乳中的酸度测定

一、实验目的

1. 了解应用电位滴定法标定 NaOH 的方法。
2. 学习用电位滴定法测定酸牛乳中酸度的方法。
3. 掌握电位滴定的基本操作及数据处理方法。

二、实验原理

酸牛乳是在经消毒了的鲜牛乳中加入乳酸链球菌后，经发酵而制成的。酸牛乳中的酸是由多种有机弱酸组成的。牛乳的发酵程度可通过 NaOH 标准溶液滴定酸牛乳中总酸度进行判断。酸牛乳为乳浊液，为准确判断滴定终点，用酸碱电位滴定法测定其酸度较为合适。

测定酸牛乳中酸度所用的 NaOH 标准溶液需用基准物质标定。常用的基准物是邻苯二甲酸氢钾。通过电位滴定，在滴定曲线的 pH 突跃部分求算滴定终点时消耗的 NaOH 标准溶液的体积 V_e，可求得其准确浓度。

用 NaOH 标准溶液滴定酸牛乳中的有机酸时，发生中和反应。随着 NaOH 标准溶液的不断加入，酸牛乳中的 pH 值也随之不断变化。由电位滴定曲线可求得滴定反应的终点，即反应终点时消耗的 NaOH 标准溶液的体积 V_e，从而求得酸牛乳中的酸度。

三、仪器与试剂

仪器：pHS-3C 型酸度计，电磁搅拌器，复合电极，分析天平（0.1mg），半微量碱式滴定管（10mL），小烧杯（100mL）。

试剂：NaOH 标准溶液（0.1mol·L^{-1}），邻苯二甲酸氢钾（基准试剂），pH＝6.86、pH＝9.18 标准缓冲溶液，市售的酸牛乳。

四、实验步骤

1. NaOH 标准溶液的浓度标定

（1）准确称取邻苯二甲酸氢钾 0.1～0.15g，置于 100mL 的小烧杯中加水 50mL，搅拌溶解。

（2）用 pH＝6.86、pH＝9.18 的标准缓冲溶液标定 pHS-3C 型酸度计。

（3）将待标定的 NaOH 标准溶液装入半微量滴定管中，将复合电极插入邻苯二甲酸氢钾的溶液中，开启电磁搅拌器，用待标定的 NaOH 标准溶液进行滴定。每加入 1.00mL NaOH，记录相应的 pH 值，初步确定 pH 突跃范围。

（4）重复步骤（3），当 pH 值接近突跃范围时，改为加入 0.10mL NaOH，pH 突跃后，再恢复至每次加 1.00mL NaOH，记录相应的 pH 值。重复测定三次。由滴定曲线或二阶微商法求得 NaOH 标准溶液的浓度。

2. 酸牛乳中酸度的测定

取市售的酸牛乳充分搅拌均匀，准确称量 4～6g 于 100mL 小烧杯中，加入 50mL 40℃的水（注意边加水，边充分搅拌），插入复合电极，开启电磁搅拌器，用 NaOH 标准溶液滴定。按上述标定 NaOH 标准溶液浓度的步骤，测得 V-pH 值数据。重复测定两次。计算酸牛乳中的酸度（以 100g 酸牛乳消耗的 NaOH 的质量来表示）。

五、实验结果

1. NaOH 标准溶液的浓度标定。

（1）将测定所得的 V 和 pH 值数据记入下表

NaOH 的体积 V/mL	pH 值	$\dfrac{\Delta \text{pH}}{\Delta V}$	$\dfrac{\Delta^2 \text{pH}}{\Delta V^2}$

（2）由上表的数据绘制 pH 值-V 曲线和（ΔpH/ΔV)-V 曲线，分别确定反应终点时的 V_e。

（3）用二阶微商法计算确定反应终点时的 V_e。

（4）由邻苯二甲酸氢钾 m 和 NaOH 的 V_e 计算 c_{NaOH}。

2. 酸牛乳中的酸度测定

（1）将测定所得数据如上表形式记录。

（2）用二阶微商法确定 NaOH 标准溶液滴定酸牛乳中酸度的反应终点 V_e。

（3）求算酸牛乳中的酸度。

实验指导

① 由于酸奶是较稠的乳浊液，影响与碱的充分反应，如果用酸奶原液直接测量，使测量精密度不够理想。加水稀释酸奶可提高测量精度。稀释时要边加水边充分搅拌均匀。

② 滴定时滴定管读数应从"零"刻度开始，无论是每间隔 1.00mL 或 0.10mL 滴加标准溶液，读数都应恰指示在刻度线，这样有利于数据处理。

③ Δ^2pH/ΔV^2 值是表中 ΔpH/ΔV 一列中后一数减前一数的差值除于相应 ΔV（若按实验指定要求滴加标准溶液，则 ΔV＝0.10mL 或 1mL）。

④ 复合电极使用和 pHS-3C 酸度计的使用参见 1.4.1。

六、思考题

1. 比较指示剂法和电位滴定法确定终点的优缺点。

2. 能否用指示剂法测定酸牛乳中的酸度？若能测定，选何种指示剂？

3. 若用指示剂法标定 NaOH，应选何种指示剂？

实验二十二　气相色谱法测定烷烃混合物的组成及含量

一、实验目的

1. 学习气相色谱法的原理及气相色谱仪的使用。
2. 掌握气相色谱法的定性和定量方法。

二、实验原理

气相色谱法是一种现代分离和分析技术。它以气体为流动相（载体），液体或固体为固定相（分别称为气液色谱或气固色谱），根据不同物质在气-液相间溶解能力不同或在气-固相间的吸附能力不同，当固定相和流动相做相对运动时，不同物质在两相间反复溶解-挥发或吸附-脱附而得以分离。分离后的各组分经检测器检测，从而实现定性和定量分析。气相色谱的流程如图 4-1 所示。

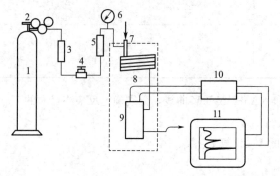

图 4-1　气相色谱流程

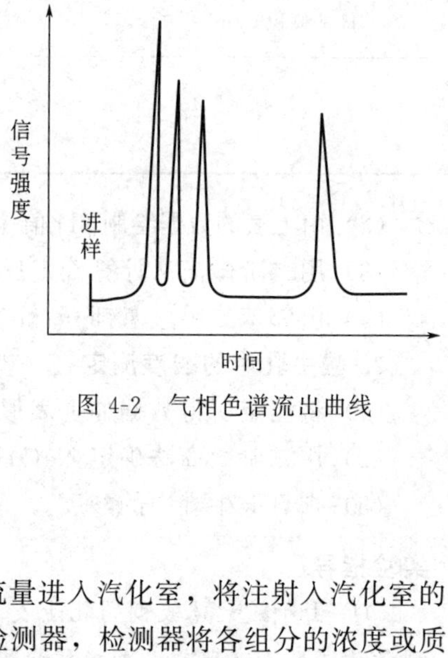

1—载气钢瓶；2—减压阀；3—净化干燥管；4—针形阀；5—稳流阀；6—压力表；7—进样器和汽化室；8—色谱柱；9—检测器；10—放大器；11—色谱工作站

图 4-2　气相色谱流出曲线

载气（流动相）经减压阀、净化器后以某一稳定的流量进入汽化室，将注射入汽化室的样品带进色谱柱中分离，不同的成分被分离后先后进入检测器，检测器将各组分的浓度或质量转化成电信号（电压、电流），并将随时间变化的信号强度输出或记录下来，即得组分流出时间和信号强度的关系图——气相色谱流出曲线图（简称色谱图）。其示意图如图 4-2 所示。

由色谱流出曲线可实现物质的定性和定量分析。在恒定条件下，根据保留时间可以对物质进行定性分析，根据峰高或峰面积可进行定量分析。

经理论分析和实验证明，当固定相和操作条件严格固定不变时，每种物质都有确定的保留时间，因此保留时间可用作定性鉴定的指标。如待测组分的保留时间与在相同条件下测得的纯物质的保留时间相同，则初步可认为它们是同一物质。

定量分析的依据是组分的质量 m_i 与检测器的检测信号（峰面积 A_i 或峰高 h_i）呈正比，其关系式可表示为：

$$m_i = f_i A_i \text{ 或 } m_i = f_i h_i$$

因此可由组分的峰面积或峰高实现组分含量的计算。组分含量的计算方法有归一化法、外标法和内标法。本实验采用归一化法。

当待测试样中所有组分都能流出色谱柱，并在色谱图中有完整的色谱峰时，可用归一化法定量。计算 i 组分的质量分数为：

$$w_i = \frac{m_i}{m} \times 100\% = \frac{f_i A_i}{\sum f_i A_i} \times 100\%$$

式中，f_i 是定量校正因子。当待测试样中各组分的 f_i 很接近时，式中的 f_i 可以相约。例如，同系物中沸点接近的混合组分的各质量分数的测定可简化为：

$$w_i = \frac{m_i}{m} \times 100\% = \frac{A_i}{\sum A_i} \times 100\%$$

本实验选择分离条件时，依据试样是烷烃混合物，选用弱极性物质 SE-30（甲基聚硅氧烷）作固定液。烷烃与固定相之间作用力主要是色散力，分子质量越大，色散力越大，沸点越高，所以非极性试样的各组分按沸点由低到高依次流出色谱柱。

三、试剂与器材

1. GC-7890T 气相色谱仪

色谱柱：SE-30，2m×2mm 填充柱。

载气：氮气，3.0 圈（约 8.0mL·min⁻¹）。

温度：柱温 80℃，检测器 80℃，汽化室（进样口）110℃。

检测器：热导池，桥流（量程）80mA。

2. 试剂

（1）纯试剂：己烷、庚烷、辛烷、丙酮。

（2）待测样品：己烷、庚烷、辛烷混合试样。

四、实验方法

1. 连接气路系统

逆时针打开载气钢瓶的总阀，顺时针方向旋转减压阀调节螺杆，使分压压力表指示约为 0.5MPa，通入载气，检查是否漏气。

调压、调节流速：打开净化器截止阀，载气到色谱仪入口处供压为 0.3～0.4MPa，如图 4-3 所示。调节稳流阀旋钮到 3.0 圈（欲知准确流速，可用皂膜流量计在热导池出口

图 4-3　GC-7890T 型气相色谱仪载
气接口处压力表

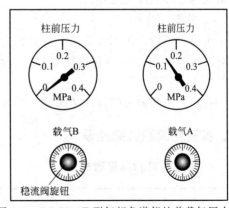

图 4-4　GC-7890T 型气相色谱仪柱前载气压力表

处测定或查流量关系手册），旋钮上方压力表显示柱前压力值，如图 4-4 所示。

2. 接通电源

通入的载气稳定后，接通色谱仪电源，仪器液晶显示屏上有提示信息出现。

3. 设置分析条件

温度条件：分别设定柱温 80℃、进样口温度 110℃、热导池检测器温度 80℃。以设定柱温为例，先按控制面板上的"柱温"键，再输入"8"、"0"数字键，最后按"输入"键实现柱温的设定，如图 4-5 所示。设定完成后，液晶显示屏将显示设定温度（左）和实际温度（右）。

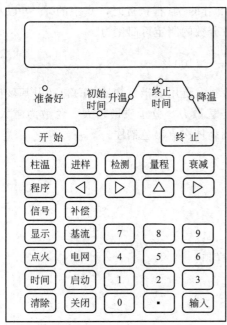

图 4-5　GC-7890T 型气相色谱仪气路控制系统面板

检测条件：按"量程"键、数字键及输入键，设定热导电流值为 80mA，电流极性由"量程＋△"改变。

当各温度等条件达到设定条件并稳定后，用色谱仪右侧的调零电位器调节基线至 0mV 附近（检测器输出范围要大于－5mV）；基线稳定后，即可用进样器注入样品测定，并记录色谱图。

4. 进样

微量注射器用丙酮洗涤 5～10 次后，再用待测样洗涤 5～10 次，取纯试剂 0.2μL、待测样品取 0.5μL 进样。进样时，注射器垂直插入进样口，在快速将样品注入汽化室的同时，开始运行数据采集程序。

归一化法定量测定时，每台仪器进三个纯样品，每人进一个待测样品。

5. 色谱图记录及数据处理

本实验采用"T2000 色谱工作站"进行数据采集与处理，色谱图中各组分都出峰，数据采集完毕后，编辑报告并打印色谱图。具体步骤见本实验的附"T2000 色谱工作站"数据采集与处理程序的应用。

6. 关机

实验完毕后，关闭计算机，将柱温、检测器温度和进样器温度设定到 20℃，将热导电流设置到 0.0mA，待色谱仪冷却后，关闭仪器电源开关。

7. 关气

旋松减压阀调节螺杆，关闭载气钢瓶的总阀。

五、实验结果及数据处理

1. 记录标准样品保留时间

标准样品组成	正己烷	正庚烷	正辛烷
保留时间/min			

2. 定量分析（归一化法）

记录待测试样各峰的保留时间和峰面积，与上表标准样品的各组分对应的保留时间比较，确定样品中各峰所属的物质，再根据归一化法计算待测样品中各组分的质量分数。

成分	正己烷	正庚烷	正辛烷
保留时间/min			
峰面积/μV·s			
质量分数/%			

实验指导

① 使用热导池检测器，开机时应先开载气，后开电源；关机时应先关电源，后关载气。

② 在关闭气路时，调节刻度旋钮不能小于 1.0 圈，以免损坏稳流阀、针形阀，影响刻度指示。

③ 微量注射器进样手势如图 4-6 所示，进样时要求注射器垂直于进样口，左手扶着针头以防弯曲，右手拿注射器，右手食指卡在注射器芯子和注射器管的交界处，这样可以避免当进针到气路中由于载气压力较高把芯子顶出，影响正确进样。注射器取样时，应先用被测试液洗涤 5~10 次，然后缓慢抽取一定量试液，若仍有空气带入注射器内，可将针头朝上，待空气排除后，再排去多余试液便可进样。进样要求操作

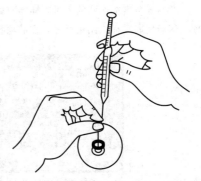

图 4-6 微量注射器进样姿势

稳当、连贯、迅速；进针位置及速度，针尖停留和拔出速度都会影响进样重现性，一般进样相对误差为 2%~5%。

④ 要经常注意更换进样器上硅橡胶密封垫片，该垫片经 20~50 次穿刺进样后，气密性降低，容易漏气。

六、思考题

1. 用峰面积归一化法定量适用于什么情况？样品中如有在检测器上无响应的成分存在是否影响定量结果？为什么？

2. 何谓色谱峰、峰（底）宽、峰高、半峰宽、峰面积、保留时间。

3. 本实验中，为什么能略去定量校正因子？

附："T2000 色谱工作站"数据采集与处理程序的应用

1. 启动

打开计算机及显示器电源，双击"T2000 色谱工作站"图标，启动 T2000 色谱工作站，如图 4-7 所示。双击仪器条件图标，输入实验所用仪器型号及条件（可打印于报告上），点击关闭按钮。单击主工作桌面中的采集卡，设置菜单选择通讯口，可以选择的通道 1 或通道 2，然后单击确定，进入实时采样界面。

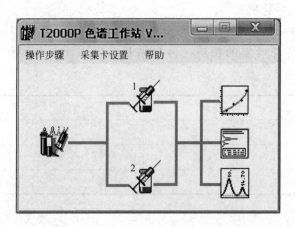

图 4-7　T2000 色谱工作站启动界面

2. 实时采样

T2000 色谱工作站的实时采样界面如图 4-8 所示,进入实时采样界面,建立分析项目表,建立样品项,然后实时采样,结束采样,样品项自动存盘。

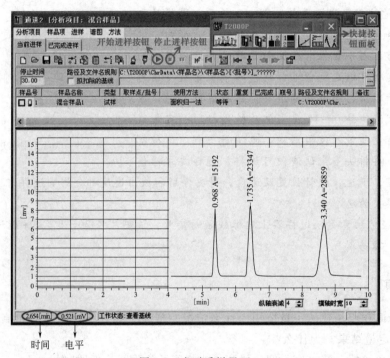

图 4-8　实时采样界面

样品项建立:新建或打开一个已存在的"分析项目",保存或另存为分析项目。在分析项目中,可以新建或选择已有的"样品项",并新建或修改样品项的名称和谱图分析条件。

实时采样:在分析项目表中选中对应的样品项,图谱上有向右延伸的基线出现,当左下方显示时间和电平的数字在变化时,表示可正常记录检测器的信号。基线稳定后即可用微量注射器进样,进样的同时鼠标点击"开始进样"按钮或按下移动的触发开关开始实时采集数据,即记录检测器信号与时间的关系,同时积分标出出峰时间和峰面积。当各组分都出峰后,鼠标点击"停止进样"按钮(或到达预先设定分析时间),即回到"查看基线"状态,数据自动存盘。如需测定其他样品,可重复上述操作:选中样品项、进样,立即用鼠标点击"开始进样"或按下触发开关。

3. 数据处理

点击快捷按钮面板上的"再处理"按钮，将实时采样的工作界面切换到"再处理"工作界面。单击其中的"谱图"按钮打开或关闭样品谱图。单击"显示"按钮，可修改积分参数及显示积分结果，特别注意是改变积分参数中的"噪声"值，设置峰宽、最小峰高、最小峰面积，删除噪声峰或不需要的峰，以获得最佳结果。也可用"手动积分"按钮进行再处理，如调整峰的起始及结束点、移动添加删除分割线等。

4. 报告的编辑与输出

完成谱图采集和数据处理后，可点击"报告预览"图标进行谱图编辑，点击"报告预览"窗口中的"打开"按钮，选择待处理的谱图。或者从"已完成进样"窗口中的文件列表里直接单击选中待处理的谱图，再单击"报告预览"按钮，即可进行谱图编辑。

点击"风格"菜单，选择"报告内容"、"实验信息"、"谱图显示"、"谱图注释"、"分析结果"等编辑选项，如图 4-9 所示。例如，点击"谱图显示"选项改变报告中谱图显示的属性，点击电压轴范围选择最高峰适应、次高峰适应或自定义来调整谱图在报告中的显示范围。点击时间轴范围选择全部时间或自定义来调整谱图在报告中的显示范围。单击"确定"按钮后，系统调整谱图在报告中的属性。设定报告风格后可打印实验报告。

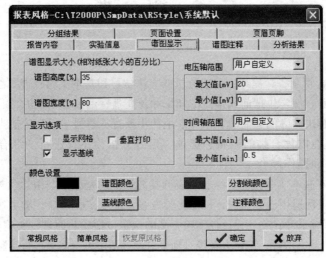

图 4-9　报告风格编辑界面

第5章

综合性与设计性实验

5.1 概 述

经过前阶段化合物制备、提纯、组成分析的方法学习和基本实验技能训练后，本阶段进行综合性和设计性实验，使学生把前面学过的知识和技能贯穿起来，解决化学问题，提高学生综合运用知识能力和解决实际问题能力，培养学生初步具有从事科学研究的能力和创新能力。

综合性实验是在以化合物的制备、提纯、组分分析为主线进行的综合技能训练，将各个单元实验的方法和操作综合于一体。

设计性实验是在基本实验技能、综合性实验技能训练的基础上，由学生按照实验要求，通过查阅有关资料和灵活运用已学知识，拟定实验方案，确定实验条件，然后独立完成实验内容，评价实验结果，书写实验小论文。设计性实验方案的拟定包括实验原理、实验步骤、仪器、试剂药品、数据记录、计算方法等。拟定方案经过师生讨论后切实可行即可进行实验探索。

综合性与设计性实验报告要求以小论文形式完成，论文格式包括：①前言、②原理、③方法、④结论、⑤讨论和⑥参考文献。

5.2 综合性实验

实验二十三 $CuSO_4 \cdot 5H_2O$ 的制备及铜含量分析

Ⅰ $CuSO_4 \cdot 5H_2O$ 的制备

一、实验目的

1. 掌握粗 CuO 制备 $CuSO_4 \cdot 5H_2O$ 的原理和方法。

2. 用氧化还原、水解反应等化学原理，掌握控制溶液的 pH 值除去杂质离子的方法。

3. 巩固无机制备基本操作。

二、实验原理

五水合硫酸铜俗名胆矾或蓝矾，溶于水和氨水，用作纺织品的媒染剂、农业杀虫剂、水的杀菌剂等。本实验是以粗 CuO 为原料。粗 CuO 是把工业废铜、废电线及废铜合金高温焙烧而成的，混有不少杂质，主要是铁的氧化物如 Fe_2O_3 及泥沙，因此制备过程一般需经过溶解、粗制与精制结晶才能得到纯硫酸铜。

先通过酸溶制得粗硫酸铜。主要反应为：

$$CuO + H_2SO_4 \rule[0.5ex]{2em}{0.4pt} CuSO_4 + H_2O$$

铁的氧化物等杂质也生成可溶性硫酸盐。

在粗硫酸铜中还含有可溶性杂质 Fe^{2+}、Fe^{3+} 等，必须通过精制。精制的方法是：用氧化剂 H_2O_2 将 Fe^{2+} 氧化成 Fe^{3+}，然后调节溶液的 pH 值至 $3.5 \sim 4.0$，使 Fe^{3+} 水解为 $Fe(OH)_3$ 沉淀而除去。反应如下：

$$2Fe^{2+} + H_2O_2 + 2H^+ \rule[0.5ex]{2em}{0.4pt} 2Fe^{3+} + 2H_2O$$
$$3Fe^{3+} + 3H_2O \rule[0.5ex]{2em}{0.4pt} Fe(OH)_3 + 3H^+$$

其他微量杂质可在硫酸铜结晶时留在母液中而除去。

三、仪器与试剂

仪器：电子天平（0.1g），布氏漏斗，吸滤瓶。

试剂：CuO（s，工业级），H_2SO_4（$1mol \cdot L^{-1}$，$3mol \cdot L^{-1}$），HCl（$2mol \cdot L^{-1}$），$NH_3 \cdot H_2O$（$2mol \cdot L^{-1}$，$6mol \cdot L^{-1}$），KSCN（$1mol \cdot L^{-1}$），H_2O_2（3%）。

四、实验步骤

1. 粗制硫酸铜

称取 4g CuO（工业级），放在小烧杯中，加入 $17 \sim 18mL$ $3mol \cdot L^{-1}$ H_2SO_4，小火加热 5min 后，加入 20mL H_2O，继续加热 20min，使溶液体积保持在 50mL 左右。趁热过滤，将滤液转入蒸发皿中，小火加热，蒸发浓缩至表面出现晶膜，冷却结晶，抽滤，将晶体吸干，称重。保存作精制用。

实验指导

① 加 H_2SO_4 溶解 CuO 时，应边加热，边搅拌。

② 应在加热 5min 以后再加 H_2O，并注意不断地补充水，要使溶液的体积维持在 $40 \sim 50mL$ 之间，以防 $CuSO_4$ 结晶，并通过搅拌防止飞溅。

③ 抽滤时应用双层滤纸，因为 CuO 中杂质粒子比较细。

④ 浓缩时，需小火防止飞溅，可适当搅拌。

⑤ 因 $CuSO_4 \cdot 5H_2O$ 在室温时溶解度较小，故只要浓缩到出现晶膜即可。

温度 t/℃	0	20	30	100
溶解度/g·100mL^{-1}	14.3	20.7	25.0	75.4

2. 精制硫酸铜

在粗硫酸铜中加入 40mL 去离子水，加热溶解，冷却，滴加 3mL 3% H$_2$O$_2$，同时在不断搅拌下滴加 2mol·L^{-1} NH$_3$·H$_2$O，至溶液的 pH 值为 3.5～4.0，再加热 10min，趁热抽滤，滤液转入蒸发皿中，用 1mol·L^{-1} H$_2$SO$_4$ 酸化，调节 pH 值至 1～2，然后加热，蒸发浓缩至表面出现晶膜为止。冷却结晶，抽滤，即可得到精制 CuSO$_4$·5H$_2$O。

实验指导

① 因为 H$_2$O$_2$ 不稳定，受热易分解，所以滴加 H$_2$O$_2$ 时必须先将溶液冷却至室温。多余的 H$_2$O$_2$ 可通过加热除去。

② 控制 pH=3.5～4.0 是为了使 Fe^{3+} 形成 Fe(OH)$_3$ 的沉淀。

③ pH 值不能太高，因为 pH 值高 CuSO$_4$ 易水解成 Cu$_2$(OH)$_2$SO$_4$，使产品呈现绿色。

④ 重结晶时不能用大火，防止蒸干使产品失水，晶体呈现白色。

⑤ 精制的 CuSO$_4$·5H$_2$O 晶体，用滤纸吸干放入称量瓶中，保存在干燥器内。

3. 硫酸铜纯度的检定

称取 1g 精制的硫酸铜晶体，用 10mL 去离子水溶解，加入 1mL 1mol·L^{-1} H$_2$SO$_4$ 酸化，然后加入 2mL 3% H$_2$O$_2$，煮沸片刻，待溶液冷却后，在搅拌下逐滴加入 6mol·L^{-1} 氨水，直至最初生成的绿色沉淀完全溶解，溶液呈深蓝色为止，此时 Fe^{3+} 成为 Fe(OH)$_3$ 沉淀，而 Cu^{2+} 则成为配离子 [Cu(NH$_3$)$_4$]$^{2+}$。

$$Fe^{3+}+3NH_3·H_2O \Longrightarrow Fe(OH)_3\downarrow+3NH_4^+$$

$$2Cu^{2+}+SO_4^{2-}+2NH_3·H_2O \Longrightarrow Cu_2(OH)_2SO_4\downarrow+2NH_4^+$$
$$\text{（浅绿色）}$$

$$Cu_2(OH)_2SO_4\downarrow+2NH_4^++6NH_3·H_2O \Longrightarrow 2[Cu(NH_3)_4]^{2+}+8H_2O+SO_4^{2-}$$
$$\text{（深蓝色）}$$

常压过滤，并用 6mol·L^{-1} 氨水洗涤滤纸，直至蓝色洗去为止，此时黄色 Fe(OH)$_3$ 沉淀留在滤纸上。用滴管将 3mL 2mol·L^{-1} HCl 滴在滤纸上，以溶解 Fe(OH)$_3$ 沉淀。将滤液接入 25mL 比色管中，滴入 2 滴 1mol·L^{-1} KSCN，再加去离子水至 25mL，摇匀，观察溶液的颜色。

$$Fe^{3+}+nSCN^- \Longrightarrow [Fe(SCN)_n]^{3-n} \qquad (n=1～6)$$
$$\text{（血红色）}$$

用目视比色法与 Fe^{3+} 的标准溶液进行比较，评定产品的级别。

Fe^{3+} 标准溶液的配制：依次量取 Fe^{3+} 含量为 0.01mg·mL^{-1} 的溶液 0.50mL、1.00mL、2.00mL，分别置于 3 个 25mL 比色管中，并各加入 1.0mL 3mol·L^{-1} H$_2$SO$_4$ 和 2 滴 1mol·L^{-1} KSCN，最后用去离子水稀释至刻度，摇匀，配成如下表所示的不同等级的标准溶液。

规格	Ⅰ级	Ⅱ级	Ⅲ级
Fe^{3+} 含量/mg	0.005	0.01	0.02

实验指导

① 加入 H_2O_2 后,应保证煮沸一会儿,以促使 Fe^{2+} 全部氧化成 Fe^{3+}。多余的 H_2O_2 通过煮沸至气泡消失为止去除。

② 可根据溶液颜色来判断滴加 $NH_3 \cdot H_2O$ 的量,应使 Cu^{2+} 全部变 $[Cu(NH_3)_4]^{2+}$ 至溶液呈深蓝色,否则影响后面的产品级别。

③ 过滤时加液速度不能太快,应分 4~5 次加入,保证 $Fe(OH)_3$ 全部留在滤纸上。

五、实验结果

1. 记录粗制及精制 $CuSO_4 \cdot 5H_2O$ 的质量。

2. 计算 $CuSO_4 \cdot 5H_2O$ 的得率。

3. 确定产品的级别。

六、思考题

1. 设计一实验,由 Cu 制备 $CuSO_4 \cdot 5H_2O$,要求收率高,纯度高,"三废"少。

2. 硫酸铜中杂质 Fe^{2+} 为什么要氧化为 Fe^{3+} 后再除去?而除 Fe^{3+} 时,为什么要调节溶液的 pH 值为 4.0 左右?pH 值太大或太小有什么影响?

3. $KMnO_4$、$K_2Cr_2O_7$、Br_2、H_2O_2 都可以将 Fe^{2+} 氧化成 Fe^{3+},你认为选用哪一种氧化剂较为合适,为什么?

4. 调节溶液的 pH 值为什么常选用稀酸、稀碱,而不用浓酸、浓碱?除酸、碱外,还可选用哪些物质来调节溶液的 pH 值?选用的原则是什么?

5. 精制后的硫酸铜为什么要滴稀硫酸调节 pH 值至 1~2,然后再加热蒸发?

Ⅱ 硫酸铜中铜含量的测定

一、实验目的

1. 掌握间接碘量法测定铜含量的原理和方法。

2. 掌握 $Na_2S_2O_3$ 标准溶液的配制与标定。

二、实验原理

Cu^{2+} 在酸性溶液中与过量 KI 反应:

$$2Cu^{2+} + 4I^- == 2CuI\downarrow + I_2$$

形成 CuI 沉淀,并生成与铜量相当的 I_2,析出的 I_2 用硫代硫酸钠标准溶液滴定,由此可以间接计算铜含量。由于 CuI 沉淀表面容易吸附 I_2(I^-),会造成测定结果偏低,故在终点到达之前加入 KSCN,一则可以生成溶度积更小的 CuSCN 沉淀,释放出 I^-,减少了 KI 的用量;二则 SCN^- 更容易被 CuSCN 所吸附,从沉淀表面取代出吸附的碘,促使测定反应趋于完全。

三、仪器与试剂

仪器：电子天平（0.1mg），酸式滴定管（50mL），移液管（25mL），容量瓶（250mL）。

试剂：$Na_2S_2O_3 \cdot 5H_2O$（A.R.），$KBrO_3$（基准试剂），Na_2CO_3（s），H_2SO_4（1mol·L^{-1}），KI（20%），KSCN（10%），淀粉溶液（0.2%）。

四、实验步骤

1. 硫代硫酸钠标准溶液的配制和标定

硫代硫酸钠溶液的标定通常选用 $KBrO_3$ 作基准物，定量将 I^- 氧化为 I_2，再按碘量法用 $Na_2S_2O_3$ 溶液滴定。反应如下：

$$BrO_3^- + 6I^- + 6H^+ \Longrightarrow 3I_2 + Br^- + 3H_2O$$

$$I_2 + 2S_2O_3^{2-} \Longrightarrow 2I^- + S_4O_6^{2-}$$

除 $KBrO_3$ 外，也可选用 KIO_3 或 $K_2Cr_2O_7$ 等氧化剂作基准物。

$Na_2S_2O_3 \cdot 5H_2O$ 通常都含有少量杂质，如 S、Na_2SO_3、Na_2SO_4 等，且易风化，潮解，因此不能直接配制成准确浓度的溶液。$Na_2S_2O_3$ 溶液易受空气和微生物的作用而分解，因此要用新煮沸冷却的去离子水配制溶液，并加入少量 Na_2CO_3，保持微碱性，以防 $Na_2S_2O_3$ 在酸性溶液中分解。标准溶液配制后亦要正确保存。

（1）0.1mol·L^{-1} $Na_2S_2O_3$ 溶液的配制

称取 $Na_2S_2O_3 \cdot 5H_2O$ 12.5g 置于小烧杯中，加入约 0.1g Na_2CO_3，用新煮沸经冷却的蒸馏水溶解并稀释至 500mL，保存于棕色瓶中，在暗处放置 7 天后再标定。

（2）$Na_2S_2O_3$ 标准溶液的标定

准确称取 $KBrO_3$ 基准物若干克（自行计算），置于小烧杯中，加少量水溶解后，定量转移至 250mL 容量瓶中，稀释至刻度，摇匀。

准确吸取 $KBrO_3$ 溶液 25mL 于 250mL 锥形瓶中，加入 20% KI 5mL、1mol·L^{-1} H_2SO_4 5mL，摇匀，加盖，在暗处放置 2～5min 后，立即用待标定的 $Na_2S_2O_3$ 溶液滴定至淡黄色，加 0.2% 淀粉溶液 5mL，继续用 $Na_2S_2O_3$ 滴定至蓝色恰好消失，即为终点。计算 $Na_2S_2O_3$ 的浓度。

实验指导

① 由于 $KBrO_3$ 的相对分子质量比较小，易造成称量误差。因此称取 $KBrO_3$ 的量应放大 10 倍，配在 250mL 容量瓶中，每次吸取 25mL 进行测定。

② 加 KI 作为还原剂、沉淀剂和配合剂，加入过量是为了加速反应和反应充分。

③ 加入 H_2SO_4 是为了酸化，因为反应要求在酸性介质中进行，增加酸度可加快反应速率，但注意做一个酸化一个，酸化以后要摇均匀。

④ 放暗处可防止 I_2 挥发及 I^- 在酸中氧化，放置 2min 为了保证 $KBrO_3$ 与 I^- 反应完全。

⑤ 开始可以快速滴定，并不要振摇太强烈，防止 I_2 挥发，I^- 在酸性介质中也会被空气中的 O_2 所氧化。

⑥ 淀粉指示剂应在近终点时才加入。即当溶液呈现很淡的黄色时才加入。这样避免淀粉被 I_2 吸附后，阻碍 I_2 与 $Na_2S_2O_3$ 反应，影响终点的正确判断，加入淀粉后继续滴定时，要逐滴加入滴定剂，并剧烈摇动，防止因蓝色褪去较慢而使滴定过量。

2. 硫酸铜中铜含量的测定

准确称取硫酸铜试样（相当于 20～30mL 0.1mol·L^{-1} $Na_2S_2O_3$ 溶液）于 250mL 锥形瓶中，加 1mol·L^{-1} H_2SO_4 5mL 和水 100mL，使之溶解。加入 20%KI 5mL，立即用 $Na_2S_2O_3$ 标准溶液滴定至淡黄色，然后加入 0.2%淀粉溶液 5mL，继续滴定至浅蓝色，再加入 10%KSCN 溶液 10mL，振摇 15s，溶液又转为深蓝色，再用 $Na_2S_2O_3$ 标准溶液滴定至蓝色恰好消失为止，此时溶液为浅灰色或米色悬浮物，即为终点。计算试样中的铜含量。

实验指导

① 加 KSCN 有两个作用：

a）使 CuI 转化成溶解度更小的 CuSCN，并使 I^- 再生，减少 KI 用量。

b）SCN^- 更易被 CuSCN 沉淀吸附，从沉淀表面可取代 I_2，使 I_2 与 $Na_2S_2O_3$ 反应更完全，减少误差。

② 其他注意事项同以上"$Na_2S_2O_3$ 标准溶液的标定"。

五、实验结果

1. 列表记录滴定消耗的 $Na_2S_2O_3$ 标准溶液的体积，计算 $Na_2S_2O_3$ 的浓度。

2. 根据 $Na_2S_2O_3$ 标准溶液的浓度及滴定消耗的体积，计算硫酸铜中的铜含量。

六、思考题

1. 配制 $Na_2S_2O_3$ 所用去离子水为什么要先煮沸再冷却后才能使用？

2. 为什么要用强氧化剂与 KI 反应产生 I_2 来标定 $Na_2S_2O_3$，而不能用氧化剂直接反应来标定 $Na_2S_2O_3$？

3. 溶解硫酸铜时，为什么要加入硫酸？可否用盐酸或硝酸替代？

4. 已知 $E^{\ominus}_{Cu^{2+}/Cu^+}=0.158V$，$E^{\ominus}_{I_2/I^-}=0.535V$，为什么在本实验中 Cu^{2+} 却能使 I^- 氧化为 I_2？

5. 实验的酸度过高或过低对测定结果有何影响？

6. 用碘量法测定铜含量时，为什么要加入 KSCN？如果在酸化后立即加入 KSCN 溶液，会产生什么后果？

实验二十四 三草酸合铁(Ⅲ)酸钾的合成及配离子组成、电荷数的测定

I 三草酸合铁(Ⅲ)酸钾的合成

一、实验目的

1. 了解无机合成中氧化、还原、配位反应等有关原理。

2. 进一步掌握溶解、加热、沉淀、过滤等基本操作。

二、实验原理

三草酸合铁（Ⅲ）酸钾 $K_3[Fe(C_2O_4)_3]\cdot 3H_2O$ 是翠绿色晶体，溶于水而难溶于乙醇，是制备负载型活性铁催化剂的主要原料。本实验是以 $Fe(Ⅱ)$ 盐为原料，通过沉淀、氧化还原、配位反应多步转化，最后制得 $K_3[Fe(C_2O_4)_3]\cdot 3H_2O$，主要反应为：

$$FeSO_4+H_2C_2O_4+2H_2O \Longrightarrow FeC_2O_4\cdot 2H_2O\downarrow+H_2SO_4$$

$$6FeC_2O_4\cdot 2H_2O+3H_2O_2+6K_2C_2O_4 \Longrightarrow 4K_3[Fe(C_2O_4)_3]+2Fe(OH)_3\downarrow+12H_2O$$

$$2Fe(OH)_3+3H_2C_2O_4+3K_2C_2O_4 \Longrightarrow 2K_3[Fe(C_2O_4)_3]+6H_2O$$

溶液中加入乙醇后，便析出三草酸合铁（Ⅲ）酸钾晶体。

$K_3[Fe(C_2O_4)_3]\cdot 3H_2O$ 对光敏感，见光易分解，进行下列光化学反应：

$$2[Fe(C_2O_4)_3]^{3-} \xrightarrow{h\nu} 2FeC_2O_4+3C_2O_4^{2-}+2CO_2$$

三、仪器与试剂

仪器：电子天平（0.1g），布氏漏斗，吸滤瓶，干燥器，称量瓶。

试剂：$FeSO_4\cdot 7H_2O(s)$，H_2SO_4（$3mol\cdot L^{-1}$），$H_2C_2O_4$（$1mol\cdot L^{-1}$），$K_2C_2O_4$（饱和），H_2O_2（3%）。

四、实验步骤

1. 称取 4g $FeSO_4\cdot 7H_2O$ 晶体于烧杯中，加入 15mL 去离子水和数滴 $3mol\cdot L^{-1}$ H_2SO_4 酸化，加热使其溶解，然后加入 20mL $1mol\cdot L^{-1}$ $H_2C_2O_4$，加热煮沸，且不断进行搅拌，使形成黄色 $FeC_2O_4\cdot 2H_2O$ 沉淀，用倾析法洗涤沉淀三次，每次用少量去离子水洗涤。

> **实验指导**
>
> ① 加 H_2SO_4 酸化，以防 $FeSO_4$ 水解，酸性太强，不利于 $FeC_2O_4\cdot 2H_2O$ 沉淀的生成。
>
> ② 加热至沸，并进行搅拌，使 $FeC_2O_4\cdot 2H_2O$ 颗粒变大，容易沉降。
>
> ③ 用倾析法洗涤 $FeC_2O_4\cdot 2H_2O$ 沉淀，每次用水不宜太多（约20mL），至沉淀沉降后再将上层清液弃去，尽量减少沉淀的损失。

2. 在盛有黄色晶体 $FeC_2O_4\cdot 2H_2O$ 的烧杯中，加入 10mL 饱和 $K_2C_2O_4$ 溶液，加热至40℃左右，慢慢滴加 20mL 3% H_2O_2，并不断搅拌。此时沉淀转化为黄褐色，将溶液加热至沸腾，以去除过量 H_2O_2。保持上述沉淀近沸状态，分两次加入 8~9mL $1mol\cdot L^{-1}$ $H_2C_2O_4$，第一次加入 5mL，然后趁热滴加剩余的 $H_2C_2O_4$ 使沉淀溶解，溶液的 pH 值控制在 3.5，此时溶液呈翠绿色。加热浓缩至溶液体积为 25~30mL，冷却，即有翠绿色 $K_3[Fe(C_2O_4)_3]\cdot 3H_2O$ 晶体析出。抽滤，称量，计算得率，并将产物置于干燥器内避光保存。

若 $K_3[Fe(C_2O_4)_3]$ 溶液未达饱和，冷却时不析出晶体，可以继续加热浓缩或加

95％乙醇 5mL，即可析出晶体。

实验指导

① 加热虽能加快非均相反应的速率，但加热又能促使 H_2O_2 的分解，因此，温度不宜太高。控制温度到手稍感温热即可。

② 加热至沸，分解过量 H_2O_2，以防过量 H_2O_2 氧化后面要加入的 $H_2C_2O_4$。

③ 必须在微沸条件下加入 $H_2C_2O_4$，使过量的 $H_2C_2O_4$ 分解而除去。同时必须分两次加入 $H_2C_2O_4$，先加入 7mL，其余 $H_2C_2O_4$ 应逐滴加入，并不断进行搅拌至沉淀完全溶解，溶液呈翠绿色（pH＝4～5）。若沉淀未完全溶解，将呈黄色浑浊，可能还有少量的 FeC_2O_4 未氧化，此时应加入 H_2O_2 进行调节。

溶液的 pH 值大小将影响 $[Fe(C_2O_4)_3]^{3-}$ 的配位平衡：

$$Fe^{3+} + 3C_2O_4^{2-} \rightleftharpoons [Fe(C_2O_4)_3]^{3-}$$
$$+ \qquad\qquad +$$
$$OH^- \qquad\qquad 3H^+$$
$$\Updownarrow \qquad\qquad \Updownarrow$$
$$Fe(OH)^{2+} \quad 3HC_2O_4^-$$

若溶液呈黄绿色，说明溶液的 pH 值偏高，Fe^{3+} 水解成一系列羟基配合物，此时应继续加 $H_2C_2O_4$ 进行调节。如 pH 值偏低，应用 $K_2C_2O_4$ 调节。若反复调节，最后将会影响产品的纯度。

④ 浓缩到达饱和时的体积大小，由各人的得率高低所决定。检验方法：当浓缩至体积为 25～30mL 时，稍冷却，如表面未出现晶膜，说明还未达饱和，还需继续加热蒸发，直至稍冷后表面出现晶膜。

⑤ 将 $K_3[Fe(C_2O_4)_3] \cdot 3H_2O$ 晶体放入称量瓶中，然后放入干燥器内避光保存。

五、实验结果

1. 记录实验条件、过程与各试剂用量及产品三草酸合铁(Ⅲ) 酸钾的质量。
2. 计算三草酸合铁(Ⅲ) 酸钾的理论产量和实际得率。

六、思考题

请设计一实验，验证 $K_3[Fe(C_2O_4)_3] \cdot 3H_2O$ 是光敏物质，这一性质有何实用意义？制得的 $K_3[Fe(C_2O_4)_3] \cdot 3H_2O$ 应如何保存？

Ⅱ 三草酸合铁(Ⅲ) 酸钾配离子的组成测定

一、实验目的

1. 掌握测定配阴离子组成的原理与方法。
2. 进一步掌握标准溶液的配制、标定与计算。

二、实验原理

配阴离子组成可通过化学分析方法进行测定。其中 $C_2O_4^{2-}$ 含量可直接用 $KMnO_4$ 标准溶液在酸性介质中滴定：

$$5C_2O_4^{2-}+2MnO_4^-+16H^+ \longrightarrow 10CO_2\uparrow+2Mn^{2+}+8H_2O$$

Fe^{3+} 含量可用还原剂 $SnCl_2$ 将它还原为 Fe^{2+}，再用 $KMnO_4$ 标准溶液滴定：

$$2Fe^{3+}+Sn^{2+} \longrightarrow 2Fe^{2+}+Sn^{4+}$$

为了将 Fe^{3+} 全部还原为 Fe^{2+}，本实验中先用 $SnCl_2$ 将大部分 Fe^{3+} 还原，然后用 Na_2WO_4 作指示剂，用 $TiCl_3$ 将剩余的 Fe^{3+} 还原为 Fe^{2+}：

$$Fe^{3+}+Ti^{3+}+H_2O \longrightarrow Fe^{2+}+TiO^{2+}+2H^+$$

Fe^{3+} 定量还原为 Fe^{2+} 后，过量一滴 $TiCl_3$ 溶液即可使无色 Na_2WO_4 还原为"钨蓝"（钨的五价化合物），同时过量的 Ti^{3+} 被氧化为 TiO^{2+}。为了消除溶液的蓝色，加入微量 Cu^{2+} 作催化剂，利用水中的溶解氧将"钨蓝"氧化，蓝色消失，然后用 $KMnO_4$ 标准溶液滴定 Fe^{2+}：

$$MnO_4^-+5Fe^{2+}+8H^+ \longrightarrow Mn^{2+}+5Fe^{3+}+4H_2O$$

为了避免 Cl^- 存在下发生诱导反应和便于终点颜色的判断，在滴定中需加入由一定量的 $MnSO_4$、H_3PO_4 和浓 H_2SO_4 组成的 $MnSO_4$ 滴定液，其中 $MnSO_4$ 可防止 Cl^- 对 MnO_4^- 的还原作用，H_3PO_4 可将滴定过程中产生的 Fe^{3+} 配位掩蔽生成无色的 $[Fe(PO_4)_2]^{3-}$ 配阴离子，从而消除 Fe^{3+} 对滴定终点颜色的干扰。

三、仪器与试剂

仪器：电子天平（0.1mg），微孔玻璃漏斗，酸式滴定管（50mL），移液管（25mL），容量瓶（250mL）。

试剂：$Na_2C_2O_4$（基准试剂），$KMnO_4$（s），HCl（$6mol \cdot L^{-1}$），$SnCl_2$（15%），$TiCl_3$（6%），$CuSO_4$（0.4%），H_2SO_4（$3mol \cdot L^{-1}$），Na_2WO_4（2.5%）。

$MnSO_4$ 滴定液：称取 45g $MnSO_4$ 溶于 500mL 水中，缓慢加入浓 H_2SO_4 130mL，再加入 H_3PO_4（85%）300mL，稀释到 1L。

四、实验步骤

1. 高锰酸钾标准溶液的配制和标定

高锰酸钾溶液的标定常采用 $Na_2C_2O_4$ 作基准物，因为 $Na_2C_2O_4$ 不含结晶水，容易精制，操作简便。$KMnO_4$ 与 $Na_2C_2O_4$ 反应如下：

$$2MnO_4^-+5C_2O_4^{2-}+16H^+ \xrightarrow{\triangle} 2Mn^{2+}+10CO_2\uparrow+8H_2O$$

滴定温度控制在 70～80℃，不应低于 60℃，否则反应太慢，但温度太高，草酸又将分解。

高锰酸钾是强氧化剂，易和水中的有机物、空气中的尘埃等还原性物质作用；$KMnO_4$ 溶液还能自行分解，见光分解更快。因此 $KMnO_4$ 标准溶液的浓度容易改变，必须正确地配制和保存。

（1）$0.01mol \cdot L^{-1} KMnO_4$ 标准溶液的配制

称取 1.6g $KMnO_4$ 固体，置于 1000mL 烧杯中，加去离子水 1000mL，盖上表面皿，加热煮沸 20～30min，并随时加水补充蒸发损失。冷却后，在暗处放置 7～10 天，然后用微孔玻璃漏斗或玻璃棉过滤除去 MnO_2 沉淀。滤液贮存在棕色瓶中，摇匀。若溶液煮沸后在水浴上保持 1h，冷却，经过滤可立即标定其浓度。

（2）$KMnO_4$ 标准溶液的标定

准确称取 $Na_2C_2O_4$ 0.10～0.12g，置于 250mL 锥形瓶中，加入去离子水 20～30mL 及 $3mol \cdot L^{-1}$ H_2SO_4 10mL，加热至 75～80℃（瓶中开始冒气，不可煮沸），立即用待标定的 $KMnO_4$ 溶液滴定至溶液呈浅红色，并且在 30s 内不褪色即为终点。平行测定三次。标定过程中要注意滴定速度，此外还应使溶液保持适当的温度。

根据称取 $Na_2C_2O_4$ 的质量和耗用的 $KMnO_4$ 溶液的体积，计算 $KMnO_4$ 标准溶液的准确浓度。

实验指导

① 加热是为了加快反应，但必须严格控制在 75～80℃（加热至锥形瓶瓶口开始冒气）。若溶液沸腾，则 $H_2C_2O_4$ 已分解，必须重做。

② MnO_4^- 与 $C_2O_4^{2-}$ 的反应是自动催化反应，反应开始速率较慢，随着反应的进行，不断产生 Mn^{2+}，由于 Mn^{2+} 的催化作用，使反应速率加快。滴定速度必须与反应速率相适应，因此滴定速率开始时要慢，第一滴褪色后才能再滴第二滴，否则过多的 $KMnO_4$ 溶液来不及和 $H_2C_2O_4$ 反应就在酸性溶液中分解。随着反应的进行，滴定速度也可随之加快。近终点时，由于 $C_2O_4^{2-}$ 浓度降低，反应速率又变慢，此时的滴定速度又要变慢。

③ 由于 $KMnO_4$ 易被空气中还原性物质还原而褪色，所以终点应以 30s 不褪色为准。

④ $KMnO_4$ 是有色溶液，在滴定管中应读液面的最上缘刻度。

⑤ $KMnO_4$ 废液不要倒入水槽，以免污染环境。

⑥ 玻璃棉回收。

---

2. 试液的配制

准确称取 $K_3[Fe(C_2O_4)_3] \cdot 3H_2O$ 1.0～1.2g 于烧杯中，加水溶解，定量转移到 250mL 容量瓶中，稀释至刻度，摇匀。

3. $C_2O_4^{2-}$ 的测定

分别吸取三份 25mL 试液于 250mL 锥形瓶中，加入 $MnSO_4$ 滴定液 5mL 及 $1mol \cdot L^{-1}$ H_2SO_4 5mL，加热至 75～80℃，立即用 $KMnO_4$ 标准溶液滴定至溶液呈浅红色并保持 30s 内不褪色，即达终点。由 $KMnO_4$ 消耗的体积 V_1，计算 $C_2O_4^{2-}$ 的质量分数。

4. Fe^{3+} 的测定

分别吸取三份 25mL 试液于 250mL 锥形瓶中，加入 $6mol \cdot L^{-1}$ HCl 10mL，加热至 75～80℃，逐滴加入 $SnCl_2$ 至溶液呈浅黄色，使大部分 Fe^{3+} 还原为 Fe^{2+}，加入 Na_2WO_4 1mL，滴加 $TiCl_3$ 至溶液呈蓝色，并过量 1 滴，加入 $CuSO_4$ 溶液 2 滴、去离子水 20mL，在冷水中冷却并振荡至蓝色褪尽。隔 1～2min 后，再加入 $MnSO_4$ 滴定液 10mL，然后用 $KMnO_4$ 标准溶液滴定约 4～5mL 后，加热溶液至 75～80℃，继续滴定至溶液呈浅红色，并保持 30s 不褪色，即达终点。记下 $KMnO_4$ 的体积 V_2，用差减法计算 Fe^{3+} 的质量分数。

① $C_2O_4^{2-}$ 含量的测定注意点与 $KMnO_4$ 标准溶液的标定相同。

② Fe^{3+} 的还原及滴定过程中都要保持一定的酸度，酸度不仅是反应的需要，同时为了抑制 Fe^{3+}、Ti^{3+}、Sn^{2+}、TiO^{2+}、Sn^{4+} 等的水解。

③ 为了加速 Fe^{3+} 的还原，应趁热滴加还原剂 $SnCl_2$ 与 $TiCl_3$（75~80℃），试样必须还原一个，滴定一个。

④ $SnCl_2$ 的加入量必须适量，一边滴加，一边摇动，摇到浅黄色。由于 Fe^{3+} 与 Sn^{2+} 反应速率较慢，若滴到浅黄色，经摇动后有可能会变成无色，此时 $SnCl_2$ 过量，会导致分析结果偏高。若 $SnCl_2$ 滴入过量，可滴加 $KMnO_4$，边滴边摇，滴至溶液呈浅黄色（$KMnO_4$ 不计量），再按操作步骤进行，不必倒掉重做。

⑤ 若 $SnCl_2$ 加得少，而 $TiCl_3$ 加得多，由于 $TiOCl_2$ 的水解倾向较大，当加水稀释后，由于溶液酸度的降低，水解成白色沉淀，影响终点的观察。

五、实验结果

1. 列表记录滴定中消耗的 $KMnO_4$ 标准溶液的体积，计算 $KMnO_4$ 标准溶液的浓度。

2. 列表记录滴定中消耗的 $KMnO_4$ 标准溶液的体积，并根据 $KMnO_4$ 标准溶液的浓度，计算三草酸合铁（Ⅲ）酸钾配阴离子组成中 Fe^{3+}、$C_2O_4^{2-}$ 的质量分数，并与理论值比较。试分析实验误差产生的原因。

六、思考题

1. 用 $Na_2C_2O_4$ 标定 $KMnO_4$ 溶液浓度时，H_2SO_4 加入量的多少对标定有何影响？可否用盐酸或硝酸来代替？

2. 用 $Na_2C_2O_4$ 标定 $KMnO_4$ 时，为什么要加热？温度是否越高越好？为什么？滴定速度应如何掌握为宜？为什么？

3. 为什么还原试样中的 Fe^{3+} 要用 $SnCl_2$、$TiCl_3$ 两个还原剂？如果 $SnCl_2$ 加入量太少，而 $TiCl_3$ 加得多，加水稀释后可能会产生什么现象？

Ⅲ　三草酸合铁(Ⅲ)酸钾配离子电荷数的测定

一、实验目的

1. 学习离子交换原理与实验技术。
2. 学习用离子选择性电极测定氯的原理与方法。

二、实验原理

本实验用离子交换法测定配阴离子的电荷数，所用的是氯型阴离子交换树脂（以 RN^+Cl^- 表示）。将一定量的三草酸合铁（Ⅲ）酸钾晶体溶于水中，使溶液通过氯型阴离子交换树脂，使三草酸合铁（Ⅲ）酸钾中的配阴离子 X^{z-} 与阴离子树脂上的 Cl^- 进行交换：

$$zRN^+Cl^- + X^{z-} \rightleftharpoons (RN^+)_zX + zCl^-$$

收集交换出来的含 Cl^- 试液。以氯离子选择性电极为指示电极，双液接甘汞电极为参比电极，插入试液中组成工作电池，测定 Cl^- 的含量，即可确定配阴离子的电荷数 z：

$$z = \frac{Cl^- \text{物质的量}}{\text{配合物的物质的量}}$$

三、仪器与试剂

仪器：电子天平（0.1mg），pHS-3C 型酸度计，电磁搅拌器，氯离子选择性电极，双液接甘汞电极（内盐桥为饱和氯化钾溶液，外盐桥为 $0.1mol \cdot L^{-1}$ KNO_3 溶液），离子交换柱（$\phi 10 \sim 12mm$，长 $25 \sim 30cm$ 玻璃管），移液管（10mL），吸量管（10mL），容量瓶（100mL）。

试剂：NaCl（$1mol \cdot L^{-1}$），氯标准溶液（$1mol \cdot L^{-1}$），强碱性阴离子交换树脂。

离子强度调节缓冲液（TISAB）：$1mol \cdot L^{-1}$ $NaNO_3$ 溶液滴加 HNO_3，调节到 $pH = 2 \sim 3$ 而成。

四、实验步骤

1. 离子交换

离子交换是指离子交换剂与溶液中某些离子发生交换的过程。离子交换树脂是最常用的一种离子交换剂，它是由人工合成的具有网状结构的高分子化合物。通常为颗粒状，性质稳定，不溶于酸、碱及一般有机溶剂。本实验所用的氯型阴离子交换树脂（以 RN^+Cl^- 表示），它的网状结构上的 Cl^- 可与溶液中其他阴离子发生交换。当 $K_3[Fe(C_2O_4)_3]$ 液通过氯型阴离子交换柱时，$[Fe(C_2O_4)_3]^{3-}$ 配阴离子被交换到树脂上，而树脂上的 Cl^- 就进入到流出液中。测定流出液中 Cl^- 的物质的量，从而确定 $[Fe(C_2O_4)_3]^{z-}$ 配阴离子的电荷 z。

离子交换的操作过程如下。

（1）装柱 在交换柱底部填入少量玻璃棉，将 8mL 左右的氯型阴离子交换树脂和适量水的"糊状"物注入交换柱内，用塑料通条赶尽树脂间的气泡，并保持液面略高于树脂层，防止树脂间产生气泡。

（2）洗涤 用去离子水淋洗树脂，直至流出液中不含 Cl^- 为止，用螺旋夹夹紧交换柱的出口管。在洗涤过程中，注意始终保持液面略高于树脂层。

（3）交换 准确称取 $0.5g$ $K_3[Fe(C_2O_4)_3] \cdot 3H_2O$ 于小烧杯中，加入 $10 \sim 15mL$ 去离子水溶解，将溶液转入交换柱中，松开螺旋夹，控制 $1mL \cdot min^{-1}$ 的速度流出，用 100mL 容量瓶收集流出液。当液面下降到略高于树脂层时，用少量去离子水（约 5mL）洗涤小烧杯，并转入交换柱，如此重复 $2 \sim 3$ 次，然后用去离子水继续洗涤，流速可逐渐适当加快。待收集的溶液达 $60 \sim 70mL$ 时，即可检验流出液，直至不含 Cl^- 为止（与洗涤树脂时比较），夹紧螺旋夹。用去离子水稀释至容量瓶刻度，摇匀。

（4）再生 用 $20mL$ $1mol \cdot L^{-1}$NaCl 溶液以 $1mL \cdot min^{-1}$ 的流速淋洗交换树脂，直至流出液酸化后检不出 Fe^{3+}。

实验指导

① 用滴管（尖嘴稍大）将树脂与水的"糊状"物装入 10mL 量筒中（沉降后树脂的体积为 8mL），然后用滴管再将"糊状"物注入交换柱中，柱中一定要有水，防止树脂干涸。如有气泡、裂缝，应用塑料通条通实。放入树脂上下的玻璃棉量必须适当。

---

② 交换前后两次洗涤树脂至不含 Cl^-，检验 Cl^- 的条件（加入试剂与溶液的量）与现象必须相同。

③ 在洗涤时应调节好相当于 1mL 的滴数，因为在交换时要求控制流速为 $1mL \cdot min^{-1}$，此时的体积无法量度。

④ 溶解试样的水应控制在 10～15mL，若用水太多，溶液太稀，交换效果差。转入柱内时，留在柱内的水尽量要少（略高出树脂即可）。

⑤ 在试样转入交换柱前，应在交换柱出口接好容量瓶。试样必须沿玻璃棒定量转入交换柱内，烧杯与玻璃棒用去离子水洗涤 2～3 次，每次用水约 5mL。

⑥ 交换后的洗涤，流速可适当加快，但不能直线流下。

⑦ 再生时流速尽量要慢，淋洗至流出液不含 Fe^{3+}。检验时应先用 H_2SO_4 酸化，破坏配离子后，再加 KSCN 溶液。

⑧ 树脂回收，将交换柱倒放在有水的烧杯中，用洗耳球吹出。

2. 用氯离子选择性电极测定氯离子浓度

（1）氯离子选择性电极

离子选择性电极是一种电化学传感器，它将溶液特定离子的活度转换成相应的电位。用氯离子选择性电极为指示电极，双液接甘汞电极为参比电极，插入试液中组成工作电池。当氯离子活度在 10^{-4}～$1mol \cdot L^{-1}$ 范围内，在一定条件下，电池的电动势 E 与溶液中氯离子活度 a_{Cl^-} 的对数值呈线性关系：

$$E = K - \frac{2.303RT}{nF} \lg a_{Cl^-}$$

分析工作中需测定的往往是离子的浓度（c_{Cl^-}），根据 $a_{Cl^-} = \gamma_{Cl^-} c_{Cl^-}$ 的关系，可在标准溶液和被测溶液中加入总离子强度调节缓冲液（TISAB），使溶液的离子强度固定，从而使活度系数 γ_{Cl^-} 为一常数，可并入 K 项以 K_1 表示，则上式变为：

$$E = K_1 - \frac{2.303RT}{nF} \lg c_{Cl^-}$$

即电池电动势与被测离子浓度的对数值呈线性关系。

一般的离子选择性电极都有其特定的 pH 值使用范围，本实验所用的 pCl-1 型氯离子选择性电极的最佳使用范围是 pH＝2～10。此 pH 值范围可由加入的 TISAB 来控制。

（2）氯标准溶液系列的配制

吸取 $1.00mol \cdot L^{-1}$ 氯标准溶液 10mL，置于 100mL 容量瓶中，加入 TISAB10.0mL，用去离子水稀释至刻度，摇匀，得 $pCl_1 = 1$。

吸取 $pCl_1 = 1$ 的溶液 10mL，置于 100mL 容量瓶中，加入 TISAB 9.0mL，用去离子水稀释至刻度，摇匀，得 $pCl_2 = 2$。

用同样方法依次配制 $pCl_3 = 3$、$pCl_4 = 4$ 等的溶液。

（3）标准曲线的绘制

① 电极的准备　用去离子水反复清洗氯离子选择性电极，至空白电位值达 240mV 以上，以缩短电极的响应时间。

更换双液接甘汞电极外管中的 KNO_3 溶液。

② 将仪器的"模式"开关置于 mV 挡。

③ 将氯标准溶液系列转入小烧杯中，将准备好的氯离子选择性电极和双液接甘汞电极浸入被测溶液中，加入搅拌子，在酸度计上由稀到浓测定各标准溶液的电位（mV）。

（4）试液中氯含量的测定

准确吸取离子交换后的试液 10mL，移入 100mL 容量瓶中，加入 10mL TISAB 溶液，加去离子水稀释至刻度，摇匀。按标准溶液的测定步骤测定其电位 E_x。

实验指导

① 溶液是由浓至稀进行配制，移液管必须洗净（先用去离子水洗，后用试液洗）。配制后溶液必须摇匀，然后再吸出配制下一个溶液。

② 在测定前，应先将氯离子选择性电极用去离子水反复清洗至空白电位为 240mV 左右，电极响应膜切勿用手指或尖硬的东西碰擦，电极使用后，用去离子水淋洗干净。

③ 外盐桥中的 KNO_3 溶液，每次实验都应换新的。实验结束后，将 KNO_3 溶液倒掉，将外管洗干净。

④ 安装电极时，两支电极不要彼此接触，电极下端离杯底应有一定距离。

⑤ 测量前，电极、烧杯、搅拌子都要用待测液进行洗涤。洗涤方法为：容量瓶中试液直接倒出淋洗，先淋洗小烧杯、搅拌子，然后将 30mL 左右的待测液倒入洁净的小烧杯中，余下的溶液淋洗电极。

⑥ 测定应从稀至浓进行，溶液越稀，电极响应时间越长，达到稳定所需时间也越长。

五、实验结果

1. 以电位值 E 为纵坐标，pCl 为横坐标，绘制标准曲线，并在标准曲线上找出与 E_x 值相应的 pCl，求出离子交换后的试液中 Cl^- 的物质的量。

pCl		1	2	3	4	试液
E/mV						

2. 配阴离子电荷 z 的计算

$K_3[Fe(C_2O_4)_3] \cdot 3H_2O$ 的质量_____ g，配合物的物质的量_____ mol，交换出 Cl^- 的物质的量_____ mol，z _____。

3. 与理论值比较，分析误差产生的原因。

六、思考题

1. 结合标准曲线，试分析 $K_3[Fe(C_2O_4)_3] \cdot 3H_2O$ 的称量范围是如何确定的？

2. 离子交换中，为什么必须控制流出液的流速？过快或过慢有何影响？

3. 在用直接电位法测定 Cl^- 浓度中，为什么要用双液接甘汞电极作参比电极，而不用一般甘汞电极？

4. 影响 z 值偏大、偏小的因素有哪些？$K_3[Fe(C_2O_4)_3] \cdot 3H_2O$ 未经干燥，见光分解或含杂质 $H_2C_2O_4$、$K_2C_2O_4$，对 z 值的测定有何影响？

实验二十五　由鸡蛋壳制备丙酸钙及其组成测定

Ⅰ　丙酸钙的制备及其防霉性质试验

一、实验目的

1. 了解丙酸钙的组成、性能及其应用。
2. 了解由鸡蛋壳制备丙酸钙的实用意义。
3. 掌握用鸡蛋壳制取丙酸钙的方法。
4. 初步了解丙酸钙在面包防霉试验中的效果。

二、实验原理

丙酸钙 $(CH_3CH_2COO)_2Ca$ 是近几年发展起来的一种新型食品添加剂。在食品工业上主要用作防腐剂，可延长食品保鲜期。它对霉菌、好气性芽孢产生菌、革兰阴性菌有很好的防灭效果，而对酵母菌无害，对人体无毒、无副作用，还可以抑制黄曲霉毒素的产生，广泛用于面包、糕点等食品的防腐。据联合国粮农组织和世界卫生组织（FAO/WHO）报道，丙酸钙与其他脂肪酸一样，可通过代谢作用被人体吸收，供给人体必需的钙，这一优点是其他防腐剂无法相比的。在国外，也有将它用作饲料防腐剂，还可药用，制成液、散、膏等；对霉菌引起的皮肤病也有较好的治疗作用。

随着人们生活水平的提高和食品工业的发展，鸡蛋的消耗量大幅度增加。由于目前国内对鸡蛋壳资源的利用率还很低，人们仅利用了可食用部分即蛋清和蛋黄，大量鸡蛋壳被抛弃，对环境造成了很大污染，如能充分利用，不仅可变废为宝为社会增加财富，还可减少对环境的污染。对鸡蛋壳组成成分的分析证明：蛋壳中主要成分为 $CaCO_3$，另外含有少量有机物、P、Mg、Fe 及微量 Si、Al、Ba 等元素，其组成的百分含量为：$CaCO_3$ 93％；$MgCO_3$ 1.0％；$Mg_3(PO_4)_2$ 2.8％；有机物 3.2％。$CaCO_3$ 是生产丙酸钙的主要原料，因此可以利用鸡蛋壳为原料生产丙酸钙，既为鸡蛋壳的综合利用提供一条可行的路径，又符合我国变废为宝、综合治理的根本方针。

鸡蛋壳制备丙酸钙有两种方法：一种是鸡蛋壳（$CaCO_3$）与丙酸直接作用制备丙酸钙；另一种是把鸡蛋壳放在箱式电炉中煅烧为蛋壳灰分（CaO），然后与丙酸中和制备丙酸钙。

方法 1：主要反应 $2CH_3CH_2COOH + CaCO_3 \longrightarrow (CH_3CH_2COO)_2Ca + H_2O + CO_2 \uparrow$

鸡蛋壳 → 水洗 → 盐酸壳膜分离 → 干燥 → 粉碎 →

丙酸中和 → 抽滤 → 蒸发 → 干燥 → 成品

方法 2：主要反应 $CaCO_3（蛋壳）\xrightarrow{高温分解} CaO（蛋壳灰分）$

$$CaO + H_2O \longrightarrow Ca(OH)_2（石灰乳）$$

$$2CH_3CH_2COOH + Ca(OH)_2 \longrightarrow (CH_3CH_2COO)_2Ca + 2H_2O$$

鸡蛋壳 $\xrightarrow{加热，850\sim1000℃}$ 蛋壳灰分（CaO）$\xrightarrow{加水}$ 石灰乳 $Ca(OH)_2$ $\xrightarrow{加丙酸中和}$ 丙酸钙 →

抽滤 → 蒸发 → 干燥 → 成品

本实验中采用第二种方法。

三、仪器与试剂

仪器：箱式电炉，电接点温度计，恒温搅拌器，电热恒温干燥箱，真空泵。

试剂：盐酸（A.R），丙酸（A.R）。

其他：鸡蛋壳，食用面包。

四、实验步骤

1. 蛋壳预处理

鸡蛋壳用自来水清洗除泥土及黏附的杂质，粉碎后用清水浸泡 1h，晾干后在干燥箱中 110℃烘干除水 1h，得实验用蛋壳粉，备用。

2. 煅烧分解

称取一定量蛋壳粉，置于箱式电炉内 1000～1200℃煅烧 1h，得白色蛋壳灰分 CaO。

3. 中和制备丙酸钙

将一定量的蛋壳灰分（4g）研细，加入适量水（60mL），制成石灰乳，然后在不断搅拌下，缓慢将一定浓度（6mol·L^{-1}）的丙酸溶液（35mL）加入，在一定的温度（50℃）下反应 1h，不断搅拌至溶液澄清，得丙酸钙溶液。

4. 浓缩

丙酸钙溶液冷却后过滤，除去不溶物，滤液移入蒸发皿中，加热蒸发浓缩至黏稠状，冷却结晶得白色粉末状丙酸钙。在干燥箱中 120～140℃烘干 2h，得白色粉末状无水丙酸钙产品，丙酸钙易吸潮，注意真空保存。

5. 防霉试验

称取一定量的食用面包，在其表面均匀撒入制备好的丙酸钙，用量为面包质量的 0.1%，将其存放于 23～28℃，相对湿度为 85%～90%的食品柜中，同时用不加丙酸钙的相同面包做对照试验，连续两周观察两组面包的生霉情况。

五、实验结果

1. 记录实验条件、过程及试剂用量。
2. 记录丙酸钙的产量及得率（鸡蛋壳中 CaCO$_3$ 以 93%计算）。
3. 记录丙酸钙的防霉试验效果。

六、思考题

1. 比较两种由鸡蛋壳制备丙酸钙方法的优缺点。
2. 实验过程中哪些条件会影响丙酸钙的产量？

Ⅱ　丙酸钙中钙含量的测定

一、实验目的

1. 巩固和掌握配位滴定分析的原理和方法。
2. 掌握称量技术和滴定操作。

二、实验原理

丙酸钙溶解于水后，溶液中存在的金属离子主要是 Ca^{2+}，同时含有少量的 Mg^{2+}，为了排除 Mg^{2+} 对 Ca^{2+} 的影响，调节溶液的酸度 $pH \geqslant 12$，使 Mg^{2+} 生成 $Mg(OH)_2$ 沉淀，用钙试剂做指示剂，用乙二胺四乙酸二钠（EDTA）滴定 Ca^{2+} 含量。

三、仪器与试剂

仪器：电子天平（0.1mg）、移液管（25mL）。

试剂：钙指示剂（1%），NaOH（10%），EDTA 标准溶液（0.05mol·L^{-1}）。

四、实验步骤

丙酸钙样品在 120℃ 干燥失重后，准确称取 2.5g 样品，溶解于水，移入 250mL 容量瓶中，稀释至刻度，摇匀。

用移液管准确吸取 25mL 于 250mL 锥形瓶中，加 100mL 水，加 15mL10% 氢氧化钠溶液，摇匀，放置 1min，加 0.1g 钙指示剂，用 0.05mol·L^{-1} EDTA 标准溶液滴定至溶液红色消失呈现蓝色，即为终点。

> **实验指导**
>
> ① 由于试样与盐酸反应较为激烈，所以试样溶解前应先加少量水湿润。加盐酸时应盖上表面皿，从烧杯嘴慢慢沿壁滴入，小火加热微沸 4～5min 至试样全部溶解。
>
> ② 控制滴定速度，接近终点时，颜色由红变紫，此时应多摇动。如不变色，可再加半滴至红光消失，呈纯蓝色，即为终点。

五、实验结果

1. 列表表示实验条件与耗用的 EDTA 体积。
2. 计算丙酸钙中钙含量，与理论值比较并分析误差原因。

六、思考题

1. 如何计算丙酸钙的纯度？
2. 结合制备过程分析影响丙酸钙纯度的因素。

实验二十六　纳米ZnO的制备及性质测定

I　纳米 ZnO 的制备

一、实验目的

1. 掌握纳米材料的一般合成方法。
2. 进一步熟悉无机合成中的沉淀、洗涤、煅烧等基本操作。

二、实验原理

纳米材料是指粒子尺寸大小在 1～100nm 范围内的新型材料,它与普通材料相比,比表面积大,具有表面效应、体积效应、尺寸效应、宏观量子隧道效应和介电域效应等。因而有着优异的物理、化学性质,并且同样具有优异的光、电、磁、力学和化学等宏观特性。

纳米氧化锌的制备方法有很多种,一般可分为物理法和化学法。物理法指利用特殊的粉碎技术将普通粉体粉碎;化学法指控制一定条件,从原子或分子成核,生成具有纳米尺寸和一定形状的粒子。化学法包括固相法、液相法和气相法。

直接沉淀法和均匀沉淀法是液相法制备纳米氧化锌最常用的方法。直接沉淀法是以可溶性锌盐为原料,草酸铵(草酸)、碳酸铵(碳酸氢铵)、氨水或强碱等为沉淀剂,首先合成沉淀前驱体,然后经过煅烧得到产物。例如:

$$Zn(NO_3)_2 + (NH_4)_2C_2O_4 \longrightarrow ZnC_2O_4 + 2NH_4NO_3$$

$$2ZnC_2O_4 + O_2 \xrightarrow{\triangle} 2ZnO + 4CO_2$$

均匀沉淀法也是以可溶性锌盐为原料,同时用尿素、六亚甲基四胺等物质的受热分解产物为沉淀剂合成沉淀前驱体,然后经过煅烧得到产物。例如:

$$CO(NH_2)_2 + 3H_2O \xrightarrow{\triangle} CO_2 + 2NH_3H_2O$$

$$3Zn^{2+} + CO_3^{2-} + H_2O + 4OH^- \longrightarrow ZnCO_3 \cdot 2Zn(OH)_2 \cdot H_2O$$

$$ZnCO_3 \cdot 2Zn(OH)_2 \cdot H_2O \xrightarrow{\triangle} 3ZnO + CO_2 + 3H_2O$$

为了提高产率、产品纯度和提升产品性能,合适的温度、加热时间和物料配比以及加入表面活性剂来防止团聚现象是必要的。

三、仪器与试剂

仪器:恒温磁力搅拌器,温度计,烘箱,马弗炉,电子天平(0.01g),吸滤瓶,布氏漏斗。

试剂:尿素(s),六水合硝酸锌(0.2mol·L^{-1}、0.5mol·L^{-1}),草酸铵(0.2mol·L^{-1}),碳酸铵(0.1mol·L^{-1}),H_2SO_4(10%),H_2O_2(3%),聚丙烯酰胺(s),聚丙烯酸钠(PAS)(5%),锌粉(0.076mm),氨水(0.01mol·L^{-1}),无水乙醇。

四、实验步骤

1. 直接沉淀法

取 0.5mol·L^{-1}硝酸锌溶液 50mL,加入 5%PAS 0.5mL,按草酸铵与锌离子摩尔比为 1.05:1,在搅拌下向锌离子溶液中缓慢加入相同浓度的草酸铵溶液,然后 70℃反应 2.5h,将所得沉淀抽滤,用 0.01mol·L^{-1}稀氨水洗涤数次,再用无水乙醇洗涤,100℃烘干,得前驱体化合物草酸锌,在马弗炉中 500℃煅烧 2h,产品称重并计算产率。

2. 均匀沉淀法

取 0.2mol·L^{-1}硝酸锌溶液 200mL,按照尿素与锌离子的摩尔比为 3:1,加入 5%PAS 1mL,在 90℃下,搅拌反应 3h,然后将所得沉淀抽滤、并用去离子水反复洗涤,最后用无水乙醇洗涤，100℃烘干，在马弗炉中500℃煅烧2h，产品称重并计算产率。

3. 工业级氧化锌制备纳米氧化锌

3g ZnO（工业级），缓慢加入 10% H_2SO_4 25mL，搅拌均匀，控制温度在 30℃以下，反应 30min，此时 pH 值应小于 1，过滤，弃去滤渣。然后用氧化锌调节 pH 值至中性，加热温度为 50～60℃，在不断搅拌下加入锌粉 0.3g（除去 Pb^{2+}、Cu^{2+}、Cd^{2+}等），过滤，滤液中加入 1.5mL 3% H_2O_2，并用稀硫酸或氨水调节 pH 值约为 4，在 65℃左右搅拌反应，待反应结束后，加入聚丙烯酰胺 0.02g，轻搅 2～3min，陈化 30min 后抽滤。

滤液加热煮沸后，冷却至 60℃，加入 5% PAS 数滴，按照碳酸根离子与锌离子摩尔比为 1.2：1，缓慢加入 0.1mol·L^{-1} 碳酸铵溶液，继续反应 1h，抽滤，沉淀用去离子水洗涤至无硫酸根离子，再用无水乙醇洗涤，10℃下干燥，650℃煅烧 2h，产品称重并计算产率。

五、实验结果

1. 记录产品的质量、颜色性状及产率。
2. 根据产率选出较优实验条件。

六、思考题

1. 制备纳米 ZnO 的前驱体化合物应注意哪几个方面（可从时间、搅拌、加料、温度、浓度等方面考虑）？
2. 查找资料比较直接沉淀法和均匀沉淀法的不同。

Ⅱ 纳米 ZnO 纯度的测定

一、实验目的

1. 进一步熟悉配位滴定法的基本原理。
2. 掌握滴定分析的基本操作。

二、实验原理

纳米氧化锌中的主要成分是 ZnO。用酸溶解试样后，可用 EDTA 标准溶液直接测定试液中锌的含量。

三、仪器与试剂

仪器：电子天平（0.1mg），酸式滴定管（50mL），移液管（25mL），容量瓶（250mL）。

试剂：HCl（2mol·L^{-1}），NH$_3$-NH$_4$Cl 缓冲溶液（pH≈10），EDTA 标准溶液（0.01mol·L^{-1}），铬黑 T（1%），NH$_3$·H$_2$O（1:1），纳米 ZnO 试样。

四、实验步骤

1. 试液的制备

在电子天平上准确称取计算量的氧化锌产品于小烧杯中，加入 2mol·L^{-1} 的 HCl 将其完全溶解，然后定量转移到 250mL 容量瓶中，稀释至刻度，摇匀。

2. ZnO 含量分析

准确移取 25mL 溶液于锥形瓶中，用 1:1 的 NH$_3$·H$_2$O 滴加至开始出现白色沉淀，加入 pH≈10 的 NH$_3$-NH$_4$Cl 缓冲溶液 20mL，再加入铬黑 T 指示剂，用 EDTA 标准溶液滴定，计算锌的含量，并计算出产品的纯度。

五、实验结果

列表记录实验数据并计算产品纯度。

六、思考题

如何确定氧化锌产品的称量范围？

Ⅲ 纳米 ZnO 的谱图表征

一、实验目的

1. 了解红外光谱法的基本原理。
2. 了解 XRD 法的基本原理。
3. 学会查找资料，确定红外吸收特征峰的归属。
4. 掌握 XRD 法确定晶系和计算微粒粒径的方法。

二、实验原理

1. 红外光谱法

红外光谱法（IR 法）是以连续波长的红外线为光源照射样品，将所得的吸收光谱来进行样品分析的方法。分子的振动和转动能级一般在 2.5～25μm 范围内的中红外区，因此对样品的红外扫描大都在这一范围内进行。

红外光谱图的纵坐标是百分透光率 T 或吸光度 A，横坐标用波长 λ 或波数 $\bar{\nu}$ 表示。

$$\bar{\nu}(cm^{-1}) = \frac{1}{\lambda(cm)} = \frac{10^4}{\lambda(\mu m)}$$

红外光谱具有很强的特征性，不同的官能团有不同的吸收峰位置和强度，利用红外光谱还可以区分一些同分异构体，对于一些几何异构体和互变异构体也能加以鉴定。

本实验可以用 IR 法测定中间体及产物的结构。例如：碱式碳酸锌前驱体红外光谱在

$3400cm^{-1}$，可归属为羟基的简正模式振动，而在 $1630cm^{-1}$、$1500cm^{-1}$、$1400cm^{-1}$、$830cm^{-1}$可归属为碳酸根离子的特征振动峰。

2. X 射线衍射（XRD）法

利用 XRD 法，可以通过衍射峰的位置决定晶胞的形状和大小。用 X 射线仪（Cu K_α 射线）分析，将所得的射线衍射图谱与 JCPDS 卡片 36-1451 号对应，可说明纳米氧化锌的晶系结构。

根据 Scherrer 公式计算成品平均粒径大小：

$$D_{hkl} = \frac{k\lambda}{\beta cos\theta}$$

式中，β 为半峰宽，（°）；λ、θ 分别为衍射波长和衍射角；常数 $k = 0.89$。

三、仪器与试剂

仪器：FT-AVATOR 红外光谱仪，X 射线衍射仪（Cu K_α 射线），$\phi13mm$ 压片机，玛瑙研钵。

试剂：KBr（光谱纯），丙酮（A.R.）。

四、实验步骤

1. 将约 0.2g KBr 置于研钵中研成粉末后，加入 mg 级纳米氧化锌，再研磨均匀，仔细倒入压片机模具中，在约 15kPa 压力下压成薄片。同样，将前驱体制成薄片，然后将制得的薄片置于 FT-AVATOR 红外光谱仪中扫描取谱。

2. 将纳米氧化锌压成薄片后置于 X 射线衍射仪中扫描取谱。

五、谱图分析

1. 找出前驱体 IR 谱图与纳米氧化锌 IR 谱图中的特征振动吸收峰，并分析谱图变化的原因。

2. 由 X 射线衍射图计算粒子粒度。

六、思考题

1. 能否用纯氧化锌压制成薄片进行 IR 扫描？

2. X 射线衍射图还有哪些信息可以得到？

Ⅳ 纳米 ZnO 抗紫外能力的测定

一、实验目的

1. 了解紫外-可见分光光度计的使用。

2. 学会用紫外-可见分光光度计测定纳米氧化锌的吸光度。

二、实验原理

分子的价层电子在不同轨道之间的跃迁能级与紫外-可见光的能量相一致，因此可以利用这一性质制备高效的抗紫外材料。纳米粒子由于半径小，表面的原子缺少相邻的原子，有许多悬空键，具有不饱和性质，其化学活性和光活性强。与普通氧化锌相比，纳米氧化锌吸收紫外能力强，对长波紫外（UVA）320～400nm 和中波紫外（UVB）280～320nm 都有很强的屏蔽作用。

朗伯-比耳（Lambert-Beer）定律是分光光度法的基本定律。在稀溶液中

$$A = -\lg T = kbc$$

式中，k 为吸收系数；b 为吸收池厚度；c 为溶液浓度。

一定波长下的摩尔吸光系数用 ε 或 E_M 表示：$\varepsilon = \dfrac{M}{10} E_M^{1\%}$

式中，$E_M^{1\%}$ 为比吸光系数，相当于在一定波长下，浓度为 1%（g·mL^{-1}）、厚度为 1cm 的溶液的吸光度值。

三、仪器与试剂

仪器：UV-265 紫外-可见分光光度计，超声波仪。

试剂：甘油，聚丙烯酸钠（PAS）。

四、实验步骤

方法 1. 取适量 ZnO 粉末均匀分散在 1∶1 的甘油和水的混合溶液中，配成一定浓度的悬浮液，用 UV-265 紫外-可见分光光度计观察 200～400nm 的吸光度，并与普通氧化锌比较。

方法 2. 在 0.1%～0.3%的 PAS 溶液中加入适量的纳米氧化锌，使其含量为 0.3%，超声波振荡（或者机械搅拌器剧烈搅拌）0.5h 后置于比色皿中，以 PAS 溶液为参比，在 200～600nm 波长下观测其吸光度。计算最大吸光系数并与普通氧化锌比较。

五、实验结果

画出紫外吸收曲线，比较纳米氧化锌与普通氧化锌的吸收有何不同。

六、思考题

1. 参比溶液的作用是什么？如何确定参比溶液？
2. 通过紫外吸收实验可以找到纳米氧化锌的哪些用途？

5.3 设计性实验

实验二十七 氨基酸金属螯合物的制备及表征

一、实验背景

氨基酸金属螯合物作为营养强化剂时，金属元素和氨基酸可作为一个整体，不但能在体内有效运输，被肠胃消化道和黏膜细胞很好地吸收，而且还可避免金属离子和食品中的

其他成分发生反应，造成食品颜色不正、口感不好等负面影响。氨基酸螯合盐作为第三代微量元素添加剂早已在畜禽中推广应用，目前氨基酸螯合盐的产品也已作为人用微量元素的新型营养制剂开始走进人们的生活。

氨基酸螯合物（amino acid chelate）通常指氨基酸和金属反应形成具有一个或多个五元环结构的稳定产品。这个五元环是由金属、羧基氧、羧基碳、α-碳和氨基氮五个原子形成，螯合物的确切结构还与配体与金属的摩尔比、羧基氧与金属离子形成的是共价键还是离子键等因素有关。最典型的氨基酸螯合物通常是配体与金属的摩尔比为 2：1，有如下结构：

结构中金属 M 与 α-氨基氮原子之间形成的是配位共价键，而和氧原子间形成的键可能是配位共价键，也可能是离子键。R 是天然存在的 α-氨基酸的侧链。

氨基酸金属螯合物一般是通过金属离子与氨基酸的反应而制得。在合成中必须提供合适的条件（如配体与金属离子合适的投料比、环境、温度、反应物的溶解性等）来促使螯合物的形成。提供金属离子的可以是金属单质、金属氧化物、金属氢氧化物、金属碳酸盐、金属硫酸盐、金属氯化物以及金属醋酸盐等。氨基酸一般是 α-氨基酸，包括单一氨基酸、复合氨基酸及蛋白质水解物等。

二、实验要求

1. 从氧化锌或其他锌盐中任选一种制备甘氨酸锌螯合盐。改变试验条件（如反应温度或配体与金属离子的投料比等），选择最佳合成条件。

2. 分析产品的化学组成。

3. 对产品结构进行表征。

三、实验提示

甘氨酸锌螯合盐可由一定量的甘氨酸与氧化锌反应得到，也可由甘氨酸与锌盐（如碱式碳酸盐、硫酸盐或氯化盐等）反应，通过调节 pH 值得到。反应结束后，通过蒸发，加入丙酮或乙醇，结晶，真空干燥，即可获得白色结晶状二甘氨酸合锌。

用化学分析法或元素分析法确定产品化学组成和含量。金属元素可用 EDTA 滴定法测量；螯合物中的氨基酸可用茚三酮的显色反应来鉴定，氨基酸含量可用凯氏定氮法测量。

对产品结构进行表征时，可选用红外光谱法、热重-差热分析法、X 射线粉末衍射法等方法。

四、参考资料

［1］ Ashmead S D. Composition and Method for Preparing Electrically Neutral Amino Acid Chelates free of Interfering Ionic. 2002，U. S. Pat. No. 6407138 B1.

［2］ 高胜利，侯育冬，刘建睿等．锌添加剂的合成．化学通报，1999，（11）：30-34.

［3］ 钟国清．甘氨酸锌螯合物的合成与结构表征．精细化工，2001，18：391-393.

[4]　中本一雄著．无机和配体的红外拉曼光谱．第 4 版．黄德加，汪仁庆译．北京：化学工业出版社，1991.

[5]　邱德仁编．分析化学丛书．工业分析化学，上海：复旦大学出版社，2003.

实验二十八　废干电池的综合利用

一、实验背景

在我国的干电池使用中，锌锰干电池最为常用。报废的干电池如不回收利用，处置不当可能造成严重的环境污染，而且也是极大的资源浪费。

锌锰干电池的负极为锌电极（电池壳体），正极为被 MnO_2（为增强导电能力，填充有炭粉）包围着的石墨电极，电解质是氯化锌及氯化铵的糊状物，发生的电池反应为：

$$Zn + 2NH_4Cl + 2MnO_2 \longrightarrow Zn(NH_3)_2Cl_2 + 2MnOOH$$

在使用过程中，锌皮消耗最多，二氧化锰只起氧化作用，氯化铵作为电解质没有消耗，炭粉是填料。

根据锌锰干电池各组成的化学性质，回收处理废干电池可以获得多种物质，如铜、锌、二氧化锰、氯化铵和炭棒等，其有关成分可基本回收，而且不产生二次污染。回收的主要物质都是重要的化工原料，有的可直接用于干电池的生产。这样不仅锌锰废电池得到有效的处理，防止污染环境，又可回收有用物质，具有明显的环境效益和经济效益，实为变废为宝的一种可利用资源。

二、实验要求

$$废干电池\begin{cases} 锌皮——制备 \ ZnSO_4 \cdot 7H_2O \\ 黑色糊状物——\begin{cases} 回收 \ MnO_2 \\ 回收 \ NH_4Cl \end{cases} \end{cases}$$

三、实验提示

1. 氯化铵的回收

将电池中的黑色混合物溶于水，可得 NH_4Cl 和 $ZnCl_2$ 的混合溶液。依据两者溶解度的不同，可回收氯化铵。NH_4Cl 和 $ZnCl_2$ 两者在不同温度下的溶解度（$g \cdot 100g \ 水^{-1}$）为：

温度/℃	0	10	20	30	40	60	80	90	100
NH_4Cl	29.4	33.2	37.2	31.4	45.8	55.3	65.6	71.2	77.3
$ZnCl_2$	342	363	395	437	452	488	541	—	614

氯化铵在 100℃时开始显著地挥发，338℃时离解，350℃时升华。

氯化铵产品中的氯化铵含量可由酸碱滴定法测定。氯化铵先与甲醛作用生成六亚甲基四胺和盐酸，后者用氢氧化钠标准溶液滴定。有关反应为：

$$4NH_4Cl + 6HCHO \longrightarrow (CH_2)_6N_4 + 4HCl + 6H_2O$$

2. 二氧化锰的回收

电池中黑色混合物不溶于水的部分是二氧化锰和炭粉的混合物，加热除去炭粉后，可得二氧化锰。

3. 由锌皮制备 ZnSO₄·7H₂O

锌皮溶于硫酸可制备 $ZnSO_4 \cdot 7H_2O$。但锌皮中所含的杂质铁也同时溶解，必须除铁以得到纯净的 $ZnSO_4 \cdot 7H_2O$。

四、参考文献

［1］［苏］ю. В. 卡尔雅金等，N. N. 安捷洛夫. 纯化学试剂. 曹素沈等译. 北京：高等教育出版社，1989.

［2］日本化学会编. 无机化合物合成手册：第二卷. 安家驹等译. 北京：化学工业出版社，1986.

［3］李朝略主编. 化工小商品生产法：第一集. 长沙：湖南科学技术出版社，1985.

［4］中山大学等校编. 无机化学实验. 北京：高等教育出版社，1992.

实验二十九　净水剂聚合硫酸铁的制备

一、实验背景

聚合硫酸铁（PFS）是一种新型高效的铁系无机高分子絮凝剂，其化学式可表示为 $[Fe_2(OH)_n(SO_4)_{3-n/2}]_m$，产品分为液体和固体两种，Ⅰ型为红褐色黏稠透明液体，Ⅱ型为黄色无定形固体，相对密度（d_4^{20}）为 1.450。它在水溶液中能提供大量的 $[Fe(H_2O)_6]^{3+}$、$[Fe_8(H_2O)_{20}]^{4+}$、$[Fe_2(OH)_3]^{3+}$ 等聚合离子及羟基桥联形成的多核配合铁离子，对水中悬浮胶体颗粒进行电性中和，降低电位，促使离子相互凝聚，同时产生吸附、架桥交联等，具有很好的絮凝和吸附作用，在自来水、工业用水、工业废水、城市污水的净化处理方面有广泛应用，尤其对化工、造纸、皮革、医药工业废水的净化处理有十分突出的效果。我国絮凝剂需求量大，随着国家对污染治理力度的加强，絮凝剂将具有巨大的潜在市场，有机高分子絮凝剂价格昂贵，且残存单体或分解产物可能存在毒性，而铝盐絮凝剂存在铝毒及余铝后沉淀、低温除浊能力低等缺点，聚合硫酸铁（PFS）以其沉降快、适用 pH 范围广、耗量少、效果好、无毒、价格低廉等优点，颇受水处理界的青睐，已成为近年来水处理剂研究领域的重点和热点。

二、实验要求

聚合硫酸铁可用硫酸亚铁和硫酸为原料，在一定条件下经氧化、水解、聚合而制得。从氧化剂来分类可以分为两种，直接氧化法和催化氧化法。直接氧化法常用的氧化剂有次氯酸钠、氯酸钠、过氧化氢等；催化氧化法主要用亚硝酸钠作催化剂，用空气、二氧化锰、过硫酸钠等作氧化剂。

聚合硫酸铁的制备一般是用硫酸亚铁为原料，在硫酸溶液中用氧化剂氧化，先将硫酸亚铁氧化为硫酸铁，当溶液中硫酸根的量控制恰当时，硫酸铁可继续与溶液中的水反应生成碱式硫酸铁，此碱式硫酸铁再聚合即可得到聚合硫酸铁。

反应方程式如下：

$$FeSO_4 + \frac{1}{2}SO_4^{2-} \xrightarrow{\text{氧化}} \frac{1}{2}Fe_2(SO_4)_3$$

$$Fe_2(SO_4)_3 + n\,H_2O \longrightarrow Fe_2(OH)_n(SO_4)_{3-\frac{n}{2}} + \frac{n}{2}H_2SO_4$$

$$m\,Fe_2(OH)_n(SO_4)_{3-\frac{n}{2}} \xrightarrow{\text{聚合}} [Fe_2(OH)_n(SO_4)_{3-\frac{n}{2}}]_m$$

本实验要求采用直接氧化法制备液体状聚合硫酸铁，并对其进行部分性能指标测试，主要测试其密度、全铁含量、还原性物质（以 Fe^{2+} 计）含量、盐基度。

三、实验提示

聚合硫酸铁的制备受反应温度、氧化剂用量、反应时间、反应比例（总铁与硫酸根比例）以及氧化剂加入速度等影响。其中主要是反应温度和反应比例，因而可选择不同的反应温度和反应比例进行条件试验，得出聚合硫酸铁的最佳制备条件。

聚合硫酸铁的组成和性能可以通过观察外观，测定其密度、全铁含量、还原性物质（以 Fe^{2+} 计）含量、盐基度来加以判断。主要性能指标应符合表 5-1。

表 5-1 聚合硫酸铁的主要性能指标（GB 14591—93）

项目	密度(20℃)/g·cm^{-3}	全铁含量/%	还原性物质含量/%(以 Fe^{2+} 计)	盐基度/%
指标	≥1.45	≥11.0	≤0.10	9.0~14.0

聚合硫酸铁的净水效果可通过对产品进行除 COD（化学耗氧量）和脱色率处理进行判断。

四、参考资料

[1] 华东化工学院无机化学教研组编. 无机化学实验. 第 3 版. 北京：高等教育出版社，1990.

[2] 沈晓东等. 工业水处理. 2005，25（5）：18-21.

[3] 张月仙. 河北北方学院学报（自然科学版），2005，21（1）：11-13.

[4] 胡成松等. 应用化工，2004，33（2）：55-56.

[5] 贺仁星等. 环境科学与技术，2004，27（增刊）：146-149.

[6] 诸爱士等. 浙江科技学院学报，2004，16（1）：20-23.

[7] 黄宝华等. 城市环境与城市生态，2003，16（6）：226-227.

[8] GB 14591—93. 中国国家标准汇编.

参 考 文 献

[1] 赵华绒，方文军，王国平主编．化学实验室安全与环保手册．北京：化学工业出版社，2013.

[2] 柯强，张世红，段文猛主编．大学化学实验与学习指导．北京：化学工业出版社，2013.

[3] 北京大学化学与分子工程学院实验室安全技术教学组编著．化学实验室安全知识教程．北京：北京大学出版社，2012.

[4] 武汉大学化学与分子科学学院实验中心编．无机化学实验．第 2 版．武汉：武汉大学出版社，2012.

[5] 朱卫华主编．大学化学实验．北京：科学出版社，2012.

[6] 史苏华主编．无机化学实验．武汉：华中科技大学出版社，2011.

[7] 梁华定主编．基础实验．杭州：浙江大学出版社，2011.

[8] 高绍康主编．基础化学实验．北京：化学工业出版社，2011.

[9] 朱裕贞，黑恩成，顾达编著．现代基础化学．北京：化学工业出版社，2010.

[10] 李华民，蒋福实，赵云岑主编．基础化学实验操作规范．第 2 版．北京：北京师范大学出版社，2010.

[11] 南京大学化学实验教学组编．大学基础化学．第 2 版．北京：高等教育出版社，2010.

[12] 华东理工大学无机化学教研组编．李梅君，徐志珍等修订．无机化学实验．第 4 版．北京：高等教育出版社，2007.

[13] 华东理工大学分析化学教研组等编．分析化学．第 6 版．北京：高等教育出版社，2009.

[14] 刘洪来，任玉杰主编．实验化学原理与方法．第 2 版．北京：化学工业出版社，2007.

[15] 方国女，王燕，周其镇编．大学基础化学实验（Ⅰ）．第 2 版．北京：化学工业出版社，2005.

[16] 周锦兰，张开诚主编．实验化学．武汉：华中科技大学出版社，2005.

[17] 徐莉英．无机与分析化学实验．北京：化学工业出版社，2005.

[18] 辛剑，孟长功主编．基础化学实验．北京：高等教育出版社，2004.

[19] 周井炎主编，李德忠副主编．基础化学实验．上．武汉：华中科技大学出版社，2004.

[20] 曾咏准，林树昌编．分析化学（仪器分析）．第 2 版．北京：高等教育出版社，2004.

[21] 刘志广，张华，李亚明编著．仪器分析．大连：大连理工大学出版社，2004.

[22] 高丽华主编．基础化学实验．北京：高等教育出版社，2004.

[23] 蔡维平．基础化学实验（一）．北京：科学出版社，2004.

[24] 崔学桂，张晓丽主编．基础化学实验（Ⅰ）．北京：化学工业出版社，2003.

[25] 林宝凤等编著．基础化学实验技术绿色化教程．北京：科学出版社，2003.

[26] 王瑛辉．高纯氧化锌制备工艺的研究．化工技术与开发．2003（6）：4-6.

[27] 浙江大学，华东理工大学，四川大学合编．新编大学化学实验．北京：高等教育出版社，2002.

[28] 罗志刚主编．基础化学实验技术．广州：华南理工大学出版社，2002.

[29] 朱明华编．仪器分析．第 3 版．北京：高等教育出版社，2000.

[30] 周其镇，方国女，樊行雪编．大学基础化学（Ⅰ）．北京：高等教育出版社，2000.

[31] 崔若梅等．纳米氧化锌的制备与表征．化学世界，1999，（12）：630-633.

[32] 张济新等编．分析化学实验．上海：华东理工大学出版社，1989.

[33] 吕希伦．无机过氧化物化学．北京：科学出版社，1987.

化学实验报告本

班级_____

姓名_____

学号_____

指导教师_____

实验时间_____

实验报告

实验名称_____

班级_____姓名_____学号_____

实验时间_____实验地点_____指导教师_____

预习及原始数据记录

实验名称＿＿＿＿＿＿＿＿＿＿＿＿＿＿＿＿＿＿＿＿＿＿＿＿＿＿＿＿＿＿＿＿

班级＿＿＿＿＿＿＿＿＿＿姓名＿＿＿＿＿＿＿＿＿＿学号＿＿＿＿＿＿＿＿＿＿

实验时间＿＿＿＿＿＿＿实验地点＿＿＿＿＿＿＿指导教师＿＿＿＿＿＿＿

实验报告

实验名称_____

班级_____姓名_____学号_____

实验时间_____实验地点_____指导教师_____

_____

_____

_____

_____

_____

_____

_____

_____

_____

_____

_____

_____

_____

_____

_____

_____

_____

_____

_____

_____

_____

_____

_____

预习及原始数据记录

实验名称_____

班级_____姓名_____学号_____

实验时间_____实验地点_____指导教师_____

实验报告

实验名称_____

班级_____姓名_____学号_____

实验时间_____实验地点_____指导教师_____

教师签名：　　　　　成绩：　　　　　批改日期：

预习及原始数据记录

实验名称_____

班级_____姓名_____学号_____

实验时间_____实验地点_____指导教师_____

_____

_____

_____

_____

_____

_____

_____

_____

_____

_____

_____

_____

_____

_____

_____

_____

_____

_____

_____

_____

实验报告

实验名称＿＿＿＿＿＿＿＿＿＿＿＿＿＿＿＿＿＿＿＿＿＿＿＿＿＿＿

班级＿＿＿＿＿＿＿＿＿　姓名＿＿＿＿＿＿＿＿＿　学号＿＿＿＿＿＿＿＿＿

实验时间＿＿＿＿＿＿＿　实验地点＿＿＿＿＿＿＿　指导教师＿＿＿＿＿＿＿

预习及原始数据记录

实验名称_____

班级_____ 姓名_____ 学号_____

实验时间_____ 实验地点_____ 指导教师_____

实验报告

实验名称＿＿＿＿＿＿＿＿＿＿＿＿＿＿＿＿＿＿＿＿＿＿＿＿＿＿＿＿＿＿＿＿＿

班级＿＿＿＿＿＿＿＿＿＿＿＿姓名＿＿＿＿＿＿＿＿＿＿＿＿学号＿＿＿＿＿＿＿＿＿＿＿

实验时间＿＿＿＿＿＿＿＿＿＿实验地点＿＿＿＿＿＿＿＿＿指导教师＿＿＿＿＿＿＿＿

教师签名： 成绩： 批改日期：

预习及原始数据记录

实验名称_____

班级_____姓名_____学号_____

实验时间_____实验地点_____指导教师_____

λ

实验报告

实验名称_____

班级_____ 姓名_____ 学号_____

实验时间_____ 实验地点_____ 指导教师_____

预习及原始数据记录

实验名称_____

班级_____姓名_____学号_____

实验时间_____实验地点_____指导教师_____

实验报告

实验名称_____

班级_____ 姓名_____ 学号_____

实验时间_____ 实验地点_____ 指导教师_____

_____

_____

_____

_____

_____

_____

_____

_____

_____

_____

_____

_____

_____

_____

_____

_____

_____

_____

_____

_____

_____

_____

_____

_____

预习及原始数据记录

实验名称_____

班级_____姓名_____学号_____

实验时间_____实验地点_____指导教师_____

实验报告

实验名称_____

班级_____姓名_____学号_____

实验时间_____实验地点_____指导教师_____

教师签名：　　　　　　成绩：　　　　　　批改日期：

预习及原始数据记录

实验名称＿＿＿＿＿＿＿＿＿＿＿＿＿＿＿＿＿＿＿＿＿＿＿＿＿＿＿＿＿＿＿＿

班级＿＿＿＿＿＿＿＿＿＿＿姓名＿＿＿＿＿＿＿＿＿＿＿学号＿＿＿＿＿＿＿＿＿＿

实验时间＿＿＿＿＿＿＿＿＿实验地点＿＿＿＿＿＿＿＿指导教师＿＿＿＿＿＿＿

实验报告

实验名称_____

班级_____ 姓名_____ 学号_____

实验时间_____ 实验地点_____ 指导教师_____

教师签名：　　　　　　成绩：　　　　　　批改日期：

预习及原始数据记录

实验名称＿＿＿＿＿＿＿＿＿＿＿＿＿＿＿＿＿＿＿＿＿＿＿＿＿＿＿＿＿＿＿＿

班级＿＿＿＿＿＿＿＿＿＿＿姓名＿＿＿＿＿＿＿＿＿＿学号＿＿＿＿＿＿＿＿＿

实验时间＿＿＿＿＿＿＿＿＿实验地点＿＿＿＿＿＿＿指导教师＿＿＿＿＿＿＿

＿＿＿＿＿＿＿＿＿＿＿＿＿＿＿＿＿＿＿＿＿＿＿＿＿＿＿＿＿＿＿＿＿＿＿＿

＿＿＿＿＿＿＿＿＿＿＿＿＿＿＿＿＿＿＿＿＿＿＿＿＿＿＿＿＿＿＿＿＿＿＿＿

＿＿＿＿＿＿＿＿＿＿＿＿＿＿＿＿＿＿＿＿＿＿＿＿＿＿＿＿＿＿＿＿＿＿＿＿

＿＿＿＿＿＿＿＿＿＿＿＿＿＿＿＿＿＿＿＿＿＿＿＿＿＿＿＿＿＿＿＿＿＿＿＿

＿＿＿＿＿＿＿＿＿＿＿＿＿＿＿＿＿＿＿＿＿＿＿＿＿＿＿＿＿＿＿＿＿＿＿＿

＿＿＿＿＿＿＿＿＿＿＿＿＿＿＿＿＿＿＿＿＿＿＿＿＿＿＿＿＿＿＿＿＿＿＿＿

＿＿＿＿＿＿＿＿＿＿＿＿＿＿＿＿＿＿＿＿＿＿＿＿＿＿＿＿＿＿＿＿＿＿＿＿

＿＿＿＿＿＿＿＿＿＿＿＿＿＿＿＿＿＿＿＿＿＿＿＿＿＿＿＿＿＿＿＿＿＿＿＿

＿＿＿＿＿＿＿＿＿＿＿＿＿＿＿＿＿＿＿＿＿＿＿＿＿＿＿＿＿＿＿＿＿＿＿＿

＿＿＿＿＿＿＿＿＿＿＿＿＿＿＿＿＿＿＿＿＿＿＿＿＿＿＿＿＿＿＿＿＿＿＿＿

＿＿＿＿＿＿＿＿＿＿＿＿＿＿＿＿＿＿＿＿＿＿＿＿＿＿＿＿＿＿＿＿＿＿＿＿

＿＿＿＿＿＿＿＿＿＿＿＿＿＿＿＿＿＿＿＿＿＿＿＿＿＿＿＿＿＿＿＿＿＿＿＿

＿＿＿＿＿＿＿＿＿＿＿＿＿＿＿＿＿＿＿＿＿＿＿＿＿＿＿＿＿＿＿＿＿＿＿＿

＿＿＿＿＿＿＿＿＿＿＿＿＿＿＿＿＿＿＿＿＿＿＿＿＿＿＿＿＿＿＿＿＿＿＿＿

＿＿＿＿＿＿＿＿＿＿＿＿＿＿＿＿＿＿＿＿＿＿＿＿＿＿＿＿＿＿＿＿＿＿＿＿

＿＿＿＿＿＿＿＿＿＿＿＿＿＿＿＿＿＿＿＿＿＿＿＿＿＿＿＿＿＿＿＿＿＿＿＿

＿＿＿＿＿＿＿＿＿＿＿＿＿＿＿＿＿＿＿＿＿＿＿＿＿＿＿＿＿＿＿＿＿＿＿＿

＿＿＿＿＿＿＿＿＿＿＿＿＿＿＿＿＿＿＿＿＿＿＿＿＿＿＿＿＿＿＿＿＿＿＿＿

实验报告

实验名称_____

班级_____姓名_____学号_____

实验时间_____实验地点_____指导教师_____

预习及原始数据记录

实验名称_____

班级_____ 姓名_____ 学号_____

实验时间_____ 实验地点_____ 指导教师_____

实验报告

实验名称_____

班级_____姓名_____学号_____

实验时间_____实验地点_____指导教师_____

预习及原始数据记录

实验名称_____

班级_____ 姓名_____ 学号_____

实验时间_____ 实验地点_____ 指导教师_____

实验报告

实验名称_____

班级_____姓名_____学号_____

实验时间_____实验地点_____指导教师_____

_____

_____

_____

_____

_____

_____

_____

_____

_____

_____

_____

_____

_____

_____

_____

_____

_____

_____

_____

_____

_____

教师签名：　　　　　成绩：　　　　　批改日期：

预习及原始数据记录

实验名称＿＿＿＿＿＿＿＿＿＿＿＿＿＿＿＿＿＿＿＿＿＿＿＿＿＿＿＿＿＿＿＿＿＿＿＿＿＿＿

班级＿＿＿＿＿＿＿＿＿＿＿＿＿＿＿　姓名＿＿＿＿＿＿＿＿＿＿＿＿＿＿　学号＿＿＿＿＿＿＿＿＿＿＿＿＿

实验时间＿＿＿＿＿＿＿＿＿＿＿＿　实验地点＿＿＿＿＿＿＿＿＿＿＿　指导教师＿＿＿＿＿＿＿＿＿＿＿

实验报告

实验名称_____

班级_____姓名_____学号_____

实验时间_____实验地点_____指导教师_____

教师签名：　　　　　成绩：　　　　　批改日期：

预习及原始数据记录

实验名称_____

班级_____ 姓名_____ 学号_____

实验时间_____ 实验地点_____ 指导教师_____

实验报告

实验名称_____

班级_____姓名_____学号_____

实验时间_____实验地点_____指导教师_____

预习及原始数据记录

实验名称_____

班级_____ 姓名_____ 学号_____

实验时间_____ 实验地点_____ 指导教师_____

_____

_____

_____

_____

_____

_____

_____

_____

_____

_____

_____

_____

_____

_____

_____

_____

_____

_____

_____

_____

_____

_____

实验报告

实验名称＿＿＿＿＿＿＿＿＿＿＿＿＿＿＿＿＿＿＿＿＿＿＿＿＿＿＿＿＿＿＿＿

班级＿＿＿＿＿＿＿＿＿＿　姓名＿＿＿＿＿＿＿＿＿＿　学号＿＿＿＿＿＿＿＿＿

实验时间＿＿＿＿＿＿＿＿　实验地点＿＿＿＿＿＿＿　指导教师＿＿＿＿＿＿＿

教师签名：　　　　　　成绩：　　　　　　批改日期：

预习及原始数据记录

实验名称_____

班级_____ 姓名_____ 学号_____

实验时间_____实验地点_____指导教师_____

实验报告

实验名称_____

班级_____姓名_____学号_____

实验时间_____实验地点_____指导教师_____

_____

_____

_____

_____

_____

_____

_____

_____

_____

_____

_____

_____

_____

_____

_____

_____

_____

_____

_____

_____

_____

_____

教师签名：　　　　　成绩：　　　　　批改日期：

预习及原始数据记录

实验名称＿＿＿＿＿＿＿＿＿＿＿＿＿＿＿＿＿＿＿＿＿＿＿＿＿＿＿＿＿＿＿＿＿＿

班级＿＿＿＿＿＿＿＿＿＿＿＿＿姓名＿＿＿＿＿＿＿＿＿＿＿＿＿学号＿＿＿＿＿＿＿＿＿＿＿

实验时间＿＿＿＿＿＿＿＿＿实验地点＿＿＿＿＿＿＿＿＿指导教师＿＿＿＿＿＿＿＿

实验报告

实验名称_____

班级_____姓名_____学号_____

实验时间_____实验地点_____指导教师_____

教师签名：　　　　　成绩：　　　　　批改日期：

预习及原始数据记录

实验名称_____

班级_____ 姓名_____ 学号_____

实验时间_____ 实验地点_____ 指导教师_____

实验报告

实验名称_____

班级_____ 姓名_____ 学号_____

实验时间_____ 实验地点_____ 指导教师_____

_____

_____

_____

_____

_____

_____

_____

_____

_____

_____

_____

_____

_____

_____

_____

_____

_____

_____

_____

_____

_____

_____

预习及原始数据记录

实验名称_____

班级_____ 姓名_____ 学号_____

实验时间_____ 实验地点_____ 指导教师_____

实验报告

实验名称_____

班级_____ 姓名_____ 学号_____

实验时间_____ 实验地点_____ 指导教师_____

预习及原始数据记录

实验名称_____

班级_____姓名_____学号_____

实验时间_____实验地点_____指导教师_____

实验报告

实验名称＿＿＿＿＿＿＿＿＿＿＿＿＿＿＿＿＿＿＿＿＿＿＿＿＿＿＿＿＿＿＿

班级＿＿＿＿＿＿＿＿＿＿　姓名＿＿＿＿＿＿＿＿＿＿　学号＿＿＿＿＿＿＿＿

实验时间＿＿＿＿＿＿＿＿　实验地点＿＿＿＿＿＿＿＿　指导教师＿＿＿＿＿＿

预习及原始数据记录

实验名称＿＿＿＿＿＿＿＿＿＿＿＿＿＿＿＿＿＿＿＿＿＿＿＿＿＿＿＿＿＿＿

班级＿＿＿＿＿＿＿＿＿＿＿　姓名＿＿＿＿＿＿＿＿＿＿＿　学号＿＿＿＿＿＿＿＿＿＿

实验时间＿＿＿＿＿＿＿＿＿　实验地点＿＿＿＿＿＿＿＿＿　指导教师＿＿＿＿＿＿＿

实验报告

实验名称_____

班级_____姓名_____学号_____

实验时间_____实验地点_____指导教师_____

预习及原始数据记录

实验名称＿＿＿＿＿＿＿＿＿＿＿＿＿＿＿＿＿＿＿＿＿＿＿＿＿＿＿＿＿＿＿＿＿＿＿

班级＿＿＿＿＿＿＿＿＿＿＿　姓名＿＿＿＿＿＿＿＿＿＿＿＿　学号＿＿＿＿＿＿＿＿＿＿

实验时间＿＿＿＿＿＿＿＿＿　实验地点＿＿＿＿＿＿＿＿＿　指导教师＿＿＿＿＿＿＿＿

实验报告

实验名称＿＿＿＿＿＿＿＿＿＿＿＿＿＿＿＿＿＿＿＿＿＿＿＿＿

班级＿＿＿＿＿＿＿＿＿＿姓名＿＿＿＿＿＿＿＿＿＿学号＿＿＿＿＿＿＿＿＿

实验时间＿＿＿＿＿＿＿＿实验地点＿＿＿＿＿＿＿＿指导教师＿＿＿＿＿＿＿

预习及原始数据记录

实验名称＿＿＿＿＿＿＿＿＿＿＿＿＿＿＿＿＿＿＿＿＿＿＿＿＿＿＿＿＿＿＿

班级＿＿＿＿＿＿＿＿＿＿＿姓名＿＿＿＿＿＿＿＿＿＿＿学号＿＿＿＿＿＿＿＿＿＿＿

实验时间＿＿＿＿＿＿＿＿＿实验地点＿＿＿＿＿＿＿＿指导教师＿＿＿＿＿＿＿

实验报告

实验名称_____

班级_____姓名_____学号_____

实验时间_____实验地点_____指导教师_____

_____

_____

_____

_____

_____

_____

_____

_____

_____

_____

_____

_____

_____

_____

_____

_____

_____

_____

_____

_____

_____

预习及原始数据记录

实验名称_____

班级_____ 姓名_____ 学号_____

实验时间_____ 实验地点_____ 指导教师_____

实验报告

实验名称＿＿＿＿＿＿＿＿＿＿＿＿＿＿＿＿＿＿＿＿＿＿＿＿＿＿＿＿＿＿

班级＿＿＿＿＿＿＿＿＿　姓名＿＿＿＿＿＿＿＿＿＿　学号＿＿＿＿＿＿＿＿＿

实验时间＿＿＿＿＿＿＿　实验地点＿＿＿＿＿＿＿　指导教师＿＿＿＿＿＿＿

预习及原始数据记录

实验名称_____

班级_____ 姓名_____ 学号_____

实验时间_____ 实验地点_____ 指导教师_____

实验报告

实验名称_____

班级_____ 姓名_____ 学号_____

实验时间_____ 实验地点_____ 指导教师_____

教师签名：　　　　　　成绩：　　　　　　批改日期：

预习及原始数据记录

实验名称＿＿＿＿＿＿＿＿＿＿＿＿＿＿＿＿＿＿＿＿＿＿＿＿＿＿＿＿＿＿＿＿

班级＿＿＿＿＿＿＿＿＿＿＿＿姓名＿＿＿＿＿＿＿＿＿＿＿学号＿＿＿＿＿＿＿＿＿

实验时间＿＿＿＿＿＿＿＿实验地点＿＿＿＿＿＿＿＿指导教师＿＿＿＿＿＿＿

ISBN 978-7-122-27101-3

定价：32.00元